Fernand Joly

Glossaire
de géomorphologie

Base de données sémiologiques
pour la cartographie

ARMAND COLIN

Ce logo a pour objet d'alerter le lecteur sur la menace que représente pour l'avenir de l'écrit, tout particulièrement dans le domaine universitaire, le développement massif du « photocopillage ». Cette pratique qui s'est généralisée, notamment dans les établissements d'enseignement, provoque une baisse brutale des achats de livres, au point que la possibilité même pour les auteurs de créer des œuvres nouvelles et de les faire éditer correctement est aujourd'hui menacée.
Nous rappelons donc que la reproduction et la vente sans autorisation, ainsi que le recel, sont passibles de poursuites. Les demandes d'autorisation de photocopier doivent être adressées à l'éditeur ou au Centre français d'exploitation du droit de copie : 3, rue Hautefeuille, 75006 Paris. Tél. : 01 43 26 95 35.

Réalisé au Pôle de recherche PRODIG-CNRS (UMR183)
Avec l'agrément de l'Université Paris 7-Denis Diderot
et du Comité national de Géographie

© Masson/Armand Colin, Paris, 1997
ISBN : 2-200-01476-7

Masson & Armand Colin Éditeurs - 34, rue de l'Université - 75007 Paris

TABLE DES MATIERES

Introduction 1

TOP - Topographie 9
    Pentes 11
    Versants 12
    Crêtes et sommets 14
    Vallées et dépressions 15
        Vallées 15
        Talwegs 16
        Dépressions 16
    Surfaces remarquables 16

HYD - Hydrographie 19
    Hydrographie fluviale 21
    Ecoulements 21
    Morphologie du lit fluvial 22
    Réseaux 24
    Hydrographie lacustre 26
    Hydrographie glaciaire 29
        Glaciers 29
        Eaux glaciaires 30
    Eaux souterraines 31
    Hydrographie marine 33
        Domaine maritime 33
        Domaine littoral 34
        Glaces de mer 35

TEC - Tectonique 37
    Descripteurs 39
    Déformations cassantes 40
        A l'échelle locale 40
        A l'échelle régionale 43
    Déformations souples 44
        A l'échelle locale 44
        Groupements de plis 47
    Déformations mixtes ou complexes 49

LIT - Lithologie 53
    Roches cohérentes 57
    Roches cristallines massives 57
      - *Roches plutoniques* 57
      - *Roches de bordures et de filons* 59
      - *Roches du métamorphisme de contact* 60
      - *Roches d'anatexie* 60
    Roches cristallophylliennes 61
      - *Série pélitique (....)* 61
      - *Série arénacée (....)* 62
      - *Série carbonatée (....)* 62
      - *Série granitique (....)* 63
    Roches sédimentaires compactes 63
      - *Roches siliceuses (....)* 64
      - *Accidents siliceux dans les roches (....)* 65
      - *Roches carbonatées (....)* 66
      - *Evaporites, riches salines (...)* 70
      - *Formations polygéniques ou composites   ...)* .. 71
    Roches meubles 73
    Classe des rudites 73
    Classe des arénites (sables) 74
    Classe des lutites 75
    Roches plastiques 76
    Roches volcaniques 77
    Roches volcaniques non fragmentées 77
      - *Roches basiques (...)* 78
      - *Roches "intermédiaires" (...)* 78
      - *Roches acides (...)* 79
    Roches Volcaniques fragmentées (pyroclastites) 80
      - *Roches meubles (....)* 80
      - *Roches consolidées (....)* 81

DOM - Domaines morphostructuraux 83
    Socles 85
    Bassins sédimentaires 87
    Chaînes actives 88
    Domaines volcaniques 89

FST - Formes structurales 91
    Structure horizontale, ou aclinale 95
    Structure monoclinale 96
    Structures plissées 99
    Type jurassien 99
    Type préalpin (ou subalpin) 100
    Type haut-alpin 101
    Type appalachien 103

Structure massive 104
Structure faillée 106
Structures discordantes 108
Structure volcanique 111

FSU - Formations superficielles 113
Genèse 117
Dynamique 117
Texture (granulométrie) 118
Epaisseur = profondeur du substratum 119
Formations autochtones 119
    Clastites 120
    Altérites 120
Profils pédologiques 121
Formations subautochtones 122
Formations allochtones 123
Consolidations 123

SYS - Systèmes morphogéniques 127

SYS 1 - Système fluvial 129
Dynamique et morphologie du lit fluvial 131
Formes d'érosion 133
Formes d'accumulation 134
Formes polyphasées 135

SYS 2 - Système périglaciaire 143
Cryergie 145
    Facteurs et processus 145
    Buttes de cryergie 147
    Cryoplanation 148
Dynamique de gélifluxion 148
Dynamique nivale 150
Dynamique fluviale 151
Dynamique éolienne 152
Formes d'érosion 153
Formes d'accumulation 154

SYS 3 - Système glaciaire 157
Glaciers 159
    Extension des glaciers 159
    Types de glaciers 160
    Mouvements de la glace 161
    Glacitectonique 161
    Etats de surface 162

Eaux glaciaires 162
Formes d'érosion.. 163
Moraines 165
Formes et formations juxta et proglaciaires 166
Dépôts lacustres 167
Formes et formations fluvio-glaciaires 167
Formes de retrait 168

SYS 4 - **Système éolien** 171
Vent 173
Dynamique et processus 173
Eolisation 174
Formes d'accumulation 176
Couverture éolienne 176
Formes bio-éoliennes.................................... 176
D u n e s 177
Assemblages dunaires 178

GEO - **Domaines géomorphologiques** 181

GEO 1 - **Domaine karstique** 183
Hydrologie karstique 185
Formes karstiques profondes (endokarst) 187
Formes karstiques de surface (exokarst) 189
Microformes 189
Formes métriques 190
Formes en creux, déca à hectométriques 191
Formes en relief 194
- *Formes isolées (...)* 195
- *Dépôts résiduels et paléokarst (...)* 195
Formes mixtes fluvio-karstiques 196

GEO 2 - **Domaine des socles**.................... 199
Lithologie 201
Roches massives 201
Roches de contact et roches intrusives 203
Roches cristallophylliennes 204
Roches d'épanchement (volcaniques) 205
Formes sédimentaires 205
Formes majeures 207
Formes d'échelle moyenne............................... 208
Formes d'incision 208
Formes structurales 208
Alvéoles et cuvettes 210
Formes d'érosion et formes résiduelles 210

Versants 211
    Morphologie des versants 211
    Processus d'altération et de mobilisation 212
    Versants couverts 212
    Versants nus ou dénudés 213

GEO 3 - **Domaine volcanique** 215
    Lithologie 217
        Roches volcaniques non fragmentées (laviques) 217
        Roches volcaniques fragmentées (pyroclastiques) 218
    Manifestations de l'activité volcanique 219
    Formes de construction 220
        Constructions de lave 220
        Constructions de pyroclastites 223
        Dépôts et constructions de sédiments volcano-
        clastiques 224
    Formes de destruction 225
        Formes de destruction par l'activité volcanique elle-
        même 225
        Formes d'érosion 227
    Constructions polygéniques 230
    Manifestations morphoclimatiques en milieu volcanique 231
    Formes pseudovolcaniques 232

GEO 4 - **Domaine des hautes montagnes** 235
    Haute montagne englacée 237
        Glaces et glaciers 237
        Morphologie glaciaire 238
    Haute montagne rocheuse et empierrée 240
        Eboulis, couloirs, cônes 240
        Moraines 242
        Versants 242
    Végétation 243

GEO 5 - **Domaine aride** 245
    Agents géodynamiques 247
        Processus élémentaires 247
        Ruissellement diffus 247
        Ruissellement concentré 248
        Vent 248
    Formes et formations de ruissellement 249
    Formes et formations éoliennes 249
    Formes spécifiques ou fréquentes dans les régions
    arides 250
        Limites 250
        Etats de surface 250

Dépôts de versants 251
Pédiments et glacis 252
Cuvettes endoréïques 253
Massifs dunaires 254
Formes d'altération et formes résiduelles................ 254

GEO 6 - Domaine tropical 257
    Agents et processus géodynamiques 259
      Processus élémentaires 259
      Ruissellement 260
      Vent 260
      Gravité libre ou assistée............................... 261
      Biointerventions 261
    Formations superficielles et sols 263
      Altérites.. 263
      Profils pédologiques 264
      Indurations 265
      Clastites 267
    Formes élémentaires 267
      Sur les versants nus ou dénudés..................... 268
      Sur les versants couverts 268
    Formes spécifiques ou fréquentes en domaine tropical .. 270
      Formes d'incision 270
      Formes liées à l'écoulement fluvial 270
      Pédiments, glacis et inselberge 272
      Formes structurales 273

GEO 7 - Domaine littoral 277
    Espace littoral 279
      Etagement 279
      Tracé du rivage 281
    Facteurs et agents géodynamiques 282
      Domaine continental 282
      Domaine maritime 283
      Variations exceptionnelles du niveau marin 287
    Formes d'érosion et d'ablation 289
      Falaises 289
      Platiers 291
    Formes et formations d'accumulation et de
    construction 293
      Plages 293
      Constructions littorales 294
      Constructions biologiques 295
      Marais littoraux 296
      Formes éoliennes 297
    Formes héritées 298

Types de côtes 299
    Côtes influencées par la tectonique globale........................ 299
    Côtes influencées par la structure régionale 300
    Côtes basses de plaines 301
    Côtes d'ennoyage 302
Formes et formations sous-marines 304
    Formes structurales 305
    Formes continentales ennoyées 306
    Formes et formations marines 307

Index des taxons   311

INTRODUCTION

Ce livre est un glossaire de termes et concepts couramment employés en géomorphologie et particulièrement en cartographie géomorphologique. Son but est de fournir à des utilisateurs venus d'horizons différents une base de référence commune pour l'usage d'un vocabulaire technique abondant et varié.

Il s'adresse tout d'abord aux universitaires, enseignants et étudiants en sciences de la Terre, géologues, pédologues, géographes physiciens,.... Mais il s'adresse aussi à tous ceux, chercheurs, cartographes, agronomes, forestiers, archéologues, ingénieurs du génie civil ou du génie rural, aménageurs et décideurs qui ont, à un moment ou à un autre, à communiquer en matière de géodynamique de surface ou d'environnement.

Il comprend une base de données terminologiques codées et classées selon un ordre thématique rappelant les principaux objectifs analytiques et systémiques de la géomorphologie. Et une proposition de légende pour la rédaction de cartes géomorphologiques à différentes échelles, présentée sous la forme de cartouches illustrant chacun des taxons définis dans la base.

Structure de la base de données

La base de données est divisée en chapitres ou sous-chapitres définissant autant de champs d'investigation qui peuvent eux-mêmes être subdivisés en paragraphes et en unités cartographiques ou taxons. Chaque chapitre se distingue par un sigle de trois lettres suivi d'un numéro quand il s'agit d'un sous-chapitre. Exemples : HYD (hydrographie), SYS (systèmes morphogéniques), SYS 3 (système glaciaire).

La base de données se compose d'enregistrements qui décrivent chacun un objet, image d'une réalité de terrain observée, mesurée ou interprétée. Ces objets se répartissent selon trois sortes d'implantations :

       - Ponctuelle - Un point correspond à une observation localisable par ses coordonnées géographiques x , y et z. On distingue trois types de points :

       G. Point géodésique dont les coordonnées sont connues avec précision par les services géodésiques nationaux.

       P. Point d'observation correspondant à un relevé réel pouvant faire l'objet d'une fiche de station (cote d'altitude, levé de coupe, profil pédologique, prélèvements, prises de vues,...).

       S. Point synoptique correspondant à un ensemble d'observations permettant de décrire un environnement géographique plus large pouvant faire l'objet d'une fiche de site (situation topographique, formes, états de surface, couvert végétal, dynamique actuelle ou héritée, occupation humaine,...).

       - Linéaire - Une ligne correspond à une suite de points permettant de tracer sur la carte un alignement ou un contour (faille, crête, rivière, isohypse,...).

- <u>Zonale</u> - Une zone correspond à une surface définie par la synthèse d'observations cernées par un contour. Sont dits d'implantation zonale tous les taxons susceptibles d'être modulés en fonction de la surface qu'ils occupent.

Champ principal

Chaque objet, ou <u>taxon</u>, est identifié par un champ principal de 8 caractères :

L'indicatif du chapitre   3 caractères
Eventuellement le numéro du sous-chapitre   1 caractère
Le numéro de code du taxon, comprenant :
    son rang dans le chapitre ou sous-chapitre   3 caractères
    le type d'implantation (1. ponctuelle, 2. linéaire, 3. zonale) 1 caractère

Exemple :   Glacis d'érosion   DOM5 4413

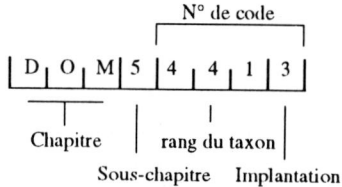

Les codes se terminant par 0 concernent des taxons ne comportant que des définitions générales ou théoriques sans expression graphique déterminée. Les codes se terminant par 9 concernent des taxons à signification anthropique.

<u>NB</u> - Il est toujours possible d'introduire de nouveaux taxons dans la base, à condition de respecter les règles de la codification adoptée. Par exemple par l'adjonction d'un chiffre initial supplémentaire au numéro du code : code à 5 chiffres au lieu de 4.

Champs secondaires

Dans de nombreux cas, le taxon peut être précisé par un ou plusieurs <u>descripteurs</u> qui constituent des champs secondaires pour chacun des champs principaux considérés.

La plupart des champs secondaires sont de type numérique. Il peut s'agir de données quantitatives mesurées (cote d'altitude, pente, épaisseur d'un affleurement ou d'une formation,....) ou de données qualitatives codées (typologie, classe statistique, chronologie,.....). Les champs de ce type sont en général remplis par des nombres entiers, les parties décimales étant préalablement intégrées par le choix de l'unité préconisée.

Quelques champs sont de type caractères, c'est-à-dire exprimés par des lettres. Il s'agit principalement de termes toponymiques ou d'indications complémentaires non prises en compte par la cartographie mais utiles à la qualification complète du taxon.

Dans tous les cas, l'absence d'information est codée par un point : •

Champs de localisation

Les points d'observation ou de relevé sont localisés par piquage sur la carte topographique à la plus grande échelle possible (en France le 1:25 000), ou par numérisation des images de télédétection, ou par lecture d'un instrument de positionnement type GPS (Global Positioning System).
Chaque localisation (LOC), éventuellement qualifiée par un toponyme en clair, est enregistrée par un champ de 26 caractères :

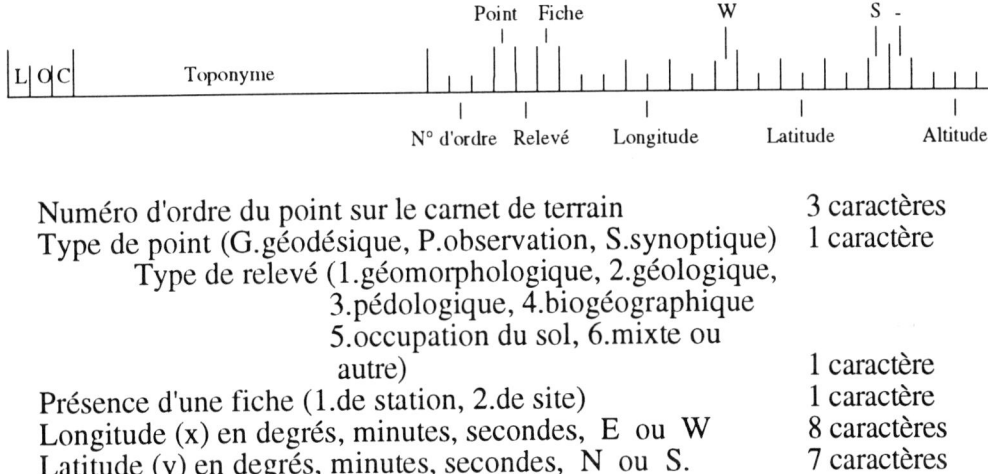

Numéro d'ordre du point sur le carnet de terrain	3 caractères
Type de point (G.géodésique, P.observation, S.synoptique)	1 caractère
Type de relevé (1.géomorphologique, 2.géologique, 3.pédologique, 4.biogéographique 5.occupation du sol, 6.mixte ou autre)	1 caractère
Présence d'une fiche (1.de station, 2.de site)	1 caractère
Longitude (x) en degrés, minutes, secondes, E ou W	8 caractères
Latitude (y) en degrés, minutes, secondes, N ou S.	7 caractères
Altitude (z) en mètres, + ou - sur le 0 des cartes.	5 caractères

Structure de la légende des cartes géomorphologiques

La légende proposée est conçue conformément aux conventions établies depuis 1970 par les géomorphologues français de la RCP 77 (Recherche coopérative sur programme) du CNRS [1], revues et corrigées par l'expérience. Cette légende a notamment servi à rédiger une série de cartes géomorphologiques détaillées à 1: 50 000[2] et une carte géomorphologique synoptique de la France à 1:1 000 000 [3]

---

1) RCP 77, *Cartographie géomorphologique, travaux de la RCP 77* , Paris, CNRS, Mém. et Doc. de Géographie, nlle série vol.12, 1971, 1 vol. texte, 267 p, et 1 vol. de 13 cartes h.t. en couleurs
2) *Cartes géomorphologiques détaillées de la France à 1:50 000*, CNRS, Paris, 18 feuilles et notices: Béziers, Brest, Breteuil-sur-Iton, Castellane, Courville-sur-Eure, Chartres, Dreux, Evreux, Grenoble, Les Andelys, Narbonne, Nogent-le-Roi, Saint-André-de-l'Eure, Saint-Chély-d'Apcher, Saint-Chinian, Saint-Girons, Saugues, Strasbourg.
3) F.JOLY, *Carte géomorphologique de la France à 1:1 000 000*, GIP RECLUS, Montpellier, coll. RECLUS Modes d'emploi : n°11, *Quart NW,* 1987 ; n°13, *Quart NE,* 1988 ; n°19, *Quart SE,* 1992 ;n°20, *Quart SW et Corse*, 1993. Cf. aussi: Carte géomorphologique de la France à 1:1 000 000, *Géologie de la France* , n°2, BRGM, 1994, p.39-44, 1 carte et un extrait de légende en couleurs

Signes et symboles

Ces conventions prennent en compte la multiplicité des facteurs permettant de définir correctement une unité cartographique ou taxon:

Localisation : coordonnées géographiques, tracés ou contours relevés d'après le terrain ou la carte.

Morphographie (description des formes) : signes et symboles graphiques.

Contexte structural (lithologie, tectonique) : couleurs "chaudes" et signes gris.

Contexte dynamique (systèmes morphodynamiques et formations superficielles) : couleurs "froides".

Chronologie : variations de teinte (trames) ou indices.

Couleurs

La complexité des cartes géomorphologiques conduit à recommander l'emploi de la couleur comme moyen de faciliter leur lecture. Les descripteurs colorés sont désignés par référence à la charte *PANTONE Color Selector 1000 Uncoated* (Pantone Matching System, Pantone Inc., Moonachie, New Jersey, USA), disponible chez les fournisseurs pour le dessin et l'imprimerie :

Topographie, formes majeures (polygéniques)	P470	brun foncé
Hydrographie, lacs	P306	bleu clair
Tectonique, gravité	P409	gris
Domaines morphostructuraux:		
- Socles:		
plutoniques	P211	rouge vif
métamorphiques	P224	carmin
volcano-sédimentaires	P170	ocre rouge
sédimentaires (paléozoïques)	P680	mauve clair
- Bassins sédimentaires	P472	bistre clair
- Chaînes actives :		
autochtones	P177	vermillon
allochtones (nappes)	P480	brun clair
- Volcanisme récent	P021	orangé
Systèmes morphodynamiques:		
- Ruissellement concentré (fluvial)	P339	vert vif
- Action diffuse des eaux	P583	vert olive
- Eaux souterraines, karst	P569	vert bleu
- Action du gel (périglaciaire)	P252	pourpre
- Action de la glace (glaciaire)	P265	violet
- Aridité, actions éoliennes	P123	ocre jaune
- Action de la mer (littoral)	P285	outremer
Constructions biologiques	P576	vert bronze
Interventions anthropiques, lettres, toponymie	Noir	

L'emploi des couleurs en cartographie est toujours délicat et il exige certaines précautions:

- Les plages colorées composant le fond de carte (lithologie) doivent être atténuées pour ne pas écraser l'ensemble et pour permettre la lecture des signes en surcharge. On utilisera pour cela des teintes ou des trames faibles (20 à 40%). Elles doivent en revanche être assez contrastées pour être facilement distinguées les unes des autres.

          - Les formes du terrain et les formations superficielles, qui sont l'objectif principal de la carte géomorphologique, doivent au contraire ressortir nettement sur le fond. On leur réservera des couleurs pures (100%) pour les figures au trait, ponctuelles ou linéaires, et des aplats en teinte forte (80 à 90%) pour les figures zonales.

Echelles

Les utilisateurs restent naturellement libres d'adopter ou d'adapter la légende proposée en fonction des échelles et des objectifs envisagés, et de se constituer un fichier-image approprié à leurs besoins. La présente initiative tente toutefois de définir un système cartographique cohérent applicable dans la plupart des cas échéants.

Les symboles prévus ici sont conçus pour réaliser des cartes analytiques à grande ou à moyenne échelle (1:25 000 à 1:250 000), sur lesquelles les unités de grande taille n'apparaissent que par la combinaison de leurs composants et où les signes de dynamique peuvent être multipliés et localisés.

Les échelles plus petites (1:500 000 ou 1:1 000 000) nécessitent une généralisation. Soit une généralisation structurale : schématisation et harmonisation du dessin, élimination des taxons encombrants ou thématiquement négligeables. Soit une généralisation conceptuelle, synthétique ou typologique, en prenant par exemple comme fond de carte les "domaines morphostructuraux", les "systèmes morphogéniques" ou les "domaines géomorphologiques" distingués chacun par une couleur propre, et pour les formes majeures des figures au trait vigoureux que la présente légende peut inspirer.

Une rédaction monochrome, avec trait noir sur fond tramé gris, peut même être envisagée, à la condition d'opérer une forte sélection des taxons et une extrême simplification du dessin.

En revanche, les cartes détaillées ont vocation à servir de base de données pour établir des cartes plus spécialisées, géodynamiques ou géotechniques par exemple. Une telle base, informatisée, pourrait alors entrer dans un système d'information géographique (SIG) débouchant sur une cartographie infographique.

Disposition d'ensemble des taxons dans la base

Dans chaque chapitre, un court texte de présentation géomorphologique et cartographique est suivi par des tableaux comportant l'énumération et la caractérisation des différents taxons qui se rapportent au thème traité dans le chapitre. Chaque tableau est divisé en 4 colonnes :

La colonne de gauche contient les numéros de code des taxons dans le chapitre. Les codes exprimés en italiques concernent des objets plus particulièrement destinés aux cartes à moyenne ou à grande échelle.

La deuxième colonne contient la dénomination de chaque taxon, généralement suivie par une courte définition, parfois par un plus long développement visant à replacer les taxons dans un cadre catégoriel ou scientifique plus étendu.

La troisième colonne indique des descripteurs complémentaires susceptibles de préciser les caractéristiques du taxon.

La quatrième colonne est consacrée aux symboles graphiques proposés pour la représentation cartographique des taxons.

Remerciements

Au terme de cet ouvrage, il est juste de rappeler ce qu'il doit aux recueils de terminologie, vocabulaires ou dictionnaires qui l'ont précédé et qui lui ont beaucoup servi. Notamment :

1956 - BAULIG (H). *Vocabulaire franco-anglo-allemand de géomorphologie*, Publ.Fac. des Lettres de Strasbourg, fasc.130, 230p.
1970 - GEORGE (P). *Dictionnaire de la géographie*, 1ère éd., Paris, PUF, 448p.
1979 - Conseil international de la langue française.*Vocabulaire de la géomorphologie; index allemand et anglais*, Paris, Hachette, 218p.
1980 - FOUCAULT (A) et RAOULT (J.F). *Dictionnaire de géologie*, Guides géologiques régionaux, Paris, Masson, 334p.
1980 - MICHEL (J.P) et FAIRBRIDGE (R.W). *Dictionnaire des sciences de la Terre, Anglais-Français, Français-Anglais*, Masson Publishing USA, 411p.
1986 - LOZET (J) et MATHIEU (C). *Dictionnaire de science du sol (avec index Anglais-Français)*, Paris, Tec et Doc-Lavoisier, 269p.

De nombreux collègues, chercheurs, enseignants ou techniciens ont participé de près ou de loin aux discussions préliminaires, aux expériences cartographiques de terrain ou d'atelier, exprimé leurs suggestions ou leurs critiques, ou bien voulu revoir les textes et images proposés. Quelques-uns d'entre eux ont même directement collaboré à l'élaboration de certains chapitres. Qu'ils en soient sincèrement et chaleureusement remerciés. Particulièrement :

B. Bomer (Paris X-Nanterre), Y. Callot (Tours), M. Chardon (Grenoble I), R.Davril (Paris VII), Y. Dewolf (Paris VII), P. Freytet (Paris VII), B. Hallégouët (Brest), Ch. Le Coeur (Paris VIII-St Denis), M. Mainguet (Reims), J. Nicod (Aix-Marseille II), D. Obert (Paris VI), M. Petit (Paris XII-Créteil), H. Regnauld (Rennes II), J.C. Thouret (Clermont-Ferrand II), Les commissions du Comité national de Géographie : Commission du Karst (J. Nicod), Commission du Périglaciaire (B. Valadas et B. Van Vliet Lanoe), Commission des Socles (A. Godard et M.F. André).

A la préparation matérielle du manuscrit et des planches d'impression définitives se sont dépensés sans compter les techniciens CNRS des laboratoires CERCG (Centre d'études et de réalisations cartographiques géographiques, F.Joly) puis IMAGEO (F.Verger et M.F.Courel), spécialement Mme Eliane Leterrier, ingénieur de recherche, qui a assuré la coordination de l'ensemble. A tous va notre profonde gratitude.

Reste enfin à exprimer toute notre reconnaissance pour les encouragements, le patronage et l'accueil qu'ont réservé à cet ouvrage : l'Université Paris VII-Denis Diderot (Y.Dewolf et M.Léger), le Comité national de Géographie (J.R.Pitte), l'UMR 183 PRODIG CNRS-Universités Paris 1, Paris IV et Paris VII (Pôle de recherche pour l'organisation et la diffusion de l'information géographique, directeur M.F.Courel) et l'éditeur A.COLIN.

TOPOGRAPHIE

La topographie, au sens large, est la représentation graphique d'un territoire, de sa configuration et de tous les détails qui se trouvent à sa surface. Du point de vue géomorphologique, l'intérêt de la topographie est de fournir une description géométrique précise, exacte et complète d'un relief dont on cherche à expliquer la genèse et l'évolution. La carte topographique est ainsi le fond de carte indispensable de la carte géomorphologique. Elle permet de se repérer, d'effectuer toute une série de mesures d'altitude, de distance, de direction, de surface et de volume, et éventuellement de construire un modèle numérique de terrain (MNT) en trois dimensions pour visualiser dans l'espace les données cartographiées.

A grande échelle (> 1:100 000), le relief est exprimé dans ses détails par les courbes de niveau qu'on peut faire apparaître sur le fond de manière discrète, en teinte neutre (gris ou bistre P470). Les formes et le modelé sont caractérisés par les symboles géomorphologiques. A plus petite échelle, l'image du relief est plus schématique et plus synthétique. Les courbes de niveau, trop lâches, peuvent être remplacées par un semis plus ou moins dense de points cotés en altitude. Les valeurs quantitatives, absolues ou relatives, sont symboliquement incluses dans les figures par le jeu de graphismes (traits plus ou moins épais, traits doubles,...) ou d'ornements annexes (barbules,...). Dans tous les cas, les formes majeures, polygéniques, qui forment l'ossature du relief, sont traitées en teinte neutre (P470), les couleurs spécifiques étant réservées aux formes et formations positivement rattachées à un système dynamique donné.

REPERAGE DU TAXON

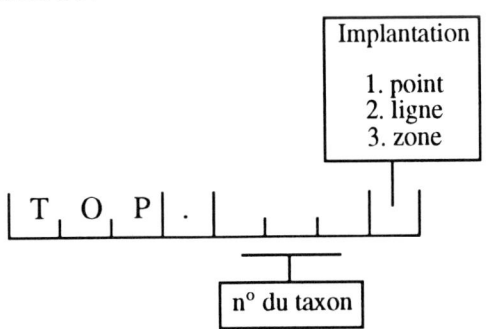

DESCRIPTEURS

z. altitude en mètres
D. dénivellation topographique, en mètres
α pente topographique, en degrés
O. orientation, de 0 à 360°/NG
L. longueur de la pente, en mètres
e. équidistance des courbes de niveau, en mètres

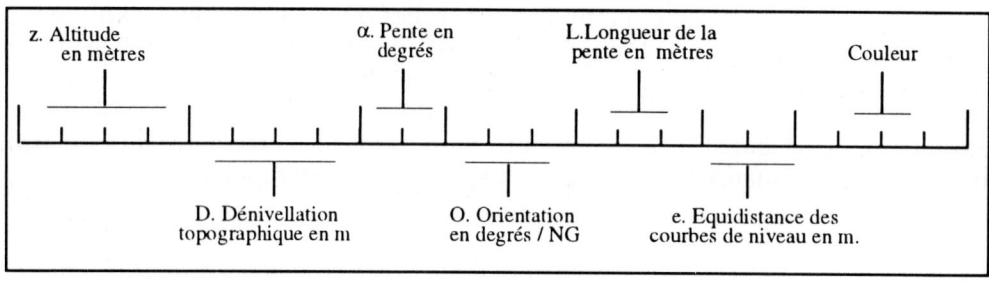

TOPOGRAPHIE

Code	Taxons	Descripteurs	Figuré
	Au sens géomorphologique, la topographie d'une région consiste en un assemblage de surfaces, planes ou gauches, horizontales (dominantes = plateaux ; dominées = plaines) ou inclinées (versants). Ces surfaces se recoupent selon des lignes de rupture de pente, divergent de part et d'autre de lignes culminantes (crêtes) ou convergent vers des creux (vallées ou dépressions)		
0001	**Cote d'altitude** Exprimée en mètres et éventuellement en centimètres au-dessus du niveau de la mer (0 des cartes)	z	. 116.50
0003	**Courbes de niveau** Courbes joignant les points de même altitude. Les courbes sont espacées d'une distance verticale constante qui est l'équidistance.	e	
1000	**PENTES** La pente d'une surface topographique est l'angle dièdre α formé par cette surface avec le plan horizontal. D = dénivellation L = longueur de la pente P = projection de L sur l'horizontale α = pente La pente s'exprime en degrés de l'angle α ou en % du rapport $\frac{D}{P}$. Ex : α = 45° D = P $\frac{D}{P}$ = tg α x 100 = 100%		

Code	Taxons	Descripteurs	Figuré
	La pente topographique ne doit pas être confondue avec le pendage (cf.TEC) qui est la mesure de l'inclinaison d'une surface géologique (strate, schistosité, contact) sur le plan horizontal. Certaines valeurs de pente font fonction de seuil en géomorphologie dynamique (et en utilisation du sol). Elles peuvent servir à déterminer des classes de pentes significatives. Ex.:		
1001	Pente	α O	
1011	Pente < 10° La concentration des eaux est difficile. Priorité à l'écoulement diffus. Hydromorphie des sols. Mécanisation facile de l'agriculture.		
1021	Pente de 10 à 30° Concentration des eaux : chenalisation linéaire, ravinement; circulation hypodermique, solifluxion. Mécanisation sélective, voire dangereuse pour les engins lourds.		
1031	Pente > 30° Priorité à la gravité. Talus d'équilibre (30 à 35°). Glissements de terrain. Terrasses de culture. Parcours et pâturages.		
2000	**VERSANTS** Au sens strict, un versant est une surface topographique inclinée entre un sommet ou une ligne de points hauts (crête, rebord de plateau) et une ligne de points bas (pied de versant, talweg). Au sens large, c'est le flanc d'un massif ou d'une chaîne de montagnes, ou encore l'ensemble des pentes qui alimentent un cours d'eau (bassin-versant).	D O L	
2000	Rupture de pente Modification brusque de la valeur d'une pente. Peut être convexe ou concave.		

Code	Taxons	Descripteurs	Figuré
2002	**Rupture de pente convexe** La valeur de la pente s'accentue vers l'aval. *L'épaisseur du trait peut être modulée en fonction de l'importance (ou "commandement") de la dénivellation D.*		
2012	$D < x\ m$		
2022	$D > x\ m$		
2032	**Rupture de pente concave** La valeur de la pente diminue vers l'aval.		
2100	**Types de versants** Les types de versants décrits ci-dessous sont définis d'après leur forme géométrique. Leurs caractères géomorphologiques et morphodynamiques seront précisés à l'aide des chapitres spécifiques (FST, SYS, GEO).		
2103	**Versant rectiligne** Pente régulière, sans rupture de pente du sommet à la base.		
2113	**Versant convexe** Accentuation régulière de la pente vers l'aval.		
2123	**Versant concave** Diminution régulière de la pente vers l'aval.		
2133	**Versant convexo-concave** Pente convexe en amont et concave en aval.		
2143	**Ressaut** Accentuation brusque de la pente, par exemple à l'affleurement d'une couche plus résistante.	$\Delta\alpha$ ressaut	
2153	**Replat** Gradin ou marche d'escalier, horizontal ou en faible pente, entre deux parties déclives d'un versant.	α L replat	

Code	Taxons	Descripteurs	Figuré
2163	**Escarpement** Versant ou portion de versant rocheux et en pente raide (> 35°).	escarpement D sur LIT	
2173	**Corniche** Escarpement formant un bandeau horizontal en bordure d'une surface plane ou peu inclinée	corniche sur LIT	
2183	**Talus** Versant rectiligne en pente modérée (20 à 35°) au pied d'un escarpement ou d'une corniche.	D α O talus sur FSU	
2193	**Glacis** Surface plane de bas de versant en pente faible (<10°). Selon l'origine et la dynamique, on distingue : glacis d'érosion, de transit, glacis couvert, glacis d'accumulation,...	α L O glacis	
3000	**CRETES ET SOMMETS**		
3002	**Crête indifférenciée** Ligne de points hauts (ligne de faîte) formée par le recoupement de deux versants divergents.		
3012	**Crête arrondie (croupe)** Crête plus ou moins large et à surface convexe.		
3022	**Crête aigüe (arête)** Crête étroite et effilée.		
3031	**Col (port ; pas ; brèche ; gap)** Point bas d'une ligne de crête entre deux culminations. Port, pas, brèche, gap,...		
3101	**Sommet indifférencié** Point culminant d'une crête, d'un massif ou d'une chaîne de montagnes.		△

Code	Taxons	Descripteurs	Figuré
3111	**Sommet arrondi (dôme, ballon)** Sommet large, bombé, de forme convexe.		⌒
3121	**Sommet aigu (pic ; aiguille ; dent ; horn)** Sommet pointu, en pyramide.		▲
4000	**VALLEES ET DEPRESSIONS**	z D α L	
4000	<u>Vallées</u> Une vallée est une forme topographique en creux, pentue et allongée, ouverte à son extrémité et constituée par la convergence de deux versants. *Les vallées se caractérisent par leur profil en travers, la pente de leurs versants (symétriques ou dissymétriques) et la morphologie du fond. Sur les cartes à grande échelle, et dans les grandes vallées, le modelé se déduit des détails des versants et du fond. Sur les cartes à petite échelle, et pour les vallées de petite taille, on utilisera les symboles suivants (l'ouverture du signe étant tournée vers l'aval) :*		
4003	Vallée à profil en V Vallée étroite à versants raides, où le creusement vertical l'emporte sur l'évolution des versants. Le fond est formé par l'intersection des deux versants. Cf. gorge, canyon (SYS 1, GEO 1).	P339	
4013	Vallée à profil en berceau Vallée évasée, en gouttière. Versants convexo-concaves plus ou moins empâtés par des colluvions. Fond aux limites indécises. Forme fréquente en milieu périglaciaire (cf.SYS 2).	P 339 ou P 252	
4023	Vallée à fond plat Le cours d'eau serpente et migre sur une surface plane, généralement alluviale (plaine alluviale), entre des versants plus ou moins pentus. Cf.un cas particulier : l'auge glaciaire (SYS 3).	P 339 ou P265	

Code	Taxons	Descripteurs	Figuré
4100	Talwegs Le talweg est le lieu des points les plus bas d'une vallée. Il est généralement occupé par le lit d'un cours d'eau (ou d'un glacier).		
4102	Talweg à drainage pérenne	P306	
4112	Talweg à drainage intermittent	P306	
4200	Dépressions Le terme de dépression désigne, au sens large, les parties basses d'un relief régional (dépressions tectoniques ou dépressions d'érosion). Au sens restreint, il s'applique à une forme en creux déca- à kilométrique et qui n'est pas une vallée.		
4203	Dépression fermée, cuvette Dépression dépourvue d'exutoire en surface, d'origine tectonique (TEC), glaciaire (SYS3), éolienne (SYS4), karstique (GEO1), hydrochimique (GEO2, GEO5).	z D	
4213	Dépression fermée à contours incertains		
5000	**SURFACES REMARQUABLES** Il s'agit de surfaces planes, horizontales ou inclinées et plus ou moins étendues. Du point de vue géomorphologique, elles doivent être qualifiées par un adjectif évocateur de leur genèse et de leur évolution.		
5003	Surface remarquable indifférenciée		
5013	Surface structurale Surface correspondant au toit d'une couche résistante (cf.FST).		

Code	Taxons	Descripteurs		Figuré
5023	**Surface d'érosion** Surface d'aplanissement recoupant les structures existantes quels que soient leur pendage et leur résistance.			
5033	**Surface de remblaiement** Surface plane constituée par le toit d'une formation meuble d'accumulation. (par exemple : alluviale).	z	D	
5103	**Plateau** Surface plane, tabulaire, dominante par rapport à son environnement.	z	D	
5113	**Plaine** Surface plane ou ondulée située en contrebas de reliefs environnants.			

HYDROGRAPHIE

L'hydrographie, au sens propre, concerne tout ce qui se rapporte au levé et à la représentation cartographique des eaux, des réseaux fluviaux, des glaciers, des lacs, des côtes et des fonds marins littoraux. Les réseaux hydrographiques sont un excellent système de repérage géographique. Ils sont aussi un fidèle révélateur du relief : en l'absence de courbes de niveau, les réseaux divergents expriment la présence des culminations, les réseaux convergents celle des dépressions. Ils sont en outre un témoin d'importance de l'évolution dynamique d'une région, parce qu'ils localisent l'activité passée et présente des cours d'eau, et parce que leur conformité ou non conformité avec la structure profonde est un élément capital d'analyse des évolutions de longue durée. La science des eaux, de leur nature et de leur comportement est l'hydrologie. L'hydrologie couvre un champ scientifique étendu sur la totalité du globe et qui se subdivise en hydrologie marine et hydrologie continentale. Celle-ci comprend elle-même l'étude des fleuves et des rivières (potamologie), des glaciers (glaciologie), des lacs (limnologie) et des eaux souterraines (hydrogéologie). C'est un des thèmes essentiels de l'approche morphodynamique des formes du terrain.

Sur les cartes géomorphologiques , l'hydrographie consiste à mettre en place les points d'eau naturels (sources, étangs, lacs) ou artificiels (puits, barrages), le tracé du réseau d'écoulement des eaux (torrents, rivières, fleuves, canaux), les glaciers et les eaux marines littorales. L'hydrographie continentale est traitée en bleu clair (P306), l'hydrographie marine en bleu foncé (P285). Les données hydrologiques, qualitatives ou quantitatives, font généralement l'objet de cartes particulières. Elles ne figurent sur les cartes géomorphologiques que dans la mesure où elles apportent des informations d'ordre dynamique complémentaires.

REPERAGE DU TAXON

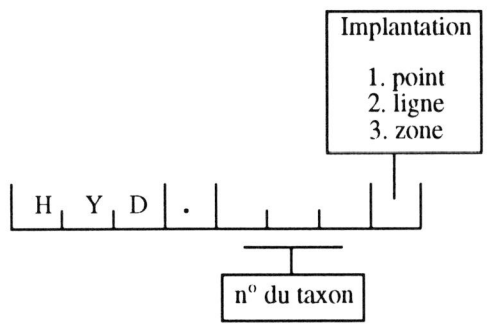

DESCRIPTEURS

S.   surface (d'un bassin versant, d'un lac,....) en km^2

L.   longueur (d'un cours d'eau) ou L' (longueur totale des cours d'eau du bassin) en km

N.   nombre total des cours d'eau d'un bassin

l.   largeur du lit mineur en mètres

l'.   largeur du lit majeur en mètres

P.   profondeur (d'une rivière ou d'un lac), sonde (d'un fond sous-marin),épaisseur (d'un glacier), en mètres et éventuellement en centimètres

α   pente, en degrés

O.   orientation, de 0 à 360° /NG

Q.   débit moyen ou module, en m^3/s , ou Q' débit moyen en l/s

$q = \dfrac{Q}{S}$ débit spécifique en l/s/km^2

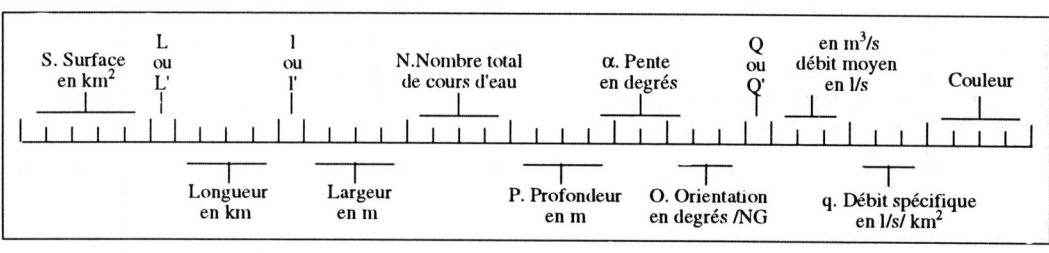

HYDROGRAPHIE

Code	Taxons	Descripteurs	Figuré
1000	**HYDROGRAPHIE FLUVIALE** C'est l'expression physionomique des artères de l'écoulement des eaux courantes : ruisseaux, rivières et fleuves, et de leur organisation en réseaux. L'étude géodynamique et géomorphologique des systèmes fluviaux sera examinée au chapitre 8 (SYS1).	P306	
1000	**Ecoulements** Les eaux courantes proviennent directement des précipitations atmosphériques (pluie, neige), ou indirectement de l'émergence des nappes d'eau (aquifères) souterraines.		
1001	Source, émergence (griffon) Point d'émergence à l'air libre d'un aquifère souterrain.	Q'	
1013	Ruissellement diffus Le ruissellement pluvial ou de fonte des neiges se disperse sur les pentes faibles en filets peu profonds et plus ou moins ramifiés, ou en nappes étalées en surface.	α	
1023	Ruissellement concentré Lorsque la pente augmente et que le débit d'eau s'accroît, le ruissellement se concentre en chenaux qui, grossissant par confluences, deviennent des cours d'eau.	Q	
_1031_	Ecoulement laminaire Ecoulement en filets parallèles de vitesse décroissante de la surface vers le fond et du centre vers les bords.	P306	
_1041_	Ecoulement turbulent Ecoulement en tourbillons à axe vertical ou/et horizontal. Les vitesses varient de façon aléatoire.	P306	

Code	Taxons	Descripteurs	Figuré
1052	**Chenal d'écoulement** Sillon linéaire creusé par l'écoulement régulier d'un courant d'eau. Dans un sens restreint: partie linéaire d'un torrent entre le bassin de réception et le cône de déjection.	P L	
1062	*Chenal d'écoulement pérenne* Chenal occupé en permanence par les eaux	Q q	
1072	*Chenal d'écoulement intermittent* Occupation périodique (par exemple saisonnière) ou occasionnelle.	périodicité	
1082	*Chenal abandonné, bras mort*		
1091	Perte Point de disparition partielle ou totale d'un écoulement par infiltration ou engouffrement.	Q ou Q'	
1092	*Sous-écoulement* Partie des eaux infiltrées qui circule dans les alluvions d'un chenal, même quand l'écoulement superficiel a cessé. A ne pas confondre avec les écoulements souterrains (GEO1).		
1100 **1200**	**Morphologie du lit fluvial**	Formes : P339 Eaux : P306	
1100	<u>Profil en travers</u>		
1103	Lit mineur, ou lit apparent Lit ordinaire normalement occupé par le cours d'eau et limité par des berges. *Cartographiquement, sur les cartes à petite échelle, le lit mineur est généralement réduit à un simple trait qui peut être modulé (en taille ou en grain) en fonction de grandeurs hydrologiques (abondance moyenne ou spécifique, charge trans-ortée,...) ou économiques (aménagements, trafic....).*	l P	

Code	Taxons	Descripteurs	Figuré
1112	Berge Abrupt ou talus bordant le lit mineur, qu'il sépare du lit majeur.	P339	
1123	Lit majeur, ou champ d'inondation Espace occupé par les eaux pendant les crues. *Il peut être utile de distinguer un champ d'occupation périodique (moyen) et un champ d'occupation par les crues exceptionnelles (centenales).*	l' P306	
1132	Bourrelet (ou levée) de rive Accumulation alluviale longitudinale construite sur ou au-delà de la berge par le débordement des eaux de crues.	P339	
1142	Lit d'étiage Lit occupé par les eaux d'un cours d'eau à leur niveau le plus bas.	P306	
1153	Lit à chenaux multiples Chenaux divagants sur un fond alluvial.	P306 1	
1163	Lit à profil en V Etroit, plus profond que large.	P339 1 l'	
1173	Lit à fond plat Plus large que profond.	P339 1 l'	
1183	Mouille Creux ou fosse sur le fond du lit fluvial.	P339 P	
1193	Seuil Haut fond du lit fluvial.	P339 P	
1203	Gué Seuil où le niveau de l'eau est assez bas pour qu'on puisse traverser à pied.	P339 P	

Code	Taxons	Descripteurs	Figuré
1200	<u>Profil en long.</u>		
1202	Bief Section en pente régulière et relativement faible entre deux parties plus déclives d'un cours d'eau.	P306 L α	
1212	Rapides Section en pente forte où la vitesse du courant s'accélère sur un lit généralement rocheux.	P306 L α	
1221	Chute Rupture de pente brutale, subverticale et très dénivelée dans le lit d'un cours d'eau. L'eau tombe au lieu de s'écouler. Selon l'importance de son débit, la chute est une cascade ou une cataracte.	P339 Q dénivellation	
1233	Méandre Sinuosité du lit d'un cours d'eau. Les berges d'un méandre sont dissymétriques : la rive concave est abrupte, la rive convexe en pente douce.	P339	
1300	**Réseaux** Par convergence et confluences, concurrence et captures, le ruissellement concentré s'organise en un système hiérarchisé de l'écoulement qui constitue un réseau hydrographique. On distingue les réseaux exoréïques, qui ont un débouché sur la mer, et les réseaux endoréïques, sans contact avec l'extérieur. L'absence de tout écoulement caractérise les régions aréïques.	P306	
1303	Bassin-versant Surface réceptrice des eaux alimentant un cours d'eau. Le bassin-versant a pour limite la ligne de partage des eaux qui le sépare des bassins adjacents. *Cartographiquement, c'est cette ligne qui définit l'extension et la forme du bassin-versant.*	S O Q ou Q' q	
1312	Ravin Rigole d'écoulement concentré, à profil en V, profond et peu ou pas ramifié.	L α	

Code	Taxons	Descripteurs	Figuré
1313	**Ravinement généralisé** Groupement de ravins élémentaires séparés par des crêtes d'interfluve aigües. Appelé "roubines" en Provence, "badlands" aux Etats-Unis.	S affectée par le ravinement	
1323	**Torrent élémentaire** Cours d'eau à forte pente en région accidentée. Son bassin-versant se subdivise en trois parties : un bassin de réception en amont, un chenal d'écoulement linéaire et un cône de déjection en aval.	L α Q ou Q'	
1333	**Réseau parallèle** Les cours d'eau du réseau sont peu hiérarchisés, peu ramifiés, et parallèles entre eux.	S L' N	
1341	**Capture** Détournement d'un cours d'eau vers un cours d'eau voisin dont il devient l'affluent. Dynamiquement, on distingue les captures par érosion régressive et les captures par déversement (SYS1).		
1350	**Réseau dendritique** Le réseau se compose de cours d'eau plus ou moins ramifiés et hiérarchisés. La concentration de l'écoulement se fait dans des artères de plus en plus importantes et de moins en moins nombreuses depuis le drain élémentaire (ordre 1) jusqu'aux drains de confluence (ordre 2, 3,....) et au collecteur principal. La densité du réseau se mesure par rapport à la surface S du bassin : - soit en fonction de la longueur totale des drains : L' (densité du drainage $\frac{L'}{S}$), - soit en fonction du nombre N de drains (densité des talwegs ou degré de dissection $\frac{N}{S}$). On distingue plusieurs types de réseaux dendritiques.	S L' N L'/S N/S	

Code	Taxons	Descripteurs	Figuré
1353	**Réseau arborescent** C'est le mieux équilibré et le plus hiérarchisé. Caractéristique des bassins-versants en entonnoir.	S L' N	
1363	**Réseau penné** Drainage en gouttière allongée alimenté symétriquement par des affluents venus des deux versants.	S L' N	
1373	**Réseau orthogonal** Les affluents s'articulent sur le collecteur principal en forme de baïonnette en suivant généralement des directions structurales (failles ou synclinaux).	S L' N	
1383	**Réseau radial, ou centrifuge** Les cours d'eau divergent à partir d'une culmination ou d'un sommet (volcanique par exemple).	S L' N	
1393	**Réseau neuronal, ou centripète** Les cours d'eau convergent de toutes parts vers le fond d'une dépression endoréique.	S L' N	
2000	**HYDROGRAPHIE LACUSTRE** L'étude des lacs, et d'une manière plus générale des eaux dormantes continentales (lacs, étangs, marais), est l'objet de la limnologie. Tout lac résulte de la création d'une cuvette ou d'une contre-pente permettant l'accumulation de l'eau. Les origines possibles sont nombreuses et s' inscrivent dans le cadre général de l'évolution géomorphologique régionale. On distingue ainsi des lacs d'origine structurale, tectonique (fossé tectonique ou fond de synclinal) ou volcanique (cratère); des lacs de barrage par glissement de terrain, langue glaciaire (SYS 3), coulée de lave (GEO 3) ou ouvrage humain ; des lacs de surcreusement glaciaire (SYS 3), hydroéolien (GEO 5) ou karstique (GEO 1) ; des lacs résiduels tels que bras morts fluviatiles, carrières inondées,....	P306	

Code	Taxons	Descripteurs	Figuré
	La cartographie géomorphologique s'intéresse principalement à la genèse de ces plans d'eau et à leurs relations avec l'ensemble du réseau hydrographique. Plus sporadiquement aux données de la limnologie hydrologique.		
2003	Lac permanent	S = surface P306 trame faible	
2011	Cote de profondeur, ou sonde Exprimée en mètres (et cm) au-dessous du niveau moyen du lac ou, à l'image des cartes marines, au-dessous du niveau des plus basses eaux.	P306	
2023	Courbes bathymétriques Courbes joignant les points d'égale profondeur.	P306	
2042	Rivage d'érosion Avec berge nette, abrupte ou escarpée, niveau des hautes eaux.		
2052	Rivage d'accumulation Niveau des hautes eaux avec berge basse, indécise ou absente (plan incliné, plage). *La grosseur des points correspond à la granulométrie du matériel.*	P306 granulométrie	
2062	Niveau des plus basses eaux	P306	
2073	Beine Banquette littorale immergée, façonnée par les vagues au rivage ou constituée par le toit d'un dépôt sous-lacustre.	P	
2103	Affluent Cours d'eau aboutissant et débouchant dans le lac.	Q ou q	
2113	Delta A l'embouchure d'un affluent, construction alluviale progressant du rivage vers le large.		

Code	Taxons	Descripteurs	Figuré
2123	**Effluent, ou émissaire** Cours d'eau issu d'un lac auquel il sert de déversoir.	Q	
2131	**Courant de surface ou de rive** Sens du mouvement de l'eau en surface ou au rivage.	P306	
2203	**Lac temporaire** Lac périodiquement ou occasionnellement asséché pour une plus ou moins longue durée.	S P périodicité	
2213	**Lac salé** Lac endoréique dont les eaux ont une teneur en sels (NaCl, Na_2CO_3, $CaCO_3$, $CaSO_4$,....) exceptionnellement élevée (>5°/oo).	S P	
2303	**Etang** Etendue d'eau stagnante sur un plancher imperméable, naturelle ou artificielle, moins vaste (déca à hectométrique) et moins profonde qu'un lac. Cas particulier des étangs littoraux (GEO 7).	P306 S P	
2311	**Mare** Pièce d'eau de dimension métrique et peu profonde occupant une dépression fermée naturelle ou artificielle.	P	
2323	**Marais** Nappe d'eau stagnante peu profonde et envahie par une végétation aquatique ou hygrophile. Cas particulier des marais littoraux (GEO 7)	S	
2333	**Tourbière** Formation végétale hygrophile dont la partie inférieure est constituée de tourbe, accumulation de matière organique décomposée en milieu réducteur.	P576	

Code	Taxons	Descripteurs	Figuré
3000	**HYDROGRAPHIE GLACIAIRE** L'hydrographie glaciaire est la partie de la glaciologie qui décrit les glaciers continentaux et les eaux glaciaires qui en proviennent (SYS 3).		
3000	**Glaciers**	P306	
3003	Glace continentale Glace due à l'accumulation et au tassement de la neige.	blanc	
3012	Limite de glacier Contour d'une masse de glace permanente.		
3023	Courbes figuratives Courbes de niveau, réelles ou fictives, illustrant la topographie de la surface et les mouvements d'un glacier.		
3032	Limite des neiges persistantes Limite au-dessus de laquelle le recouvrement neigeux est permanent.	P265	
3103	Calotte glaciaire (ice cap, inlandsis) Glacier vaste et épais à surface convexe, recouvrant une partie ou la totalité d'un continent. (ex.: Groenland, Antarctique).	P306	
3113	Névé Zone de réception et d'accumulation de la neige à l'amont d'un appareil glaciaire de montagne. La surface concave de la glace est due à la suralimentation en neige au pied des versants encaissants.		
3123	Langue glaciaire Partie médiane et aval d'un glacier de vallée, qui se développe en dessous de la limite des neiges persistantes. La surface convexe traduit à la fois le mouvement du glacier et la fusion de la glace plus accentuée sur les bords (frottement) qu'au centre.		

Code	Taxons	Descripteurs	Figuré
3131	Sens d'écoulement de la glace	P265	
3143	Diffluence Division d'un glacier en deux branches divergentes isolées par un interfluve rocheux.	P265	
3153	Crevasses Fentes béantes à la surface d'un glacier.	P306	
3163	Séracs Blocs de glace chaotiques et instables séparés par des crevasses dues à l'accélération du mouvement de la glace dans un glacier en forte pente.		
3200	**Eaux glaciaires**	P306	
3202	Bédière Chenal d'écoulement des eaux de fonte à la surface d'un glacier.		
3211	Moulin Puits ou crevasse dans la glace par où s'engouffrent les eaux d'une bédière.	P306	
3222	Chenal de drainage sous-glaciaire	P265	
3231	Porche Orifice de sortie d'un torrent sous- ou intra-glaciaire.	P265	
3243	Chenaux proglaciaires Chenaux d'écoulement des eaux de fonte en avant du front d'un glacier.	P265	

Code	Taxons	Descripteurs	Figuré
4000	**EAUX SOUTERRAINES**	P306 ou P569	

Les eaux souterraines contenues dans les roches sont l'objet d'étude de l'hydrogéologie. La pénétration des eaux est conditionnée par la perméabilité des formations superficielles et des terrains avec lesquels elles sont en contact. Leur circulation ou leur rétention dépendent de la porosité des roches, c'est-à-dire du volume des vides susceptibles d'être occupés par les fluides (cf. LIT).
L'hydrogéologie établit des cartes spécifiques décrivant les différents types de systèmes aquifères, les caractéristiques des roches réservoirs (roches-magasins) et les propriétés hydrologiques des nappes souterraines. Du point de vue de la cartographie géomorphologique, l'impact direct des eaux souterraines sur les formes du relief est limité, sauf en ce qui concerne le modelé karstique (cf.GEO 1).

Code	Taxons	Descripteurs	Figuré
4001	Perte Point d'infiltration ou d'engouffrement d'un écoulement superficiel (cf. ci-dessus 1091).	P306 Q ou Q'	▼
4011	Source permanente	P306 Q'	●
4021	Source intermittente Saisonnière ou occasionnelle.	P306 périodicité	○
4031	Source d'émergence Sortie à l'air libre d'une nappe phréatique contenue dans une roche-magasin supportée par une couche imperméable. Emergence par trop-plein du toit d'une nappe saturée (c') ou émergence à l'affleurement du plancher imperméable (c).	c' P306	●e
4041	Source de déversement Ecoulement à l'air libre, par gravité, d'un aquifère souterrain recoupé par un plan tectonique (faille) ou par l'érosion d'un vallon (d).		●d

Code	Taxons	Descripteurs	Figuré
4051	**Source artésienne** Emergence sous pression, ascendante ou jaillissante, à travers une fissure, de l'eau d'une nappe captive emprisonnée dans une structure synclinale (nappe artésienne), quand le point d'émergence se trouve à une altitude inférieure à celle du niveau hydrostatique de la nappe (a).		
4061	**Source minérale** Source minéralisée par concentration de produits dissous ou lessivés par un aquifère (bicarbonatée, chlorurée, sulfatée, sulfurée, calcique, sodique, magnésienne, siliceuse, ferrugineuse,...).	minéralisation	
4071	**Source thermale** Source à température élevée en raison de son origine volcanique ou magmatique (eau juvénile), parfois jaillissante sous la pression de gaz et minéralisée.	température minéralisation	
4101	**Source karstique** En pays calcaire, exutoire d'un réseau collecteur des eaux souterraines.	P569	
4111	**Exsurgence** Source karstique alimentée par les eaux d'infiltration ou de condensation internes.	P569	
4121	**Résurgence** Réapparition à l'air libre d'un cours d'eau à la suite d'un trajet souterrain.	P569	
4131	**Source vauclusienne** Résurgence d'une rivière souterraine par l'intermédiaire d'un siphon qui contribue à en régulariser le débit.	P569 Q	
4142	Ecoulement souterrain reconnu	P569	
4152	Ecoulement souterrain supposé	P569	

Code	Taxons	Descripteurs	Figuré
4162	**Limite de bassin-versant souterrain** Limite de l'aire de réception des eaux d'un réseau d'écoulement interne indépendant du réseau de surface apparent.	P569	
5000	**HYDROGRAPHIE MARINE** Au sens le plus ancien (dès le XVIè s.) l'"hydrographie" est la description cartographique des lieux maritimes, face à la "géographie" qui est la description des lieux terrestres. A partir du XVIIIè s., le terme désigne essentiellement l'établissement des cartes marines. C'est le sens qu'on trouve encore aujourd'hui dans l'intitulé du Service hydrographique et océanographique de la Marine (SHOM), avec tendance à une restriction au domaine littoral et précontinental. *Les océanographes s'occupent des fonds marins du large. Les hydrographes dressent des cartes détaillées des marges continentales. Les géomorphologues étudient les formes littorales et sous-marines, leur genèse et leur modelé (GEO 7).*	P285	
5000	**Domaine maritime**	P285	
5003	Eaux marines	P285 teinte faible	
5011	Sonde Cote de profondeur, en mètres et éventuellement en centimètres, en référence au zéro hydrographique qui correspond au niveau des plus basses mers (parfois au niveau moyen des basses mers) et qui est distinct du zéro géographique (niveau moyen des mers).	P285	
5023	Courbes bathymétriques Courbes d'égale profondeur.	P285	
5032	Niveau des plus hautes mers (trait de côte)		
5042	Niveau des plus basses mers		

Code	Taxons	Descripteurs	Figuré
5051	Source sous-marine karstique	P569	
5061	Source sous-marine thermale	P285	
5071	Dérive littorale Transfert d'eau et de sédiment le long du rivage.	P285 O	
5100	**Domaine littoral**	P285	
5103	Rivage (estran ; étage mésolittoral) Partie du littoral couverte et découverte par la mer. Le marnage est la dénivellation entre une basse mer et une pleine mer consécutives.	marnage moyen	
5113	Rivage d'érosion Escarpement littoral (falaise) dû à l'action directe ou à la proximité de la mer.		
5123	Rivage d'accumulation Estran en plan incliné (plage) formé de matériel meuble détritique. *La grosseur des points est proportionnellle à la granulométrie.*	granulométrie	
5133	Delta Construction alluviale sous-marine au débouché d'un fleuve dans la mer.		
5143	Estuaire Embouchure évasée d'un fleuve balayée par la marée et les courants.		
5153	Lagune Etendue d'eau marine isolée par une construction littorale perméable.	P285	

Code	Taxons	Descripteurs	Figuré
5163	Lagon Etendue d'eau marine isolée ou séparée de la mer par un édifice corallien, atoll ou récif-barrière		
5173	Etang littoral Etendue d'eau douce ou saumâtre retenue à l'abri d'un obstacle littoral.	eau : P306	
5171	Passe (goulet de marée, grau) Ouverture du rivage entretenue par la marée et mettant en communication un étang, une lagune ou un lagon avec le large.	P285	
5183	Marais littoral (wadden) Terres basses mêlées de vase, de tangue, de sable et de tourbe, inondables à marée haute et partiellement colonisées par une végétation halophile.	P285	
5182	Etier Chenal de marée évacuant les hautes eaux vers le large.	P285	
5200	**Glaces de mer**	glace : blanc formes : P285	
5203	Glace de mer Lorsque le point de congélation de l'eau de mer est atteint (- 1 à - 2°C selon la salinité) il se forme une couche superficielle de cristaux de glace moins dense et moins compacte que la glace d'eau douce.	blanc	
5213	Banquise (pack) Dallage de blocs de glace peu épais (1 à 4 mètres et jusqu'à 10 mètres en Antarctique) et plus ou moins soudés. La banquise permanente, ou glace polaire, occupe d'importantes superficies sur l'océan Arctique et autour de l'Antarctide. Elle s'adjoint en hiver une banquise saisonnière qui se fragmente et se disloque en été.		

Code	Taxons	Descripteurs	Figuré
5222	Limite de la banquise permanente	P285	
5232	Limite de la banquise d'hiver		
5243	Couloir d'eau libre (clairière, polynie) Chenal formé par la fragmentation de la banquise en radeaux de glace dérivants (floes) sous l'effet des courants, des marées et du vent.		
5253	Hummocks Empilements chaotiques de plaques de glace chevauchantes drossées par les courants et le vent.		
5261	Iceberg Radeau dérivant de glace continentale provenant de la dislocation (vêlage) d'un front glaciaire qui flotte sur la mer. Tabulaires ou pyramidaux, les icebergs sont modelés par la fusion lente de la glace et par les vagues. Selon la densité de la glace, plus dense que la glace de mer, leur partie émergée ne représente qu'environ 1/4 à 1/6 de leur volume et 1/3 à 1/4 de leur hauteur.	P265	

TECTONIQUE

Avec la participation de D.Obert, professeur à l'Université Paris 6, Pierre et Marie Curie

La tectonique est la discipline qui traite des déformations de l'écorce terrestre et des structures acquises qui s'ensuivent. Une partie importante de la tectonique est l'étude cinématique et dynamique de ces déformations (tectogénèse) ; elle intéresse la géomorphologie en tant que mise en place des grandes unités structurales (cf.DOM) et que responsable d'effets morphologiques récents (néotectonique) ou même actuels (séismicité, volcanisme). Mais c'est l'étude analytique et géométrique des structures (tectostatique ou géologie structurale) qui touche le plus directement la cartographie géomorphologique (cf.FST).

Sur les cartes géomorphologiques on ne figure en général (sauf exceptions spécifiques) que les accidents tectoniques qui guident directement ou qui expliquent les formes du terrain, ainsi que ceux qui sont des dislocations majeures du bâti structural. La couleur utilisée pour représenter les accidents tectoniques est le gris (ou noir rompu).

REPERAGE DU TAXON

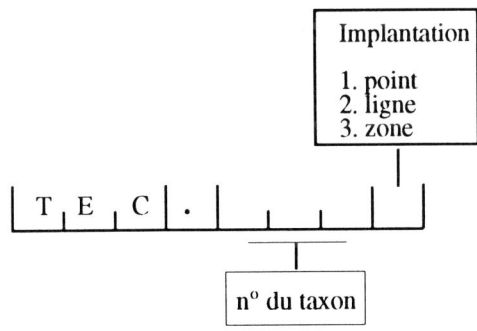

DESCRIPTEURS

    α. pendage, en degrés

    O. orientation (d'un pendage, d'un regard,....) de 0 à 360°/NG

    D. direction principale, ou sens de l'allongement, d'un axe tectonique, de 0 à 180°/NG

    D'. direction secondaire, de 0 à 180°/NG

    R. rejet vertical, en mètres

    Δ. décrochement horizontal, en mètres

    Δ'. sens du décrochement: δ = dextre, σ = senestre

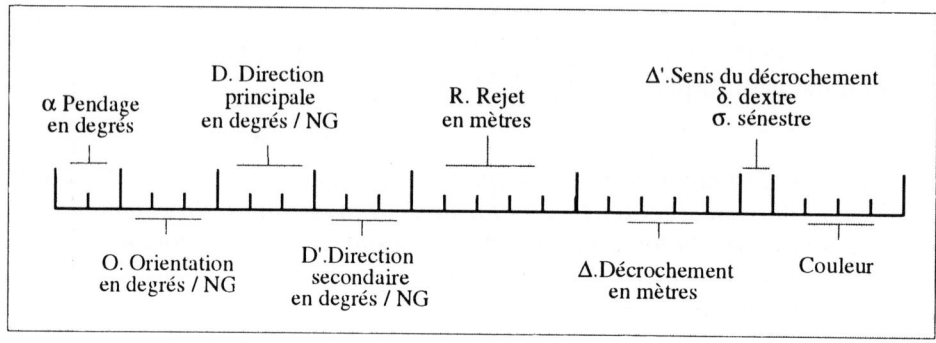

38

TECTONIQUE

Code	Taxons	Descripteurs	Figuré
1000	**DESCRIPTEURS**		
1001	Pendage Le pendage d'une couche ou d'une surface de dis- continuité est l'angle que fait cette surface ou cette couche avec un plan horizontal. Le pendage se définit par: soit en fonction du nombre N de drains α = la valeur, de 0 à 90°, de l'angle formé par le plan horizontal et la ligne de plus grande pente du plongement O = son orientation qui est le sens, expri- mé de 0 à 360°/NG, de cette ligne de plus grande pente dirigée vers le bas. Le pendage ne doit pas être confondu avec la pente (cf.TOP) qui est la mesure de l'inclinaison d'une surface topographique sur le plan horizontal. Valeurs types de pendages:	α O	
1011	Horizontal ≤ 5°		
1021	Pendage faible de 5 à 45°		
1031	Pendage fort de 45 à 70°		
1041	Vertical ≥ 70°		
1052	Direction Direction d'un plan géologique (couche, accident) exprimée perpendiculairement à son pendage, matérialisé par l'intersection de cette couche ou de cet accident avec un plan horizontal (celui de la carte par exemple). La direction se définit par son azimut, de 0 à 180°/NG.	D D'	
1061	Orientation Exposition face à un point déterminé de 0 à 360° par rapport à NG.	O	

Code	Taxons	Descripteurs	Figuré
1071	**Sens de déplacement** Sens du déplacement d'une masse rocheuse par rapport à une autre : cisaillement, chevauchement, nappe, exprimé de 0 à 360°/NG.	O	
2000	**DEFORMATIONS CASSANTES** Ce sont des déformations par rupture dans un milieu rocheux soumis à des contraintes en extension ou en compression. Elles s'accompagnent en général d'un déplacement relatif (cisaillement), vertical ou horizontal, des deux blocs isolés par le plan de cassure. *Cartographiquement, les déformations cassantes se présentent comme des tracés linéaires suivant l'intersection du plan de cassure avec la surface topographique.* **A l'échelle locale**		
2003	**Diaclases** Fentes de tension sans déplacement. Les bords des fractures (épontes) sont seulement plus ou moins écartés (ouverture millimétrique à décimétrique).	D	
2012	**Faille** Fracture dans une masse rocheuse rigide, avec déplacement relatif (vertical ou/et horizontal) décimétrique à kilométrique, des deux blocs ainsi séparés. Principaux termes de la nomenclature des failles :	D	
2010	**Compartiments** Blocs rocheux séparés par une faille. L'un est "soulevé" (A), l'autre "affaissé" (B).		
2020	**Lèvres** Surfaces de contact engendrées par la cassure (l) sur chacun des blocs séparés.		

Code	Taxons	Descripteurs	Figuré
2030	Plan de faille Surface de glissement d'un compartiment par rapport à l'autre. Le plan de faille (F) peut être vertical ou oblique (avec un pendage α sur l'horizontale).	α	
2040	Miroir Partie du plan de faille ayant subi par frottement un polissage mécanique ou affecté de stries orientées dans le sens du déplacement. Morphologiquement, partie apparente du plan de faille (m).	O	
2050	Rejet Ampleur du déplacement relatif d'un compartiment par rapport à l'autre le long du plan de faille. Le rejet (R) se mesure entre deux éléments identiques de part et d'autre du plan de faille.	R	
2052	Regard Le regard (r) de la faille est le sens dans lequel on voit le compartiment affaissé. *Barbules orientées dans le sens du regard.*	O	
2062	Faille normale (ou directe) Faille de distension. Le plan de faille est incliné dans le sens du compartiment affaissé qui repose sur le compartiment soulevé.	D R O	
2072	Faille inverse (ou chevauchante) Faille de compression. Le plan de faille est incliné dans le sens du compartiment soulevé qui chevauche ou surplombe le compartiment affaissé. *Barbules orientées dans le sens du bloc chevauchant.*	D R O	
2080	Faille conforme En milieu stratifié, une faille est dite conforme lorsque le pendage du plan de faille est dans le même sens que le pendage des couches	D R O	

Code	Taxons	Descripteurs	Figuré
2090	**Faille contraire** Le pendage du plan de faille est en sens inverse du pendage des couches.	D R O	
2102	**Faille reconnue** Faille constatée et analysée sur le terrain ou sur un document de télédétection. Elle peut être parallèle (directionnelle, d), oblique (diagonale, di) ou perpendiculaire (transversale, t) par rapport à la direction (D) des strates ou de tout autre accident repère. Faille inerte ou "faille active".	d D t di	
2112	**Faille probable, ou supposée** Faille conjecturale déduite de l'interprétation de la lithologie, ou de la topographie, ou du réseau hydrographique.	D	
2122	**Décrochement** Faille à rejet horizontal, métrique à multi-kilométrique. Les deux compartiments ont coulissé l'un par rapport à l'autre le long du plan de faille et dans sa direction.	D Δ	
2133	**Décrochement dextre** Décrochement correspondant à un mouvement relatif des deux compartiments vers la droite. (Un observateur placé sur un des compartiments voit le compartiment d'en face décalé vers la droite).	D δ Δ	
2143	**Décrochement senestre** Décrochement correspondant à un mouvement relatif des deux compartiments vers la gauche. (Un observateur placé sur un des compartiments voit le compartiment d'en face décalé vers la gauche).	D σ Δ	
2153	**Zone de broyage** Zone jointive d'un plan de faille ou de chevauchement encombrée par des fragments anguleux de roches brisées par friction et plus ou moins recimentés (brèche de faille, brèche tectonique, mylonite).		

Code	Taxons	Descripteurs	Figuré
	A l'échelle régionale		
2203	Champ de diaclases Groupement de diaclases se recoupant selon une direction principale et une ou plusieurs directions secondaires.	D D'	
2213	Champ de failles Groupement de failles caractéristique d'un ensemble régional dans lequel les failles se disposent entre elles parallèlement, perpendiculairement, obliquement ou radialement.	D D'	
2223	Réseau de failles Système de failles se recoupant selon deux directions constantes et découpant la région en damier dont certains compartiments sont soulevés et d'autres affaissés.	D D'	
2233	Faisceau de failles Groupement de failles étroit et allongé selon deux directions subparallèles ou légèrement divergentes.	D D'	
2243	Horst Compartiment encadré par deux failles à regards divergents et soulevé par un mouvement relatif positif. Dans la morphologie, un horst se traduit généralement par un môle en relief. (FST).		
2253	Bloc basculé Bloc faillé soulevé d'un côté et incliné de l'autre : horst dissymétrique. Cf.aussi : "failles panaméennes", à plans de faille convexes.		
2263	Graben Compartiment encadré par deux failles de distension à regards convergents et affaissé par un mouvement relatif négatif. Dans la morphologie, un graben se traduit généralement par un fossé tectonique (FST).		

43

Code	Taxons	Descripteurs	Figuré
2273	**Demi-graben** Compartiment affaissé encadré par deux failles normales de même regard. Dans la morphologie un demi-graben se traduit généralement par un escalier de failles (FST).	D R O	
2283	**Touches de piano** Structure faillée en distension formée de horsts et de graben parallèles, inégalement soulevés ou affaissés.	D	
2293	**Ecaille** Bloc rocheux chevauchant, décamétrique à kilométrique, limité par des failles inverses et déplacé par rapport à un autre bloc pris comme référence.	D	
3000	**DEFORMATIONS SOUPLES** Ce sont des déformations continues (ou ductiles) sans rupture, dans un milieu rocheux sédimentaire plastique à l'échelle des contraintes et des durées géologiques (millions d'années) et soumis à des forces de compression. Elles accompagnent un raccourcissement de l'écorce terrestre qui se traduit par des plissements et des chevauchements. *Cartographiquement, les plis se présentent comme des tracés linéaires suivant la direction des accidents et par la figuration du pendage des couches de part et d'autre de ces tracés.* **A l'échelle locale**		
3003	**Flexure (pli monoclinal)** Décalage vertical entre deux compartiments (A et B), mais sans fracture. Les deux blocs sont reliés par un "flanc de raccordement" (f) en pendage (α) vers le compartiment affaissé.	D R A α f B	
3010	**Pli** Déformation par gauchissement d'une surface-repère (surface de stratification, par exemple, ou litage de fluidité,.....) formant une ondulation convexe (anticlinale, a) ou concave (synclinale, s) vers le haut.	a s	

Code	Taxons	Descripteurs	Figuré
	Principaux termes de la nomenclature des plis :		
3020	Charnière Partie du pli (c) contenant la courbure maximale de la surface de référence, à l'intersection du pli avec le plan axial.		
3030	Plan (ou surface) axial Plan de symétrie (p), vertical ou incliné (α), partageant un pli en deux parties égales		
3040	Flancs Surfaces (f) inclinées entre deux charnières, de part et d'autre du plan axial selon un certain pendage ou plongement (α) et faisant entre elles un "angle d' ouverture" (β) plus ou moins fermé.		
3050	Axe Intersection du plan axial (p) avec la surface topographique, et projection de cette intersection sur un plan horizontal (a), celui de la carte par exemple. La direction (D) de l'axe définit celle du pli. *Cartographiquement, l'axe est représenté par une ligne qui peut être modulée en fonction du type de pli.*		
3062	Axe anticlinal		
3072	Axe synclinal		
3080	Terminaison périclinale Extrémité d'un pli dans la direction de son axe. Le pendage ou plongement (α) des couches se fait:		
3083	- vers l'extérieur du pli dans une "terminaison périanticlinale" (a)		
3093	- vers l'intérieur du pli dans une "terminaison périsynclinale" (s)		

Code	Taxons	Descripteurs	Figuré
3103	**Pli anticlinal** Pli convexe vers le haut, avec flancs divergents de part et d'autre de l'axe. Les couches sédimentaires les plus anciennes (a) sont à l'intérieur du pli. Un pli anticlinal dont la longueur selon l'axe est faiblement supérieure ou égale à la largeur est un "brachyanticlinal".		
3113	**Pli synclinal** Pli concave vers le haut, avec flancs convergents de part et d'autre de l'axe. Les couches sédimentaires les plus anciennes (a) sont à l'extérieur du pli. Un pli synclinal dont la longueur selon l'axe est faiblement supérieure ou égale à la largeur est un "brachysynclinal".		
	Types de plis:		
3123	**Pli droit** Pli à plan axial vertical, flancs symétriques de même pendage mais de sens opposés.		
3133	**Pli coffré** Pli droit à sommet (ou fond) plat et à flancs verticaux.		
3143	**Pli déjeté** Pli dissymétrique à plan axial incliné, dont les flancs ont un pendage opposé mais de valeur inégale. Si l'un des flancs est vertical, le pli est un "pli en genou".		
3153	**Pli déversé** Pli dont le plan axial incliné et les pendages des flancs sont tous de même sens. Le flanc supérieur (a) est appelé "flanc normal", le flanc inférieur (b) "flanc inverse".		
3163	**Pli couché** Pli dont le plan axial et les flancs sont sub-horizontaux.		

Code	Taxons	Descripteurs	Figuré
3173	**Pli renversé (ou retourné)** Pli disposé en sens inverse des plis normaux : plan axial incliné sous l'horizontale, charnière anticlinale (a) plongeante et charnière synclinale (s) dressée.		
3180	**Pli isopaque** Pli dans lequel l'épaisseur (e) des couches affectées reste constante.		
3190	**Pli étiré (ou anisopaque)** Pli dans lequel l'épaisseur des couches d'un des flancs (généralement flanc inverse) est amincie par allongement. Si la couche est amincie au point de disparaître, on parle de "pli laminé".		
3203	**Pli chevauchant (pli-faille)** Pli dont le flanc inverse s'est étiré ou laminé le long d'une surface (s) dite "surface de chevauchement". *Barbules orientées dans le sens du compartiment chevauchant.*		
3213	**Pli faillé** Pli ayant subi l'effet d'une cassure ou faille (F) postérieurement à sa mise en place.		
3300	**Groupements de plis** Les plis superficiels, ou "plis de couverture", qui reposent en discordance sur un socle sous-jacent (métamorphisé ou granitisé), s'associent à l'échelle régionale pour former des groupements de plis de styles variés.		
3303	**Plis parallèles** Groupement de plis dont les axes, alternativement anticlinaux et synclinaux, sont parallèles entre eux.	D	
3313	**Style éjectif** Groupement formé de plis anticlinaux étroits séparés par de larges synclinaux.		

Code	Taxons	Descripteurs	Figuré
3323	**Style déjectif** Groupement formé de plis anticlinaux très larges séparés par des synclinaux étroits.		
3333	**Style isoclinal** Succession régulière de plis tous déversés dans le même sens et de même pendage.	D α O	
3343	**Style en écailles** Succession régulière de plis-failles de même pendage et inclinés dans le même sens.	D α O	
3353	**Empilement de plis** Plis couchés ou plis-failles à plan axial sub-horizontal et superposés les uns aux autres.	D	
3363	**Plis en échelons (ou en relais)** Groupement de plis parallèles mais décalés entre eux, l'un relayant l'autre avec la même direction axiale.		
3373	**Plis en éventail** Groupement de plis parallèles dont les plans axiaux sont de plus en plus déversés du centre vers l'extérieur du groupe.	D	
3403	**Faisceau de plis** Groupement de plis, étroit et allongé, dont les axes se disposent selon des directions subparallèles ou légèrement divergentes.	D D'	
3413	**Eventail de plis** Groupement de plis dont les axes sont de plus en plus divergents à partir du centre du groupement.	D D'	
3423	**Réseau de plis** Groupement de plis croisés formant des dômes (d) à la rencontre de deux anticlinaux, des bassins (b) à la rencontre de deux synclinaux, et des enselle-ments (e) à l'intersection d'un synclinal et d'un anticlinal.	D D'	

Code	Taxons	Descripteurs	Figuré
3433	**Anticlinorium** Zone globalement anticlinale (déca à hectokilo-métrique) composée d'une suite de plis parallèles à plus faible courbure.	D	
3443	**Synclinorium** Zone globalement synclinale (déca à hectokilo-métrique) composée d'une suite de plis parallèles à plus faible courbure.	D	
4000	**DEFORMATIONS MIXTES OU COMPLEXES** A l'échelle régionale (10^3-10^4 km^2) ou continen-tale (10^5-10^6 km^2), les déformations sont rare-ment toutes de même type. Elles assemblent des déformations cassantes et des déformations sou-ples, séparées ou combinées dans des ensembles de plus grande ampleur affectant à la fois le socle et sa couverture sédimentaire.		
4000	**Déformations crustales** Déformations affectant toute la lithosphère (croûte + partie supérieure du manteau) :		
4003	**Rift** Graben de dimension continentale situé sur une fracturation lithosphérique en expansion, accompagnée d'une séismicité et d'un volcanisme intenses.	D R	
4013	**Faille coulissante** Faille décrochante affectant l'ensemble de la croûte continentale avec coulissement dextre ou senestre de deux grandes unités structurales l'une par rapport à l'autre.	D Δ Δ'	
4023	**Faille transformante** Zone de fracture de la lithosphère océanique créée par l'expansion différentielle du plancher issu des dorsales. Les failles transformantes sectionnent les dorsales et provoquent un décalage latéral, dextre ou senestre, des segments ainsi séparés.	D Δ Δ'	

Code	Taxons	Descripteurs	Figuré
4033	**Socle** Ensemble rocheux induré (s), généralement méta-morphisé et granitisé, formé au cours d'un ou plusieurs cycles orogéniques anciens et recoupé par une surface de discordance (d) (surface d' érosion) supportant éventuellement une couverture (c) de terrains plus récents (cf.DOM et GEO 2).	LIT 	DOM
4043	**Couverture** Ensemble de terrains sédimentaires ou volcaniques recouvrant en discordance un socle qui lui sert de substratum.	LIT	DOM
4053	**Plate-forme** Socle ancien, stable et rigide, revêtu d'une cou-verture sédimentaire peu ou pas déformée.	LIT	DOM
4063	**Bouclier** Déformation épéirogénique anticlinale (antéclise) à très large rayon de courbure d'un socle ancien normalement dépourvu de couverture (soit défaut de sédimentation, soit disparition par érosion).	LIT	
4073	**Bassin sédimentaire** Déformation d'ensemble synclinale (synéclise) très évasée, due à l'affaissement progressif (subsidence) d'un socle et de sa couverture sédimentaire.	LIT	
4083	**Plis de revêtement** Plis affectant la couverture sédimentaire d'un socle par adaptation souple, sans décollement, aux déformations du substratum.		
4093	**Pli de fond** Tectonique de socle en compression déterminant des failles inverses avec surrection de dômes ou massifs soulevés et, le cas échéant, déformation de la couverture.		

Code	Taxons	Descripteurs	Figuré

4101 **Décollement**
Désolidarisation d'une couverture sédimentaire par rapport à son substratum le long d'un plan de décollement (d) à la faveur d'une couche particulièrement plastique ("couche-savon").

4113 **Plis de couverture**
Ondulations ou plis souples affectant une couverture sédimentaire (c) désolidarisée de son substratum.

4122 **Charriage**
Chevauchement de grande amplitude (plusieurs dizaines ou centaines de kilomètres) formé de terrains allochtones reposant en contact anormal sur des terrains restés en place, ou autochtones. (Sur les conséquences géomorphologiques, cf.FST).
Cartographiquement, le charriage est matérialisé par le contact anormal linéaire figurant l'affleurement du plan de charriage, affecté de barbules orientées vers la masse charriée.

DOM

LIT

Principaux termes de la nomenclature des charriages :

4130 *Contact anormal (φ)*
Au sens général, surface de contact entre deux masses rocheuses déplacées l'une par rapport à l'autre. Ici : le plan de charriage. Au sens restreint : intersection du plan de charriage avec la surface topographique.

4140 *Racine (r)*
Zone d'origine du charriage, située à l'arrière d'une unité charriée.

4150 *Nappe de charriage (n)*
Ensemble des terrains déplacés.

4160 *Flèche (fl)*
Amplitude du recouvrement allochtone.

4170 *Front (f)*
Partie antérieure de la nappe recouvrant l'autochtone le long d'un "contact anormal".

Code	Taxons	Descripteurs	Figuré
4183	**Diapir** Déformation anticlinale créée par l'intrusion de terrains profonds dans un ensemble de terrains recouvrants plus récents. Le diapirisme est le plus souvent salifère (gypse, sel) et à l'origine des "montagnes de sel". On le rapproche parfois des montées magmatiques intrusives ("batholites").		

LITHOLOGIE

Avec la participation de P. Freytet, professeur à l'Université Paris 7-Denis Diderot

La lithologie, conçue comme la connaissance des roches dans leur diversité (au niveau de l'échantillon), mais aussi dans leur mode de gisement et leur extension dans l'espace (au niveau de la formation géologique), est un des facteurs fondamentaux de la géomorphologie. De ce point de vue, les propriétés remarquables des roches et des formations sont celles qui conditionnent leur comportement vis-à-vis des agents de la géodynamique externe. A cet égard, la notion de "dureté" est une notion relative dans laquelle interviennent à la fois les propriétés intrinsèques des ensembles lithologiques et l'agressivité (en majeure partie climatique) des processus d'altération et de fragmentation des affleurements, ainsi que l'efficacité des moyens de mobilisation et d'évacuation des débris. La classification proposée ci-dessous tient compte des différentes capacités des roches et de leurs combinaisons à influer sur le modelé et à témoigner des paléo-environnements.

*Les formations lithologiques se différencient sur les cartes par des trames ou par des poncifs dans la couleur de base du domaine morphostructural (**DOM**) auquel elles appartiennent. En principe, les roches résistantes sont traitées dans une teinte plus forte que celle des roches qui le sont moins. Selon l'échelle ou le degré de détail auquel on veut parvenir, on utilisera les couleurs seules, ou des figurés zonaux en surcharge (négatifs ou positifs) sur la couleur, ou des indices-lettres en gris.*

REPERAGE DU TAXON

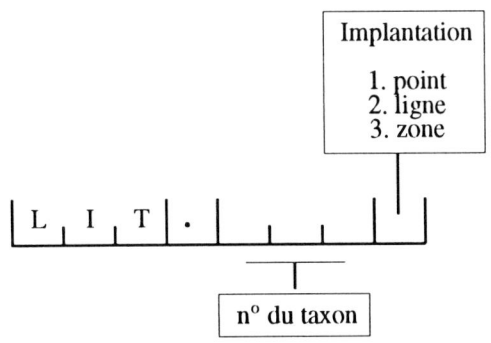

DESCRIPTEURS

Les taxons des roches sont présentés de manière à tenir compte de leur insertion cartographique dans le système coloré des domaines morphostructuraux (DOM). Tous les descripteurs définis ci-dessous sont applicables à tous les taxons

COH. Cohésion : C'est la résistance d'une roche aux forces de cisaillement. Elle exprime la plus ou moins grande solidité de l'édifice minéral constitutif de la roche. Elle peut être quantifiée en laboratoire par des essais géotechniques. Sur le terrain, elle s'apprécie en fonction des efforts nécessaires pour fragmenter ou dissocier la roche saine (à la main, à la pelle, au marteau).

10. les roches cohérentes sont celles dont les composants sont fortement liés par cristallisation, frottement ou cimentation. A l'échelle du gisement, on peut distinguer :
> 11.roches cristallines massives
> 12.roches cristallophylliennes
> 13.roches sédimentaires compactes

20. les roches meubles sont formées de fragments de roches cohérentes, de minéraux ou de débris organiques isolés. Elles sont caractérisées par leur granulométrie :
> 21.lutites (< à 50 μ)
> 22.arénites (de 50 μ à 2mm)
> 23.rudites (> à 2mm)

30. les roches plastiques sont formées en majeure partie ou en totalité de minéraux lamellaires de la dimension des argiles (<à 2 μ). Leur cohésion varie en fonction de leur teneur en eau (limites d'Atterberg) : faiblement cohérentes et fissurées à sec, plastiques et déformables puis liquides et boueuses quand la charge en eau est croissante.

40. les roches volcaniques récentes sont un cas particulier (cf.GEO 3). Leur cohésion et leur rôle morphologique varient selon leur composition chimique et selon le type d'éruption.

PER. Perméabilité : C'est une donnée fondamentale, car c'est la circulation de l'air et surtout de l'eau, principaux vecteurs des réactions physico-chimiques, qui conditionne l'intensité de la fragmentation et de l'altération des roches. Elle varie en fonction de la porosité qui est la proportion (n%) du volume des vides pouvant être occupés par des fluides par rapport au volume total de la roche. Elle s'exprime par le coefficient K de Darcy, mesurable en laboratoire. La considération de l'échelle d'observation est ici capitale : une roche peut être compacte (non poreuse) et imperméable à l'échelle de l'échantillon, mais perméable à l'échelle du gisement (diaclases et autres discontinuités). Une roche poreuse dont les vides ne sont pas connectés peut être imperméable.

10. les roches perméables "en grand" sont des roches compactes, mais fissurées par des "joints" dans lesquels l'eau circule librement ou par capillarité :

        11.roches massives (diaclases)
        12.roches feuilletées (stratification, schistosité)

20. les roches perméables "en petit" sont des roches poreuses où l'eau filtre à travers des vides plus ou moins larges et communiquant entre eux :

        21.porosité d'interstices (vides étroits, rétention capillaire)
        22.porosité de percolation (vides larges, circulation libre)

30. les roches imperméables sont essentiellement formées de minéraux argileux ($< à\ 2\mu$) qui fixent solidement l'eau par adsorption.

MIN. Minéralogie : L'analyse minéralogique détaillée est affaire de laboratoire. Sur le terrain, on se contentera d'identifier, à l'aide des tests courants les minéraux essentiels permettant de classer l'échantillon dans l'une des grandes familles pétrographiques :

        10.roches éruptives basiques
        20.roches feldspathiques
        30.roches siliceuses
        40.roches carbonatées
        50.roches argileuses
        60.roches salines
        70.roches carbonées (organiques)

CHI. Composants chimiques principaux : Il peut être utile, dans certains cas, d'indiquer par leur symbole chimique le (ou les) éléments majeurs dominant la composition de la roche :

Ca. calcium	Fe. fer
Si. silicium	C. carbone
Mg. magnésium	CM. calcium + magnésium
Al. aluminium	AF. aluminium + fer

CHR. Chronologie : La chronologie des formations lithologiques peut être éventuellement exprimée :

        - en chronologie relative (chronostratigraphie) par référence aux systèmes stratigraphiques habituels

        - en chronologie absolue (géochronologie) d'après les données isotopiques mesurées ou par référence aux données de l'Union internationale des sciences géologiques

S. Chronostratigraphie :

01. Archéen	20.Trias	50.Paléogène
02.Protérozoïque	30.Jurassique	51.Paléocène
10.Paléozoïque	31.inférieur (Lias)	52.Eocène
11.Cambrien	32.moyen (Dogger)	53.Oligocène
12.Ordovicien	33.supérieur (Malm)	60.Néogène
13.Silurien	40.Crétacé	61.Miocène
14.Carbonifère	41.Crétacé inférieur	62.Pliocène
15.Permien	42.Crétacé supérieur	70.Quaternaire

G.Géochronologie :
Age géochronométrique en millions d'années.

Pour tous détails et compléments, on se reportera à la fiche de station.

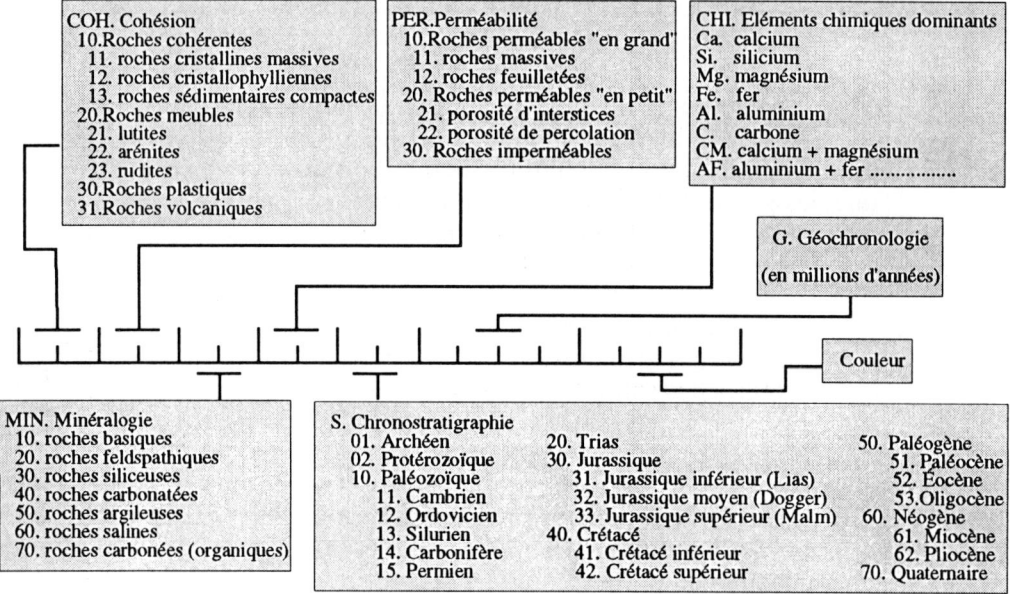

COH. Cohésion
  10.Roches cohérentes
    11. roches cristallines massives
    12. roches cristallophylliennes
    13. roches sédimentaires compactes
  20.Roches meubles
    21. lutites
    22. arénites
    23. rudites
  30.Roches plastiques
  31.Roches volcaniques

PER.Perméabilité
  10.Roches perméables "en grand"
    11. roches massives
    12. roches feuilletées
  20. Roches perméables "en petit"
    21. porosité d'interstices
    22. porosité de percolation
  30. Roches imperméables

CHI. Eléments chimiques dominants
Ca. calcium
Si. silicium
Mg. magnésium
Fe. fer
Al. aluminium
C. carbone
CM. calcium + magnésium
AF. aluminium + fer ....

G. Géochronologie
(en millions d'années)

Couleur

MIN. Minéralogie
  10. roches basiques
  20. roches feldspathiques
  30. roches siliceuses
  40. roches carbonatées
  50. roches argileuses
  60. roches salines
  70. roches carbonées (organiques)

S. Chronostratigraphie
  01. Archéen
  02. Protérozoïque
  10. Paléozoïque
    11. Cambrien
    12. Ordovicien
    13. Silurien
    14. Carbonifère
    15. Permien
  20. Trias
  30. Jurassique
    31. Jurassique inférieur (Lias)
    32. Jurassique moyen (Dogger)
    33. Jurassique supérieur (Malm)
  40. Crétacé
    41. Crétacé inférieur
    42. Crétacé supérieur
  50. Paléogène
    51. Paléocène
    52. Eocène
    53.Oligocène
  60. Néogène
    61. Miocène
    62. Pliocène
  70. Quaternaire

LITHOLOGIE

Code	Taxons	Descripteurs	Figuré
1000-3000	**ROCHES COHERENTES** Ce sont des roches compactes par cristallisation, par diagénèse (tassement, déshydratation) ou par cimentation. Relativement résistantes et difficilement déformables (accidents cassants ou plis). Perméabilité "en grand" en fonction de leur fissuration (tectonique ou sédimentaire). Leur dégradation dépend de leur degré de cohésion, de leur altérabilité, mais aussi des conditions d'humidité, de température et du mode d'évacuation des déchets.		
1000	**Roches cristallines massives** Composées de cristaux assemblés plus ou moins visibles à l'oeil nu (texture grenue ou microgrenue), généralement sans feuilletage ni orientation préférentielle (structure équante). Fissuration de failles et diaclases. Sensibles à l'altération chimique (en milieu humide) et à la désagrégation granulaire.		
1003	Roches plutoniques Roches endogènes formées par cristallisation d'un magma profond (roches magmatiques). Disposées généralement en massifs puissants, plus ou moins différenciés et fissurés, et plus ou moins sensibles à l'altération selon leur composition minéralogique.	P211	P211
1103	Série quartzo-feldspathique Roches à excès de silice et quartz exprimé.	négatif sur P211	
1101	Granite Quartz, feldspaths alcalins et minéraux secondaires.		γ
1111	Granite porphyroïde Granite à cristaux de feldspath de grande taille dispersés parmi d'autres cristaux plus petits.		γ'
1121	Granite à deux micas Biotite et muscovite. Anciennement "granulite", terme à abandonner dans ce sens.		γ''

Code	Taxons	Descripteurs	Figuré
1131	Granodiorite Quartz, feldspaths plagioclases, minéraux noirs		$\gamma\eta$
1203	Série feldspathique Roches sans quartz exprimé, à équilibre ou déficit de silice.	négatif sur P211	
1201	Syénite Feldspaths alcalins.		ς
1211	Diorite Feldspaths plagioclases, sans quartz.		η
1221	Gabbro Feldspaths plagioclases et pyroxène.		θ
1231	Dolérite Roche à texture ophitique, intermédiaire entre gabbro et basalte.		θ'
1303	Série ultrabasique Roches sans quartz ni feldspath.	négatif sur P211	
1301	Péridotite		σ
1311	Amphibolite		σ'
1321	Ophiolites Complexe de roches basiques (gabbro) et ultra-basiques (péridotite) serpentinisées (roches vertes) et de roches microlitiques (basalte), considéré comme témoin de la croûte océanique d'océans disparus.		ω

Code	Taxons	Descripteurs	Figuré
1400	**Roches de bordures et de filons** Les roches plutoniques se présentent aussi en bordure des massifs et en couches intrusives de demi-profondeur (filons, sills) avec une texture microgrenue. Leur rôle géomorphologique dépend alors des dimensions de l'affleurement et de leur résistance différentielle avec les roches encaissantes.	positif sur P211	
1402	Filon *Le tracé suit l'orientation du filon et porte éventuellement l'indice indicatif de la roche composante.*		F
1411	Microgranite Roche de composition granitique à texture microgrenue.		$\mu\gamma$
1421	Aplite Faciès granitique à grain très fin.		γa
1431	Pegmatite Faciès granitique à cristaux de grande taille, souvent minéralisé.		γp
1441	Quartz Minéral répandu dans les roches magmatiques et métamorphiques granitiques, parfois concentré en inclusions ovoïdes (faciès œillé), en amandes, ou exprimé en filons massifs très résistants et de plus ou moins grande dimension.		Q
1451	Microdiorite Diorite à texture microgrenue.		$\mu\eta$
1461	Microgabbro Gabbro à texture microgrenue.		$\mu\theta$
1471	Mylonite (brèche tectonique) Brèche formée de roches broyées au cours du déplacement relatif des deux bords d'un accident tectonique (faille, chevauchement, charriage).		M

Code	Taxons	Descripteurs	Figuré
1503	**Roches du métamorphisme de contact** Ces roches se localisent au contact d'une venue magmatique avec les terrains qu'elle traverse ou qu'elle enclave. Le métamorphisme, essentiellement thermique, affecte à la fois la roche magmatique (endométamorphisme) et les roches enveloppantes (exométamorphisme), avec une intensité décroissante avec l'éloignement de la zone de contact. L'expression morphologique résulte de la différence de comportement entre les roches magmatiques et celles de leur enveloppe métamorphique (massifs plutoniques en relief ou en creux par rapport à leur entourage).	positif sur P224	
1513	Auréole de métamorphisme Zone de roches métamorphiques entourant un massif magmatique intrusif sur une largeur métrique à hectométrique.		
1521	Cornéennes Roches de la zone interne des auréoles, massives, d'aspect corné, finement cristallisées, très dures, à cristaux d'andalousite et de grenat.		ε
1531	Schistes tachetés ou noduleux Roches de la zone externe des auréoles, avec néoformation de cordiérite et/ou d'andalousite.		ϕ_t
1603	**Roches d'anatexie** Roches métamorphiques issues de la transformation thermodynamique extrême (métamorphisme général) de roches préexistantes par fusion partielle (migmatites) ou totale (anatexites) des minéraux d'origine, suivie d'une recristallisation avec apparition de minéraux nouveaux. Les roches résultantes sont de composition granitique et à texture grenue. Leur comportement géomorphologique est comparable à celui des roches plutoniques et dépend de leur composition chimique, de leur structure et de leur fissuration.	négatif sur P224	
1611	Gneiss granitoïde Grain grossier, foliation peu marquée ou nulle		$\zeta\gamma$

60

Code	Taxons	Descripteurs	Figuré
1623	Granite d'anatexie (*en figuré zonal*) Roche de composition et de texture identiques à celles du granite plutonique, disposée en massifs diffus dans un ensemble cristallin, comme résultat final du métamorphisme général.	négatif sur P224	
1621	Granite d'anatexie (*en indice*)		γ A
2000	**Roches cristallophylliennes** Roches à la fois cristallines et feuilletées issues du métamorphisme régional (épi et mézozones) des roches sédimentaires dont elles gardent certains caractères (stratification, joints nombreux, variations latérales de faciès, déformations souples). L'érosion exploite les différences de composition minéralogique, de cristallisation, de foliation, de schistosité ou de stratification. NB - Ne pas confondre <u>foliation</u> (dispositif orienté des composants minéraux), <u>schistosité</u> (feuilletage indépendant acquis secondairement sous l'influence de forces tectoniques orientées) et <u>stratification</u> (discontinuité stratigraphique).		P224
2103	<u>Série pélitique</u>	négatif sur P224	
2111	Schistes métamorphiques Roches feuilletées et fissiles provenant du métamorphisme et de la fissuration orientée, sous pression tectonique, de sédiments argileux à grain très fin. Elles se débitent en lames plus ou moins épaisses.		ϕ
2121	Phyllades Schistes fissiles à grain fin ou moyen, riches en paillettes cristallines (séricite, chlorite, grenat). Terme fréquemment employé pour désigner l'ensemble des schistes faiblement métamorphisés (épizone).		ϕ'
2131	Schistes ardoisiers Schistes à grain fin, homogènes, très fissiles, se débitant en feuillets minces ou en plaquettes (ardoises).		ϕ a

Code	Taxons	Descripteurs	Figuré
2141	**Schistes à minéraux** Sériciteux ou chloriteux.		ϕ_m
2151	**Micaschistes** Schistes nettement métamorphisés (mésozone), à grain moyen et à schistosité marquée, riches en cristaux de mica, quartz et minéraux divers (staurotide, grenat, andalousite, calcite,...).		ξ
2203	<u>Série arénacée</u>	négatif sur P224	
2211	**Quartzite** Roche métamorphique siliceuse, dure, à cassure conchoïdale, formée de cristaux de quartz imbriqués et soudés entre eux.		Γ
2221	**Leptynite** Roche compacte à dominante de quartz et de feldspaths provenant du métamorphisme accentué d'arkoses, de granites ou de rhyolites.		Λ
2303	<u>Série carbonatée</u>	négatif sur P224	
2311	**Calcschistes** Schistes de calcaire microcristallisé par métamorphisme de marno-calcaires. Les talcschistes sont une variété riche en Mg.		χ
2321	**Schistes lustrés** Micaschistes calcifères, finement schisteux, verdâtres, issus du dynamométamorphisme de marnes ou de schistes calcaires.		χ'
2331	**Marbres et cipolins** Calcaires ou dolomies cristallins métamorphiques, d'un blanc uniforme (marbre) ou veinés par des impuretés colorées (cipolins) et susceptibles d'un beau poli.		μ

Code	Taxons	Descripteurs	Figuré
2403	<u>Série granitique</u>	négatif sur P224	
2411	Gneiss Roches du métamorphisme général (méso et catazones). Texture grenue, à grain moyen ou grossier, foliation nette ou au moins décelable au niveau du gisement comme de l'échantillon, sous la forme de lits sombres (minéraux ferro-magnésiens) alternant avec des lits clairs (quartz et feldspaths).		ζ
2421	Gneiss lité A lits sombres et clairs alternant, bien marqués.		ζ'
2431	Gneiss oeillé Caractérisé par des amas lenticulaires de quartz ou de feldspaths de couleur claire.		ζ''
3000	**Roches sédimentaires compactes** Roches exogènes, continentales ou marines, elles proviennent de la compaction par diagénèse (tassement, déshydratation, cimentation) d'un sédiment d'origine détritique, chimique ou biochimique. Peu perméables ou même imperméables au niveau de l'échantillon, leur perméabilité "en grand" dépend de la fréquence et de la connexion des "joints" ou discontinuités (diaclases, stratifications, schistosités) permettant la circulation de l'eau. Leur grande variété minéralogique, de texture, de mode de gisement, de résistance aux agents morphodynamiques, ainsi que leur présence dans tous les domaines morphostructuraux (DOM), en font un élément majeur de la morphogénèse continentale. Cette influence s'exprime à la fois par leur réponse aux contraintes de la tectonique (souple ou cassante), par leur réaction à l'érosion différentielle (FST) et par leur comportement dans les divers systèmes (SYS) et domaines (GEO) géomorphologiques. *Les couleurs employées pour les roches sédimentaires correspondent aux domaines morphostructuraux (DOM) dans lesquels on les trouve : socles (P680), bassins sédimentaires (P472) ou chaînes actives (P177).*	P680, P472 ou P177	P680 P472 P177

Code	Taxons	Descripteurs	Figuré
3100	**Roches siliceuses** Essentiellement formées de silice SiO_2. La plupart sont d'origine détritique, peu ou pas solubles et difficilement altérables.		
3103	Faciès schisteux - - - - - - - - - - - - - - - - - - Roches provenant de la diagénèse de sédiments argileux à grain très fin. Feuilletées et fissiles, elles se débitent en lames plus ou moins épaisses.	négatif sur teinte faible	
3111	Schistes Désigne une formation sédimentaire pélitique feuilletée et caractérisée par un débit plus ou moins facile en lames d'épaisseur variable selon des joints de stratification.		S
3121	Schistes houillers Schistes à débris végétaux et lits charbonneux.		Sh
3131	Schistes bitumineux Schistes noirs ou bleuâtres provenant de vases riches en matière organique : ampélites, schistes carton.		Sb
3141	Argilites (shales) Argiles compactées et consolidées, plus ou moins litées.		Ar
3203	Faciès grenus - - - - - - - - - - - - - - - - - Roches détritiques consolidées, constituées par des grains plus ou moins fins unis par un ciment siliceux.	figuré granulométrique négatif sur teinte forte	
3201	Grès Arénites consolidées, plus ou moins résistantes aux chocs ou à la pression. Cf. les grès "pouf" (écrasés), "paf" (amortis) ou "pif" (durs et sonores) des carriers.		G
3211	Grès quartzeux Roche à cassure rugueuse formée de grains de quartz unis par un ciment quartzeux de néoformation.		G'

Code	Taxons	Descripteurs	Figuré
3221	Grès quartzitique Roche à l'aspect de quartzite mais à cassure rugueuse, formée de grains de quartz jointifs nourris par de la silice de néoformation.		Gq
3231	Arkose Grès feldspathique formé par la cimentation des grains d'une arène granitique ou gneissique.		Ak
3241	Grauwake Grès quartzofeldspathique ou volcanoclastique grossier à matrice pélitique riche en chlorite.		Gw
3251	Psammite Grès moyen à fin à ciment argileux, riche en mica mais pauvre en quartz.	teinte faible	Ps
3261	Pélite (siltite) Grès tendre formé par la consolidation des grains d'un limon (silt) plus ou moins argileux.	teinte faible	Pé
3271	Gaize Grès formé de débris organiques siliceux (spicules d'éponges) unis par un ciment siliceux ou calcaire.	teinte forte	Gz
3300	Accidents siliceux dans les roches		
3301	Présence d'accidents siliceux Existence de corps ou dépôts siliceux intraformationnels, syngénétiques, résiduels ou de néoformation, visibles à l'oeil nu, éventuellement concentrés en surface par accumulation relative ou décalcification.		X
3311	Silex Amas de silice (calcédoine) d'origine biochimique en bancs, lentilles ou rognons, à cassure conchoïdale translucide, stratifiés ou dispersés dans une roche sédimentaire calcaire.		X
3321	Chailles Amas siliceux (opale, calcédoine) ovoïdes ou parallélépipédiques, à cassure mate, englobés dans une formation carbonatée marine (mésozoïque).		X'

Code	Taxons	Decripteurs	Figuré
3331	**Meulière** Silicifications secondaires (opale, calcédoine, quartz) liées à l'altération superficielle, à la pédogénèse et/ou à des apports allogènes de silice, développées dans certains calcaires non marins (lacustres). Forment des amas dans la roche enveloppante (meulière compacte) ou des blocs alvéolés (meulière caverneuse) emballés dans une matrice argileuse (argile à meulière).		m
3400	<u>Roches carbonatées</u> Ce sont des roches composées principalement de carbonates de calcium ($CaCO_3$) ou/et de magnésium ($MgCO_3$), parfois de fer (sidérose) ou de sodium (natron). Leur rôle géomorphologique est considérable à la surface des continents en raison de leur extension et de leur altérabilité, notamment dans les grands bassins sédimentaires et les chaînes actives méso-cénozoïques.		
3410	Calcaires Roches contenant plus de 50% de $CaCO_3$. Très solubles dans l'eau chargée de CO_2. La résistance des calcaires à l'érosion dépend de leur massivité et de leur fissuration et de la sécheresse du climat. Quand l'eau est abondante et circule aisément dans des conduits nombreux, il se développe à la fois en surface et en profondeur un type particulier de modelé : le "relief" karstique (GEO1).		
3413	Calcaire (*en figuré zonal*)	négatif sur la couleur teinte forte	
3411	Calcaire (*en indice*)		C
3421	Calcaire massif Homogène, en bancs épais, plus diaclasé que stratifié. En général calcaire bioconstruit : récifal, corallien,...; mais aussi calcaire micritique, sans organismes.		C'
3431	Calcaire lité Stratifié en bancs plus ou moins minces et relativement nombreux, souvent séparés par des surfaces durcies (hard grounds).		C"

Code	Taxons	Descripteurs	Figuré
3441	Calcaire en plaquettes Débité en fragments plats et peu épais.		C"'
3451	Calcaires coquilliers Essentiellement formés de débris entassés de Brachiopodes, Lamellibranches ou Gastéropodes.		Cc
3461	Lumachelle Calcaire coquillier à débris consolidés par un ciment calcaire.		Cc'
3471	Calcaire à entroques Entièrement formé de débris d'Echinodermes (tiges de Crinoïdes), à cassure cristalline brillante.		Cc"
3481	Calcaires oolitiques Formés de petites sphères calcaires ou ferrugineuses unies par un ciment calcaire sparitique. Les "pisolites" (calcaire pisolitique) sont des oolites de grande taille (>2mm) parfois construites autour d'algues rouges.		Co
3491	Calcaire gréseux Calcaire à faciès granulaire, détritique ou de recristallisation, cimenté et plus ou moins friable.		Cg
3503	Craie blanche (*en figuré zonal*) Calcaire à grain très fin, friable et microporeux, formé par l'accumulation d'organismes planctoniques (Foraminifères et Flagellés) et benthiques (Mollusques, Echinodermes). Dépôt marin épicontinental, la craie se présente en grandes masses diaclasées perméables "en grand" et crypto-karstifiées.	couleur aplat teinte faible	aplat
3501	Craie blanche (*en indice*)		Cr
3511	Calcaires lacustres Dépôts carbonatés continentaux à grain fin, formés dans des lacs ou lagunes et contenant parfois des fossiles d'eau douce ou saumâtre.		Cl

Code	Taxons	Descripteurs	Figuré
3521	**Travertins et tufs calcaires** Dépôts calcaires de sources ou de petits cours d'eau chargés en $CaCO_3$ fixé par des végétaux, des Cyanophycées, des algues eucaryotes ou des bactéries. Structure grumeleuse et vacuolaire contenant souvent des débris ou des empreintes de plantes ou de coquilles.		T
3600	**Dolomies** ‒ ‒ ‒ ‒ ‒ ‒ ‒ ‒ Roches carbonatées formées à plus de 50% de dolomite, carbonate double de calcium et de magnésium, $CaMg(CO_3)_2$. Contenant une proportion variable de calcaire ($CaCO_3$) mais moins solubles que lui, elles sont en général plus résistantes et moins favorables à l'évolution d'un modelé karstique.		
3603	Dolomie (*en figuré zonal*)	négatif sur la couleur teinte forte	
3601	Dolomie (*en indice*)		D
3611	Dolomie massive En bancs épais et diaclasés.		D'
3621	Dolomie litée En minces strates empilées.		D"
3631	Dolomie sableuse Faciès granulaire friable, se désagrégeant aisément en sable dolomitique.		D'"
3700	**Marnes** ‒ ‒ ‒ ‒ ‒ ‒ ‒ Roches carbonatées formées par un mélange de calcaire et de 35 à 65% d'argile. Intermédiaires entre les roches cohérentes et les roches plastiques, plus résistantes que les argiles mais plus souples et moins perméables que les calcaires. Souvent associées aux calcaires dans les séries sédimentaires marines, elles jouent par rapport à eux le rôle de roches "tendres" et favorisent ainsi le développement de formes structurales (FST) telles que versants à corniche, cuestas, crêts,...		

Code	Taxons	Descripteurs	Figuré
	Les variétés de marnes se distinguent d'après les proportions relatives d'argile et de calcaire et la présence de minéraux associés (quartz, glauconie, dolomite, pyrite,....) et de fossiles.		
3703	Marne (*en figuré zonal*)	négatif sur la couleur teinte faible	
3701	Marne (*en indice*)		M
3803	Faciès mixtes .... Roches composées de plusieurs espèces minérales mêlées dans des proportions variées, ce qui leur confère des propriétés particulières.	négatif sur la couleur	
3801	Calcaire siliceux Calcaire renfermant de la silice d'origine chimique ou organique (radiolaires).	teinte forte	Cs
3811	Calcaires dolomitiques Calcaires contenant une proportion notable de dolomite, allant des calcaires magnésiens (avec 5 à 10% de dolomite) aux calcaires dolomitiques ss (10 à 50%) et aux dolomies calcarifères (de 50 à 90%). L'altération différentielle du calcaire et de la dolomite les expose plus que tout autres au développement de paysages ruiniformes.	teinte forte	Cd
3821	Cargneule Roche calcaro-dolomitique (20 à 30% de dolomite) quelquefois gypseuse. Jaunâtre, d'aspect bréchique, cariée et/ou vacuolaire (dolomie caverneuse). Elle se présente en masses mal stratifiées ou en brèches à la surface rugueuse en raison du lessivage différentiel des éléments solubles.	teinte faible	Cd'
3831	Calcaire marneux Roche calcaire contenant une proportion d'argile de 5 à 35%. L'expression fréquemment employée de "marno-calcaires" doit être réservée à la désignation non d'une roche mais d'une série sédimentaire formée en alternance par des lits calcaires et des lits marneux ou par des lits très et moins marneux.	teinte faible	Cm

Code	Taxons	Descripteurs	Figuré
3841	**Roches phosphatées (phosphates)** Du phosphate tricalcique ($Ca_3 (PO_4)_2$) est parfois mêlé à des sédiments marins épicontinentaux sous la forme de granules (pseudo-oolites), de débris organiques épigénisés, ou de ciment crypto-cristallin. Ces phosphates ne jouent de rôle morphologique que celui des roches (calcaires, craie ou sable) qui les contiennent. Mais leur intérêt économique est grand. Les "phosphorites" sont un revêtement pariétal de grottes karstiques, ou un remplissage de fissures mêlé à de l'argile résiduelle de décarbonatation.		Ph
3853	<u>Evaporites (roches salines)</u> Concentrations minérales salines résultant pour la plupart de l'évaporation de l'eau les contenant. Faciès lagunaires ou faciès lacustres des régions arides, leur rôle morphologique (et géotectonique) dépend principalement de leur mode de gisement.	négatif sur la couleur teinte faible	
3851	Gypse Le sulfate de calcium existe dans la nature sous forme d'anhydrite ($Ca SO_4$) ou sous la forme hydratée ($CaSO_4.2H_2O$) du gypse. Ces deux formes sont en général mêlées et associées avec de la calcite ou de la dolomite. La transformation de l'anhydrite en gypse (par exemple au contact de l'air humide) s'accompagne d'un accroissement de volume (foisonnement) capable de disloquer les roches qui en contiennent. Le gypse se présente en rubans ou en lentilles dans des calcaires ou des argiles, ou en concrétions dans des sables (roses des sables). Mais il se trouve aussi en masses épaisses, fibreuses ou à grain fin, dans les séries sédimentaires épicontinentales d'où il est extrait pour la fabrication du plâtre, ou encore dénudé par l'érosion au coeur de plis diapirs. Roche tendre et soluble, le gypse en affleurement favorise, en climat humide, le développement d'une topographie de type karstique.		Gy

Code	Taxons	Descripteurs	Figuré
3861	**Sel gemme (halite)** C'est le chlorure de sodium (NaCl) déposé comme le gypse par évaporation dans des lagunes ou des lacs (sebkhas) des régions arides. Il se présente en formations puissantes dans des zones subsidentes ou en extrusion dans des diapirs (montagnes de sel). Associé à des sels de potasse très plastiques, il participe avec le gypse à la tectonique salifère (décollements, charriages). Plus tendre et plus soluble que le gypse, il offre, même en pays aride, des formes de dissolution évoluées.	Ha	
3900	<u>Formations polygéniques ou composites</u> Il s'agit de roches ou de formations cohérentes sédimentaires faites d'éléments d'origine diverse, compactées et/ou consolidées par un ciment secondaire. Leur étude est une source essentielle de documentation sur l'histoire géodynamique régionale. *On distinguera, selon la taille des éléments :*		
3913	Eléments de la taille des rudites (>2mm) --	négatif granulométrique sur la couleur teinte forte	
3911	Conglomérats Roches détritiques formées en majorité d'éléments de la classe des rudites, de même nature (conglomérat monogénique) ou de nature variée (conglomérat polygénique), liés entre eux par un ciment plus ou moins gréseux, siliceux ou calcaire.		CG
3921	Poudingue Conglomérat à éléments émoussés ou roulés (galets) d'origine alluviale, fluviatile ou marine.		Po
3931	Grès à dragées Grès à galets de quartz roulés		Gd
3941	Brèche Conglomérat à éléments anguleux (clastites) d'origine proche, éluviale, intraformationnelle ou colluviale.		Br

Code	Taxons	Descripteurs	Figuré
3953	Eléments de la taille des arénites (<2mm) -	négatif granulométrique sur la couleur teinte faible	
3951	**Grès calcaires** Grès à grains quartzeux, ferrugineux, phosphatés ou carbonatés à ciment ou matrice calcaire.		Gc
3961	Tuffeau Craie ou calcaire crayeux tendre (mais durcissant à l'air), détritique (quartz et mica), déposé en bordure d'un massif cristallin.		Tu
3971	Faluns Formation détritique néritique de mer épiconti-nentale, formée de grès et/ou de calcaires tendres à débris coquilliers liés par une matrice sableuse.		Fa
3983	Formations hétérogènes -	négatif granulométrique sur la couleur teinte faible	
3981	Flysch Formation détritique hétérogène composée de sédiments plus ou moins grossiers (conglomérats, grès ou pélites) déposés au cours d'une évolution orogénique et syngénétiquement incorporée au plissement.		Fl
3991	Molasse Terme généralement appliqué à une formation détritique plus ou moins épaisse liée, comme le flysch, à l'orogénèse. Dépôt sédimentaire d'eaux douces ou marines, la molasse est tantôt conglo-mératique, tantôt gréseuse à ciment calcaire et traces de fossiles, tantôt marneuse ou pélitique. Comme le flysch, la molasse est un faciès de piémont dont la topographie collinaire contraste avec celle de la montagne voisine. *Cartographiquement, selon les cas, la molasse peut être représentée par ses composants, ou synthétiquement par une surcharge positive de hachures en teinte neutre (P470) sur la couleur aplat, teinte faible.*		Mo

Code	Taxons	Descripteurs	Figuré
4000	**ROCHES MEUBLES** Ce sont des roches (ou des formations) composées de fragments détritiques libres mais possédant collectivement des propriétés géomorphologiques originales. Infiniment déformables, elles ont tendance à s'écouler comme un liquide et à occuper tout l'espace qui leur est offert (fonds de vallées, dépressions). Leur résistance est faible devant les forces géodynamiques de mobilisation et de dispersion. Mais cette résistance est variable selon leur granulométrie (homométrie ou hétérométrie), leur composition (homogène ou hétérogène), leur constitution chimique (siliceuse, argileuse ou calcaire) et leur altérabilité, l'humidité du climat et les conditions de circulation de l'eau (porosité). *Les critères dimensionnels retenus ci-dessous sont ceux le plus communément admis par les sédimentologues, les pédologues et les géomorphologues.*	P680 P472 ou P177	
4100	**Classe des rudites** Ce sont les roches meubles dont les éléments ont une taille supérieure à 2mm. Les vides entre les grains permettent une circulation libre des fluides (perméabilité de percolation). Une moindre porosité augmente le temps de contact de l'eau avec les grains et favorise l'altération chimique. La cohésion, pratiquement nulle pour les formations les plus grossières, augmente lorsque la taille des éléments diminue et que l'hétérométrie est plus grande. Même humides, les rudites s'éboulent par gravité en formant des talus en pente d'autant plus forte que les éléments sont plus gros et plus rugueux.	figuré granulométrique positif sur la couleur teinte faible	
4103	Blocs (*en figuré zonal*) Eléments d'un diamètre supérieur à 200mm. Certains peuvent atteindre plusieurs mètres.		
4101	Blocs (*en indice*)		b
4113	Blocailles, cailloutis (*en figuré zonal*) Eléments de 60 à 200mm. Eviter pour cette classe le terme de "galets" qui désigne une forme d'usure mécanique ou chimique (émoussé) et non une dimension.		

Code	Taxons	Descripteurs	Figuré
4111	Blocailles, cailloutis (*en indice*)		bc
4121	Graviers Eléments de 4 à 60mm.		g
4131	Granules Eléments de 2 à 4mm.		g '
4200	**Classe des arénites (sables)** Les composants des arénites, ou sables, ont une taille comprise entre 2mm et 50µ. Dans ces conditions, l'eau circule plus difficilement et plus lentement dans des vides plus étroits (perméabilité d'interstices et rétention capillaire). La cohésion augmente quand la granulométrie diminue, mais elle varie aussi avec la teneur en eau. Le sable sec a une cohésion nulle ; il est sensible à la déflation éolienne et il s'éboule par gravité en formant un talus d'équilibre. La cohésion s'accroît avec la teneur en eau jusqu'à un certain seuil, appelé seuil de fluidité, au-delà duquel les grains, dispersés dans l'eau qui les entraîne, s'écoulent avec elle.	figuré granulométrique positif sur la couleur teinte faible	
4203	Sables (*en figuré zonal*) Eléments d'un diamètre compris entre 2mm et 50µ. Selon la nature des éléments dominants, on parlera de sable quartzeux, feldspathique, calcaire, oolitique, coquiller; selon l'origine, de sable marin, fluviatile, éolien,...		
4201	Sable, non différencié (*en indice*)		s
4211	Sable grossier Plus de 80% d'éléments compris entre 2 et 1mm		sg
4221	Sable moyen Plus de 80% d'éléments compris entre 1mm et 200 µ.		sm
4231	Sable fin Plus de 80% d'éléments compris entre 200 et 50 µ		sf

Code	Taxons	Descripteurs	Figuré
4300	**Classe des lutites** Cette classe se caractérise par des éléments détritiques, le plus souvent siliceux ou carbonatés, d'un diamètre inférieur à 50μ. La cohésion des lutites est bien meilleure que celle des arénites, mais elle varie aussi selon la teneur en eau. En revanche, la faible dimension des vides, jointe à une forte rétention capillaire et/ou d'adsorption, entrave la circulation libre de cette eau jusqu'à l'imperméabilité.	figuré positif sur la couleur teinte faible	
4303	Limons (poudres, silts, aleurites) (*en figuré zonal*). La dimension des grains est comprise entre 50 et 2 μ. Forte rétention capillaire : les limons ne s'éboulent pas, même à sec. Mais leur désagrégation en surface les expose à une mobilisation facile par le ruissellement ou par le vent.		
4301	Limons (*en indice*)		l
4311	Limon grossier (sablon) Plus de 80% d'éléments de 50 à 20 μ.		lg
4321	Limon fin Plus de 80% d'éléments de 20 à 2 μ.		lf
4331	Argile Ce terme ambigu désigne à la fois un minéral, une roche plastique (cf. ci-dessous 5003) et,comme ici, la sous-classe des lutites regroupant les roches détritiques dont les éléments ont une taille inférieure à 2 μ.		a
4341	Vase Sédiment plus ou moins argileux, limoneux ou calcaire (craie lacustre, boue corallienne) de la classe des lutites, saturé d'eau et associé à des colloïdes d'origine biologique. La rigidité de la vase est fragile : elle disparaît par thixotropie (passage à l'état liquide à la suite d'un choc ou d'un ébranlement ; ex. "sables mouvants").		v

Code	Taxons	Descripteurs	Figuré
5000	**ROCHES PLASTIQUES** Les roches plastiques sont celles qui, déformées par l'application d'une force, conservent cette déformation lorsque la force a disparu. Les forces tectoniques, quand elles s'exercent pendant un temps suffisamment long, parviennent à créer des déformations plastiques (flexures, plis) dans les roches cohérentes. Mais les roches plastiques ont intrinsèquement la propriété de se déformer même sous l'effet de forces plus discrètes telles que la gravité ou le foisonnement.		
5003	Argile (*en figuré zonal*) L'argile (silicate hydraté d'aluminium) doit sa plasticité à sa composition faite de minéraux argileux lamellaires (cristallites < 2μ) cimentés par une fine pellicule d'eau adsorbée et d'ions salins. L'étroitesse des vides et le film d'eau ren-dent l'argile imperméable à l'eau libre. A sec, elle garde une réelle cohésion (fentes de retrait béantes où s'engouffre l'eau des pluies). Si la teneur en eau de capillarité augmente, les fentes se referment, les lamelles minérales glissent les unes sur les autres, une "limite de plasticité" est atteinte et la roche devient instable et déformable. Si la quantité d'eau augmente encore, on passe une "limite de liquidité" au-delà de laquelle l'argile s'écoule librement. Ces deux limites sont les "limites d'Atterberg". Le rôle géomorphologique des argiles est considérable, comme plancher imperméable, comme produits d'altération et de pédogénèse, et comme "roches tendres" dans le cas des reliefs structuraux.	figuré positif sur la couleur teinte faible	
5001	Argile (*en indice*)		a
5011	Argile plastique (terre glaise) Argile d'altération des roches feldspathiques ou argile sédimentaire (lacustre ou lagunaire), riche en kaolinite ($2SiO_2$ Al_2O_3 $2H_2O$).		ap
5021	Kaolin Argile plastique blanche, très pure, utilisée en céramique et en papeterie.		k

Code	Taxons	Descripteurs	Figuré
5031	**Argiles smectiques (smectites)** Argiles gonflantes, très absorbantes de l'eau et des matières grasses ("terre à foulon"), formées principalement de montmorillonite ($4SiO_2\ Al_2O_3\ 2H_2O$) et/ou d'illite ($3SiO_2\ Al_2O_3\ H_2O$) associées à des ions alcalins Na ou K		as
5041	**Argile blanche** Argile résiduelle d'altération des roches cristallines et/ou volcaniques, riche en kaolinite et montmorillonite.		ab
5051	**Argile verte** Argile sédimentaire lagunaire, peu plastique, riche en illite et minéraux ferreux.		av
5061	**Argile calcaire** Faciès argileux (65 à 95% d'argile) entre les argiles vraies et les marnes.		ac
6000	**ROCHES VOLCANIQUES** Les roches volcaniques (vulcanites ou roches éruptives ss) sont des roches de profondeur (magmatites) arrêtées en demi-profondeur ou rejetées en surface par les éruptions volcaniques. Leur texture est en général microlitique ou vitreuse, plus rarement microgrenue. Selon leur constitution chimique et le type d'éruption, elles s'accumulent autour d'un cratère en édifiant un volcan, ou elles se répandent au loin sous forme de coulées de lave ou de projections pyroclastiques. L'importance et l'originalité du rôle des roches volcaniques en géomorphologie (cf.GEO 3) justifient qu'on les réunisse ici dans un sous-chapitre particulier.	P021	P021
6100	**Roches volcaniques non fragmentées (laves)** Ce sont les roches qui composent les coulées effusives en surface à partir de fissures ou de cheminées. Du point de vue géomorphologique, on les répartit en trois groupes d'après leur chimisme et leur comportement.		

Code	Taxons	Descripteurs	Figuré
6103	**Roches basiques** Roches contenant moins de 50% de silice. Elles proviennent de magmas très fluides émis à haute température (1100 à 1200°C), et s'étendent sur de vastes surfaces pouvant couvrir des milliers de km^2.	négatif sur la couleur teinte forte	
6101	Basaltes Sans doute les plus communes des roches volcaniques. Roches noires, microlitiques, de la famille des gabbros, à feldspaths plagioclases calciques sans quartz. Ce sont celles des grandes coulées et des trapps.		β
6111	Basalte alcalin Basalte sous-saturé, très pauvre en silice, mais contenant de l'olivine et des feldspathoïdes.		β'
6121	Tholéïte Basalte relativement riche en silice, mais sans feldspathoïdes ni olivine. C'est le basalte des "points chauds" et des rides océaniques.		β''
6203	**Roches "intermédiaires"** Elles contiennent de 50 à 56% de silice. Moins fluides que les roches basiques mais moins visqueuses que les roches acides, elles forment des coulées moins longues que celles des basaltes, et aussi des aiguilles et culots consolidés dans la cheminée même.	négatif sur la couleur teinte forte	
6201	Andésites Roches microlitiques de la famille des diorites, parfois (dans les formations très anciennes) à texture porphyrique (phénocristaux dispersés). Les laves andésitiques, plus grises que les basaltes auxquels elles sont souvent associées, sont caractéristiques du volcanisme continental ou des zones de subduction. D'autant plus visqueuses qu'elles sont enrichies en silice, les andésites forment des coulées courtes, bulleuses ou scoriacées, intercalées avec des lits de projections.		α

Code	Taxons	Descripteurs	Figuré
6211	**Trachyandésite** Plus acide que les andésites, cette roche forme surtout des pitons ou des dômes accompagnés de produits d'explosion : bombes, lapillis et cendres.		$\tau\alpha$
6221	**Téphrite** Roche microlitique claire, à feldspaths calciques (associée aux basaltes) et/ou à feldspathoïdes (associée aux phonolites).		$\beta\varphi$
6231	**Phonolite** Equivalent microlitique des syénites néphéliniques, c'est une roche fluidale, gris-verdâtre, sans quartz, à feldspaths et feldspathoïdes. Les laves, visqueuses, forment des coulées courtes et épaisses, des necks (cheminées) ou des dykes (filons) qui se débitent en prismes, en dalles ou en plaquettes sonores.		φ
6303	<u>**Roches acides**</u> Roches contenant plus de 56% de silice. Très visqueuses, elles proviennent de magmas plus ou moins saturés et forment des épanchements ou des dômes et des aiguilles. Elles sont également très abondantes dans les projections pyroclastiques.	négatif sur la couleur teinte forte	
6311	**Dacite** Roche grise, microlitique, équivalente de la diorite quartzifère. Intermédiaire entre les andésites et les rhyolites, elle est associée à celles-ci dans les nappes de pyroclastites (ignimbrites).		δ
6321	**Rhyolite** Roche microlitique, claire, de la famille des granites, à quartz et feldspaths alcalins et à structure souvent fluidale. Les laves rhyolitiques, très visqueuses, forment des dômes très aplatis ou des coulées très courtes et très épaisses.		ρ

Code	Taxons	Descripteurs	Figuré
6331	Trachyte Roche microlitique à structure fluidale, grise, sans quartz, de la famille des syénites. Les trachytes s'écoulent en laves visqueuses ou s'accumulent dans ou autour des cratères en formant des pitons ou des dômes.		τ
6500	**Roches volcaniques fragmentées (pyroclastites)** Roches ou formations composées de fragments de roches volcaniques brisées et projetées à distance par une activité explosive violente, ou dispersées par un agent géodynamique de transport (eaux ou vent).	figurés granulométriques positifs sur la couleur	
6510	<u>Roches meubles</u> Eléments pyroclastiques isolés et libres. Se distinguent par leur granulométrie et leur constitution lithologique.	teinte faible	
6513	Blocs *(en figuré zonal)* Diamètre > 64mm. Rudites : blocs et blocailles.		
6511	Blocs *(en indice)*		b
6521	Bombes volcaniques Gouttes de lave figées, tordues et craquelées.		b'
6533	Lapillis *(en figuré zonal)* Eléments de 64 à 2mm. Rudites : graviers.		
6531	Lapillis *(en indice)*		lp
6541	Scories Fragments pyroclastiques rugueux, basaltiques ou andésitiques, à texture bulleuse et poreuse.		sc
6551	Ponces Pyroclastites acides, bulleuses et/ou vitreuses, de densité <1.		po

Code	Taxons	Descripteurs	Figuré
6563	Cendres (*en figuré zonal*) Eléments de la classe des arénites et des lutites (diamètre < 2mm) Les plus fines sont dispersées au loin par le vent (saupoudrage éolien).	teinte forte	
6561	Cendres (*en indice*)		ce
6603	<u>Roches consolidées</u> Pyroclastites indurées à chaud par soudure, ou à froid par compaction ou cimentation.	hachures en positif sur la couleur teinte forte	
6611	Brèche volcanique Fragments grossiers (> 2mm) réunis par un ciment de cendres ou de lapillis et comprenant des éléments laviques et des éléments arrachés aux roches encaissantes.		br
6621	Ignimbrite Pyroclastites peu indurées, formées de lapillis agglomérés dans une matrice de cendres et soudés à chaud. Souvent difficiles à distinguer des cinérites. Produits de phénomènes explosifs violents et soudains ("nuées ardentes"), les ignimbrites peuvent recouvrir de vastes étendues.		ig
6631	Cinérite (tuf volcanique) Cendres consolidées, tendres et poreuses, accumulées dans une zone humide : cône torrentiel, marais ou lac, ou dispersées par le vent.		ci

DOMAINES   MORPHOSTRUCTURAUX

Avec la participation de D.Obert, professeur à l'Université Paris 6, Pierre et Marie Curie

Le relief d'une région dépend de l'intervention d'agents géodynamiques internes et externes sur un substratum caractérisé par sa constitution lithologique (LIT) et son dispositif structural (TEC). Ce relief s'exprime dans le cadre de grandes unités ou domaines morphostructuraux, hérités d'un passé plus ou moins long et d'une évolution plus ou moins complexe. On distingue essentiellement quatre grands types de domaines morphostructuraux : les socles, les bassins sédimentaires, les chaînes actives et les domaines volcaniques.

REPERAGE DU TAXON

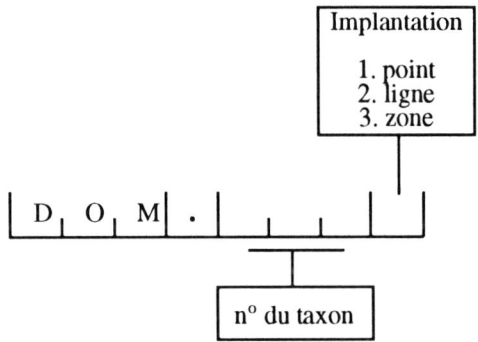

DESCRIPTEURS

Les domaines morphostructuraux sont des unités de dimension continentale ou régionale, donc à petite échelle. On les individualise sur les cartes par des plages colorées spécifiques et par des associations de formes structurales (FST) significatives. A moyenne et à grande échelle, des nuances peuvent être introduites par l'emploi de trames modulant la couleur de base et de figurés complémentaires.

Descripteurs codés

A. Type de domaine : 1. socle ; 2. bassin sédimentaire ; 3. chaîne active ;
4. volcanisme

B. Couleur

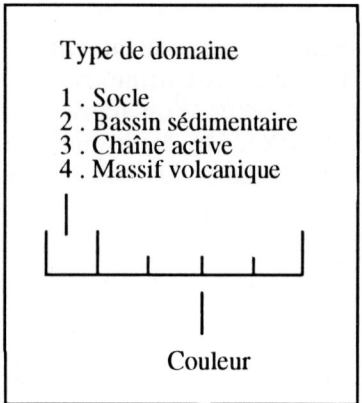

Descripteurs analytiques

C. Faciès lithologiques	cf.LIT
D. Accidents tectoniques	cf.TEC
E. Formes structurales	cf.FST

DOMAINES MORPHOSTRUCTURAUX

Code	Taxons	Descripteurs	Figuré
1000	**SOCLES** On appelle "socle" un ensemble structural rigide composé de terrains anciens, généralement plissés et métamorphisés, souvent granitisés, recoupés par une (ou plusieurs) surface d'érosion qui se comporte comme une surface de discordance pouvant supporter éventuellement une couverture sédimentaire ou volcanique. Un "massif ancien" est une unité morphostructurale constituée par une portion de socle portée en altitude par des mouvements épéirogéniques ou des accidents cassants.	GEO2	
1003	Socle, non différencié *On peut subdiviser les domaines de socles en fonction de la nature et du dispositif du matériel lithologique qui les compose.*	P224	P224
1013	Socle plutonique Socle formé de roches magmatiques de profondeur (granites, gabbros,...) à texture grenue ou microgrenue, massives mais plus ou moins fissurées et diaclasées. Ces roches apparaissent en massifs puissants et peu différenciés, ou en montées intrusives circonscrites ("batholites") cernées par une auréole de métamorphisme de contact.	P211	P211
1022	Contour de batholite (= massif intrusif ; intrusion ; massif circonscrit)	gris	
1033	Auréole de métamorphisme	P224	
1103	Socle métamorphique C'est le type de socle le plus répandu. Il se compose essentiellement de roches métamorphiques : soit cristallines, massives et à texture grenue (migmatites et anatexites), morphologiquement comparables aux plutonites ; soit cristallophylliennes, à la fois cristallines et feuilletées, beaucoup plus diversifiées, plissées et déformées au cours de crises orogéniques successives.	P224	P224

Code	Taxons	Descripteurs	Figuré
1113	**Faciès massifs** Gneiss et granites d'anatexie à foliation peu marquée ou confuse, fissurés et diaclasés.		P224
1123	**Faciès cristallophylliens** Présentent certains caractères des terrains sédimentaires d'origine : stratification, variations latérales de faciès, composition chimique ; et des caractères acquis au cours du temps : déformations souples, schistosité, métamorphisme, cristallisation.	négatif sur P224	
1203	**Socle volcano-sédimentaire** Porte la trace d'un volcanisme ancien lié à la tectonique contemporaine des déformations du socle. Il s'agit de racines d'appareils volcaniques disparus par érosion, de cheminées, sills, laccolites, coulées de laves ou projections pyroclastiques consolidées.	GEO3 P170	P170
1213	Formations laviques (laves)		P170
1223	Formations pyroclastiques	négatif sur P170	
1303	**Socle sédimentaire** Socle formé de roches sédimentaires compactes, stratifiées, non ou peu métamorphisées, diversifiées et plus ou moins résistantes. Ces roches se présentent tantôt en couches superposées peu ou pas déformées, tantôt comme les racines de plis plus ou moins tronqués.	LIT TEC P680	P680
1313	Formations de couverture Empilement de strates sédimentaires recouvrant en discordance un substratum plus ancien et affectées ou non par des plis de revêtement.		P680
1323	Chaînes anciennes Formations sédimentaires plissées, témoins de l'existence d'épisodes orogéniques anciens. Maintenant inactives, ces chaînes sont arasées et incorporées au socle lui-même.	négatif sur P680	

Code	Taxons	Descripteurs	Figuré
2000	**BASSINS SEDIMENTAIRES** Un bassin sédimentaire est une portion de la croûte terrestre déprimée tectoniquement, dans laquelle s'est effectuée une longue sédimentation, marine ou continentale.	LIT TEC	
2003	Bassin sédimentaire s.s. Au sens strict, un bassin sédimentaire est une dépression en forme de cuvette évasée due à un affaissement lent et progressif (subsidence), où se sont empilés pendant une longue période (pouvant atteindre plusieurs dizaines ou même centaines de millions d'années) et sur une grande épaisseur (plusieurs milliers de mètres) des sédiments variés, marins ou continentaux, subhorizontaux ou faiblement déformés (basculements, flexures ou failles, plis de revêtement).	P472 trame forte	P472
2103	Bassin de remplissage On peut désigner ainsi une dépression de la croûte terrestre constituée soit par un fossé tectonique (rift ou graben), soit par la bordure immergée (marge) d'un continent, soit par une fosse ou bassin de piémont en contrebas d'une chaîne active, et comblée par des sédiments provenant de l'érosion des régions culminantes limitrophes.	P472 trame faible = P473	P473
2113	Remplissage de fossé Bassin sédimentaire étroit et allongé, dû à un affaissement rapide et cassant, encadré par des failles. Sédimentation principalement détritique (conglomérats, sables), lacustre (calcaires, évaporites) ou volcanique.	négatif sur P473	
2123	Marge continentale passive Rebord continental immergé, non ou faiblement séismique ; sédimentation détritique près du littoral, marine sur le plateau continental, remaniée par glissements et turbidité sur le talus et le glacis au large.	négatif sur P473	

Code	Taxons	Descripteurs	Figuré
2133	**Marge continentale active** Rebord continental en contact avec une plaque océanique et subduction de la croûte océanique sous la croûte continentale. Séismicité importante. Existence d'une fosse profonde où s'accumulent et s'imbriquent des formations volcaniques et des sédiments détritiques glissés sur la pente continentale : olistolites, brèches, sables ("prisme d'accrétion").	négatif sur P473	
2143	**Bassin de piémont** Dépression marginale à l'avant ou à l'arrière d'une chaîne active. Sédimentation littorale ou marine composée de produits détritiques syntectoniques (flysch) ou post-tectoniques (molasse), hétérogènes (conglomérats, grès et pélites), provenant de l'érosion de la chaîne en voie de surrection.	négatif sur P473	
3000	**CHAÎNES ACTIVES** Les chaînes actives sont des ensembles montagneux distincts des chaînes de socles en ce qu'ils sont dûs à une orogénie récente (moins de 200 Ma) encore perceptible sous la forme de séismes, d'éruptions volcaniques et de réajustements isostatiques. Ces ensembles topographiques, plus longs que larges, se caractérisent par un assemblage plus ou moins complexe d'unités morphostructurales composées principalement de déformations souples (plis, chevauchements, charriages) et de formes de relief en pleine évolution. *Cartographiquement les chaînes actives se distinguent, à l'échelle régionale, par la combinaison d'une grande variété de formes structurales. A petite échelle, on peut les classer en fonction de leurs modalités tectoniques, en grande partie responsables de leurs particularités géomorphologiques.*	TEC FST	
3003	**Chaîne autochtone ou subautochtone** Chaîne essentiellement composée de terrains déformés, mais qui n'ont pas été sensiblement déplacés par les mouvements tectoniques qu'ils ont subis : plis de revêtement ou plis de couverture.	P177	P177

Code	Taxons	Descripteurs	Figuré
3013	**Chaîne de surrection ou "pli de fond"** Déformation intracontinentale affectant à la fois un socle et sa couverture. Le socle sous-jacent est soulevé entre des failles inverses et affleure dans une "zone axiale". La couverture plastique, décollée et plissée, forme de part et d'autre des "zones sous-axiales" adjacentes.	négatif sur P177	
3103	**Chaîne allochtone** Chaîne résultant d'une activité tectonique intense (subduction, obduction ou collision) déplaçant les terrains sur de grandes distances (chevauchements, charriages).	P480	P480
4000	**DOMAINES VOLCANIQUES** Il s'agit des domaines volcaniques récents (moins de 30 Ma) composés d'édifices regroupés en massifs ou en chaînes plus ou moins complexes et topographiquement superposés aux reliefs préexistants qu'ils masquent plus ou moins complètement. Dans ces domaines, épanchements laviques et projections pyroclastiques se mêlent généralement dans des proportions variables. Toutefois, le mode de mise en place et la composition chimique du matériel conditionnent largement la genèse et l'évolution des formes du relief (Cf. GEO 3).	GEO3 P021	
4003	**Massif volcanique lavique** Ensemble essentiellement formé de roches basiques fluides (basalte) ou de roches plus ou moins visqueuses (andésite, phonolite, trachyte) au moment de l'émission, consolidées et résistantes à l'érosion, disposées en coulées empilées ou en appareils (volcans, cônes, dômes,...) édifiés autour des bouches éruptives.	P021	P021
4013	**Champ de formations pyroclastiques** Ensemble composé de dépôts meubles constitués par des fragments de roches volcaniques de granulométrie variée (blocs, lapillis, cendres), brisés et dispersés par un volcanisme explosif plus ou moins violent (cônes de scories, nappes de retombées pyroclastiques, nuées ardentes) et remaniés par gravité ou par des écoulements visqueux et turbulents (ignimbrites, lahars).	négatif sur P021	

FORMES STRUCTURALES

Les formes structurales sont les formes du relief déterminées, dans un domaine morphostructural donné (DOM), par l'effet d'un accident tectonique et/ou par l'action différentielle des agents d'érosion sur des roches d'inégale résistance. On distingue plusieurs sortes de reliefs structuraux :

- Les "reliefs primitifs", ou "directs", engendrés par l'activité tectonique elle-même ; ce sont des formes jeunes, encore tectoniquement actives, ou récentes et non encore (ou peu) entamées par l'érosion.

- Les "reliefs dérivés", créés par l'érosion dans un matériel déformé et différencié où les couches "dures" sont dégagées par le déblaiement des couches "tendres".

- Les "reliefs conformes", quand les formes du relief sont de même sens que les déformations structurales ;

- Les "reliefs d'inversion", quand les formes du relief sont "inverses" par rapport à celles des structures.

REPERAGE DU TAXON

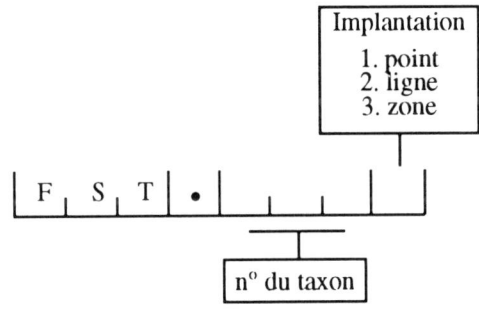

DESCRIPTEURS

A.Types de structures

Les formes structurales se distinguent en fonction des types de structures (TEC) et de lithologie (LIT) dans leurs rapports avec les agents géodynamiques actuels ou passés.

1. La structure horizontale, ou aclinale, se compose de séries sédimentaires concordantes à pendage nul ou faible (<5°), caractérisées par un empilement de couches alternativement "dures" et "tendres".

2. La **structure monoclinale** est celle des séries sédimentaires concordantes inclinées selon des pendages allant de 5 à 45°, et dans lesquelles l'érosion découpe des formes de relief dissymétriques.

3. Les **structures plissées** comprennent des types de plis fort variés, tous constitués par des déformations souples accompagnées ou non de cassures et de déplacements horizontaux de plus ou moins grande ampleur.

4. La **structure massive** correspond à l'affleurement généralisé d'un type de roche unique (par exemple calcaire, GEO 1), ou d'un ensemble de roches ayant des comportements géomorphologiques très voisins (par exemple socle cristallin, GEO2).

5. La **structure faillée** affecte aussi bien les socles que les séries sédimentaires. Elle se distingue par la prédominance d'accidents cassants (failles) qui mettent en contact des compartiments mobiles les uns par rapport aux autres et des formations lithologiques qui peuvent être de résistance différente.

6. Les **structures discordantes** mettent en contact, par superposition, au moins deux types de structures différents séparés par une "surface de discontinuité" ou "surface de discordance".

7. La **structure volcanique** combine des formes de construction et des formes d'érosion qui composent un ensemble d'édifices "postiches", surajoutés à n'importe quel autre type de domaine structural (GEO 3).

B.Couleur

Les formes structurales sont pour la plupart des formes majeures du relief régional, représentées par des signes ou des groupements de signes linéaires ou ponctuels. On peut les figurer dans la couleur de base du domaine morphostructural (DOM) auquel elles appartiennent. Mais pour plus de lisibilité, de plasticité et d'unité de la carte, il est recommandé de les traiter dans une couleur neutre et forte, telle que P470.

C.Descripteurs analytiques

z. altitude en mètres
D.dénivellation topographique, en mètres
π. pendage des couches géologiques, en degrés
α. pente topographique, en degrés
δ. direction , ou sens, de l'allongement d'un accident structural, de 0 à 180°/NG
O.orientation ou regard d'un escarpement, de 0 à 360°/NG

F.en structure faillée, sens de l'escarpement par rapport au regard de la faille :
     1. direct (même sens)
     2. inverse (sens opposé)

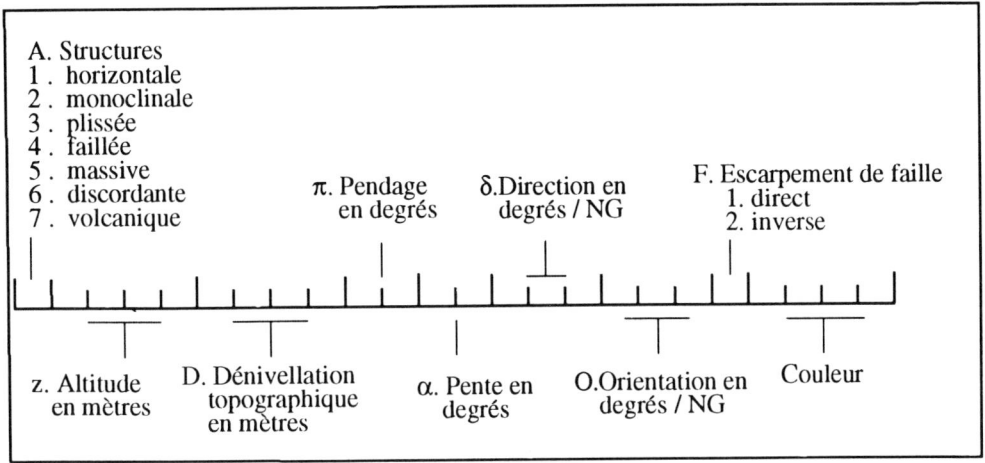

FORMES STRUCTURALES

Code	Taxons	Descripteurs	Figuré
1000	**STRUCTURE HORIZONTALE, OU ACLINALE** Les couches sédimentaires se superposent en une série concordante horizontale ou très faiblement inclinée (< 5°). Les formes structurales révélées par l'érosion différentielle sont d'autant plus nettes que l'alternance de formations "dures" et "tendres" (les premières ayant tendance à s'altérer plus difficilement et plus lentement que les secondes) est plus tranchée.	P470 $\pi \ < \ 5°$	
1003	Corniche Escarpement raide (> 35°) formé, en bordure d'un plateau, par une couche "dure" couronnant en bandeau une pente plus douce taillée dans une roche "tendre" sous-jacente.	D O	
1013	Talus Pente modérée (20 à 35°) en roche "tendre" au pied d'un escarpement en roche "dure".	D O α	
1103	Coteau Terme banal et vague employé "faute de mieux" pour désigner un versant formé par une corniche surmontant un talus.	D O	
1113	$D > x \ m$	D	
1123	Butte-témoin ; gara Colline à sommet plat, isolée à l'avant d'un coteau et témoignant de l'extension ancienne du plateau et de la couche résistante constituant la corniche. Une "gara" (terme arabe, plur. "gour") est une butte-témoin en milieu aride	D	

Code	Taxons	Descripteurs	Figuré
1133	**Avant-butte** Butte-témoin dont la couche résistante sommitale a disparu.	D	
1143	**Replat structural** Gradin ou replat déterminé, dans un versant, par l'affleurement d'une couche "dure".	sur LIT r	
1153	**Plate-forme structurale** Plateau dont la surface topographique correspond au toit d'une couche résistante.	$\pi < 5°$ sur LIT	
2000	**STRUCTURE MONOCLINALE** Les couches géologiques, concordantes, sont inclinées dans un seul sens, avec un pendage modéré de 5 à 45°. Les formes structurales sont dissymétriques, offrant des versants en pente forte (à contre-pendage) et des versants en pente plus douce (conformes au pendage). **Terminologie descriptive utilisée pour l'analyse des pentes en structure mono-clinale** Pour décrire les rapports entre l'orientation des vallées et la structure monoclinale, W.M.Davis a proposé une nomenclature basée sur la succession théorique des événements au cours de l'installation du réseau hydrographique : rivières conséquentes, subséquentes, obséquentes. Pour rester dans le cadre d'une analyse morphostructurale objective, il vaut mieux utiliser un vocabulaire reposant sur les rapports entre la direction des pentes (versants ou talwegs) et celle des pendages des strates.	P470 π de 5 à 45° $\pi \quad \alpha$	
2001	**Pente cataclinale** Pente conforme au pendage (= conséquente)		
2011	**Pente anaclinale** Pente contraire au pendage (= obséquente)		
2021	**Pente orthoclinale** Perpendiculaire au pendage (= subséquente)		

Code	Taxons	Descripteurs	Figuré
2103	**Escarpement monoclinal ; front** Versant en forte pente, taillé à contre-pendage (anaclinal), composé d'une couronne de roche "dure" surmontant un talus de roche "tendre" et constituant le "front" (f) d'un relief monoclinal dissymétrique.	D O	
2113	**Revers** Versant opposé au front, en pente plus douce, conforme au pendage (cataclinal), et correspondant approximativement au toit de la couche résistante inclinée (r).	π α	
2123	**Cuesta ; côte** Relief monoclinal dissymétrique, taillé dans un binôme lithologique formé par une couche "dure" surmontant une couche "tendre", et constitué à la fois par un front anaclinal et un revers cataclinal. "Cuesta" correspond au terme français de "côte" (côtes de Lorraine) qu'il convient d'éviter en raison de la confusion possible avec "côte" dans le sens de littoral.	D O π α δ π de 5 à 15°	
2133	D > x m	D O	
2143	**Butte-témoin** Colline dissymétrique couronnée de roche "dure", isolée à l'avant du front d'une cuesta et témoin de son ancienne extension.	D	
2153	**Avant-butte** Butte-témoin dont la couche sommitale a disparu.	D	
2163	**Dépression orthoclinale (= subséquente)** Dépression topographique dissymétrique (d) ouverte dans les roches "tendres" au pied du versant de front d'une cuesta (f).		

Code	Taxons	Descripteurs	Figuré
2173	**Percée anaclinale (= obséquente)** Vallée anaclinale traversant le front d'une cuesta		
2183	**Percée cataclinale (= conséquente)** Dépression ou vallée cataclinale ouverte dans les terrains "tendres" de la base d'une cuesta. Si le pendage des couches est plus fort que la pente de la dépression, la percée prend la forme d'un "entonnoir de percée cataclinale". Si le pendage est inférieur ou égal à la pente, la percée est une "gorge" plus ou moins évasée.		
	Types de cuestas	P470 π α δ	
2203	**Cuesta dédoublée** Cuesta dont le revers a été entaillé par une vallée perpendiculaire au pendage (orthoclinale) jusqu'à atteindre la couche tendre sous-jacente. Le profil de front se reproduit en arrière du front principal.		
2213	**Cuesta double** Le front de cuesta est interrompu par un plan incliné dans le sens du pendage, dû à l'affleurement d'une couche résistante intermédiaire. Le profil équivaut à deux cuestas superposées. L' écart (e) entre ces deux cuestas est fonction du pendage : resserré si le pendage est fort (a), dilaté si le pendage est faible (b).		
2223	**Cuesta massive** Cuesta rigide, au tracé rectiligne ou peu découpé, formée par une couche "dure" épaisse (D) surmontant une couche "tendre" plus mince	α	
2233	**Cuesta découpée** Cuesta festonnée , échancrée par des entailles d'érosion affectant une couche "dure" (d) mince sur une couche "tendre" épaisse.	α	

Code	Taxons	Descripteurs	Figuré
3000	**STRUCTURES PLISSEES** Les couches sédimentaires, ployées par des déformations souples, sont ondulées ou plissées selon des motifs extrêmement variés (TEC) et avec des pendages très divers, parfois compliqués par des failles, chevauchements ou charriages. Les formes structurales de plissement se répartissent entre plusieurs types de relief plissé, en fonction du style tectonique, du matériel lithologique et de l'état d'avancement de l'érosion.	P470 TEC	
3100	**Type jurassien** Le relief "jurassien" (du nom du Jura franco-suisse) est un relief conforme, calqué sur une structure souple formée de plis de couverture, simples, réguliers et modérément entamés par l'érosion. 	TEC	
3103	Mont Relief (crête et flancs) coïncidant avec une voûte anticlinale originelle en roche "dure".	z D δ sur LIT	
3113	$D > x\ m$		
3123	Val Dépression topographique en berceau, coïncidant avec un fond de synclinal.	δ	
3133	Mont dérivé (anticlinal exhumé) Voûte anticlinale de roche "dure", mise en relief par le déblaiement des couches sus-jacentes.	z D δ	
3143	Ruz Vallon cataclinal taillé dans le flanc d'un mont.	P339 	

Code	Taxons	Descripteurs	Figuré
3153	**Cluse** Vallée ou gorge épigénique (SYS1) recoupant un mont transversalement ou obliquement.	P339	
3163	**Crêt** Escarpement monoclinal taillé dans un binôme couche "dure" sur couche "tendre" en pendage moyen (15 à 45°) sur le flanc d'un anticlinal.	π de 15 à 45°	
3173	**Combe** Forme d'inversion du relief constituée par une dépression évidée dans les couches "tendres" d'un anticlinal par érosion des couches "dures" supérieures. Une combe est encadrée par des crêts qui se font face de part et d'autre de la dépression. Une "boutonnière" est une combe allongée, ouverte sur un anticlinal de revêtement dans un bassin sédimentaire (on dit aussi un "bray" par référence à la boutonnière du Pays de Bray en France). Une boutonnière est encadrée par des crêts ou des cuestas en faible pendage (10 à 20°).On appelle "combe de flanc" une combe ouverte dans un pli anticlinal déjeté, encadrée par des crêts dissymétriques.	D δ	
3183	**Hog-back** Terme anglo-saxon désignant un crêt en fort pendage (45 à 70°).	π de 45 à 70°	
3193	**Chevrons** Petits reliefs monoclinaux dus à l'entaille des ruz dans les affleurements résistants d'une série sédimentaire sur le flanc d'un anticlinal.	π	
3200	**Type préalpin (ou subalpin)** Le type préalpin (du nom des Préalpes françaises) ou subalpin (du nom du domaine plissé externe de la chaîne alpine) est un relief d'inversion dans lequel les creux correspondent aux structures anticlinales, et les reliefs aux structures synclinales.	TEC	

Code	Taxons	Descripteurs	Figuré
3203	**Anticlinal évidé** Combe élargie en roche "tendre" et creusée jusqu'à un niveau inférieur à celui du fond des synclinaux voisins.	D δ	
3213	**Synclinal perché** Synclinal de roche "dure" en fond de bateau, mis en relief par l'évidement des anticlinaux voisins. Un synclinal perché est entouré par des crêts à regards tournés vers l'extérieur.	D δ	
3223	**Crête de roche dure** Arête de roche dure très redressée (pendage >70°) dégagée par l'érosion des terrains "tendres" qui l'entourent.	z D δ π	
3233	D > x m		
3300	**Type haut-alpin** Par référence à la structure complexe des hautes Alpes, on peut appeler ainsi les reliefs structuraux façonnés dans les plis composites des chevauchements et des charriages.	TEC	
3303	**Front de chevauchement** Relief formé par la charnière anticlinale en roche "dure" d'un pli couché ou chevauchant. Une telle forme originelle est rarement conservée intacte dans la nature.	D O	
3313	**Monoclinal de chevauchement** Escarpement monoclinal formé par l'érosion d'un front de chevauchement, la couche résistante supérieure du pli étant mise en relief par le déblaiement des couches "tendres" sous-jacentes.	D O π α	
3323	D > x m		

Code	Taxons	Descripteurs	Figuré
3330	**Nappes de charriage** Les nappes de charriage sont des chevauchements de grande amplitude, à l'échelle régionale, voire même continentale, avec des incidences locales. D'où la diversité et l'inégale dimension des formes structurales qui s'y rencontrent. Certaines sont communes à tous les reliefs de plissement, mais d'autres sont plus spécifiques de la structure en nappes. klippe fenêtre carapace front racine autochtone, ou nappe inférieure	TEC	
3333	**Front de nappe** Relief théoriquement formé par la charnière de pli la plus avancée de la nappe sur son substratum (autochtone ou nappe inférieure). En fait, comme pour les plis couchés et les chevauchements, le front observé est le plus souvent un front d'érosion, ou front dérivé.	D	
3343	**Escarpement de front de nappe** Escarpement d'érosion entaillant le front d'une nappe, avec un profil topographique plus ou moins complexe selon la structure propre de la nappe.	D	
3353	D > x m		
3363	**Carapace de nappe** Surface structurale plus ou moins ondulée correspondant au dos non disséqué d'une nappe de charriage.	sur LIT	
3373	**Fenêtre** Dépression d'érosion ouverte à travers une nappe de charriage et laissant apparaître les structures inférieures ou le substratum de la nappe.	D	

Code	Taxons	Descripteurs	Figuré
3383	**Klippe (= lambeau de recouvrement)** Bloc ou fragment de terrain allochtone isolé par l'érosion et témoignant de l'extension lointaine d'une nappe de charriage.	D	
3393	**Racine** Ensemble de formes structurales, monoclinales ou en éventail, caractéristiques de la zone d'enracinement d'une nappe de charriage pincée entre deux blocs de serrage.		
3400	**Type appalachien** On appelle ainsi, du nom de la chaîne hercynienne des Appalaches dans l'est des Etats-Unis, les reliefs résultant d'une reprise d'érosion dans une structure plissée partiellement ou totalement aplanie puis soumise à un soulèvement lent et prolongé. Le relief appalachien, surtout fréquent dans les socles et les massifs anciens, est essentiellement un relief d'érosion différentielle étroitement adapté aux conditions lithologiques : les roches "tendres", évidées, localisent des sillons (s) alternant avec des barres de roches "dures" (b) alignées sur des altitudes subégales ("niveau de crêtes", φ)		
	b s b s b b b b s b s φ		
	Des formes de convergence existent, notamment dans le cas d'aplanissements imparfaits (a) laissant subsister des reliefs résiduels en roches "dures" au-dessus d'une surface d'érosion. On parle alors de "relief pseudo-appalachien".	a a	
3403	**Barre (ou crête) appalachienne** Relief rigide et rectiligne, à sommet plus ou moins aplani, aligné sur un affleurement de roche résistante, et qui peut être une voûte anticlinale, un fond de synclinal ou un flanc de pli (barre monoclinale : crêt ou hog-back).	z D δ	

103

Code	Taxons	Descripteurs	Figuré
	A petite échelle on peut utiliser pour la barre appalachienne le signe de la "crête de roche dure" (ci-dessus 3223). A plus grande échelle, on se reportera aux signes prévus pour les formes structurales de plissement correspondantes.		
3413	D > x m		
3423	Sillon (ou fossé) appalachien Dépression d'érosion étroite et allongée évidée en roche "tendre" entre deux barres appalachiennes qui l'encadrent.	D δ	
3433	Gap (= cluse appalachienne) Ce terme anglo-saxon désigne une percée à travers une barre rocheuse appalachienne : "water gap" = cluse drainée par un cours d'eau ; "wind gap" = cluse sèche ouverte au vent.		
4000	**STRUCTURE MASSIVE** Il s'agit d'affleurements offrant, sur une vaste surface et une grande épaisseur, des conditions lithologiques suffisamment homogènes pour que s'y développent, au moins localement, des formes de relief originales liées aux propriétés intrinsèques du matériel rocheux.	LIT	
4100	Formes structurales en roches cristallines Les roches cristallines sont des roches cohérentes granulaires, formées de cristaux inégalement sensibles à l'altération chimique mais facilement dissociables en sable (arène). Leur fragilité dépend principalement de l'abondance et de la circulation de l'eau dans les fissures et diaclases. Elles forment souvent des massifs puissants mais composites, soumis à une érosion active: alvéoles, boules, croupes convexes, inselberge (cf.GEO2) d'autant plus efficace que le climat est plus humide et plus chaud.	LIT GEO2	

Code	Taxons	Descripteurs	Figuré
4200	**Reliefs calcaires** Les calcaires sont parmi les roches sédimentaires les plus répandues. Leur faiblesse tient à leur solubilité, d'autant plus sensible que l'abondance de l'eau est grande et sa circulation aisée. En climat sec, les calcaires sont pratiquement immunisés. En faciès homogène et non fissurés, ils sont imperméables et jouent le rôle de roche "dure" par rapport à la plupart des autres roches, donnant dans la topographie des escarpements, des corniches, des parois, des gorges étroites,....	LIT	
4210	Relief karstique Quand les calcaires (ou les dolomies) se présentent en masse volumineuse, fissurée ou poreuse, où l'eau circule abondamment, il se développe un type de relief particulier, à la fois superficiel et souterrain, le "relief karstique" (cf.GEO 1), étroitement dépendant de la solubilité de la roche.	GEO1	
4300	**Modelé des roches sédimentaires en grains** Les roches en grains sont des roches "détritiques" provenant de la destruction d'autres roches préexistantes. Leurs propriétés géomorphologiques dépendent de leur cohésion, de leur granulométrie, de leur homo (ou hétéro) généité, de leur composition chimique et de leur perméabilité.	LIT	
4310	Modelé des grès Roches détritiques consolidées, cohérentes, plus ou moins friables et fissurées, les grès sont d'autant plus résistants qu'ils sont plus homogènes (le maximum de résistance étant atteint dans les grès quartzeux, les grès quartzitiques et les quartzites) (LIT). Comme dans les roches cristallines, l'altération se localise surtout le long des diaclases, d'où de nombreuses formes de convergences : blocs éboulés, chaos, pinacles isolés, vastes plateaux, crêtes rigides, vallées étroites....		

Code	Taxons	Descripteurs	Figuré
4320	**Modelé des conglomérats** Ce sont des formations cohérentes, mais fréquemment hétérogènes, hétérométriques et plus ou moins grossières (rudites). Leur résistance dépend de la résistance propre des composants et des facilités d'évacuation des grains. Quand ils ne sont pas protégés par les blocs les plus gros ("cheminées de fées"), les matériaux meubles sont facilement éliminés, engendrant une accumulation relative des blocs dans les ravins.		
4330	**Modelé des sables** Roches meubles et éminemment perméables, formées de grains compris entre 2mm et 50μ, les sables offrent une faible résistance à la mobilisation par l'eau et par le vent. Leur cohésion varie cependant en fonction de la granulométrie et de la teneur en eau. A la cohésion nulle du sable sec transporté et modelé par le vent (SYS 4 et GEO 5) s'opposent la relative résistance du sable humide (agrégats déplacés sur les versants) et la fluidité du sable entraîné et dispersé dans un courant d'eau (vallées évasées, épandages).	SYS4 GEO5	
4400	**Modelé des roches plastiques** Ce sont les roches argileuses ou riches en argile (>35%, marnes par exemple). Fortement imperméables à l'eau libre, elles sont cependant sensibles aux variations de la teneur en eau adsorbée au niveau des lamelles minérales <2μ (silicates d'aluminium) qui les composent. Relativement cohérentes à sec (fentes de retrait, ravinements, badlands), elles glissent, se déforment, se bossèlent (solifluxion) quand est atteinte une "limite de plasticité" puis, au-delà d'une "limite de liquidité", elles s'écoulent librement par gravité (coulées de boue).	LIT	
5000	**STRUCTURE FAILLEE** La structure faillée affecte aussi bien les structures sédimentaires concordantes ou plissées que les structures massives. Le principal effet de la tectonique de failles est le morcellement des structures existantes en blocs dénivelés (ou décalés s'il s'agit de décrochements) les uns par rapport aux autres (cf.TEC). Chacun de ces blocs évolue indivi-	TEC	

106

Code	Taxons	Descripteurs	Figuré
	duellement en fonction de ses caractères propres, de sa position (dominante ou dominée) et de ses relations avec les blocs voisins. Les formes structurales en structure faillée traduisent donc d'une part les effets de la tectonique, d'autre part le travail de l'érosion différentielle sur deux blocs de terrains juxtaposés, mais séparés par le plan de faille.		
5003	**Escarpement de faille (direct, ou originel)** Dénivellation topographique (D) entre un compartiment (ou gradin) "soulevé" et un compartiment "affaissé", directement engendrée par le jeu tectonique de la faille. L'escarpement peut être "actif" (fonctionnel) ou "inactif" (résiduel), ou "composite" (formé au cours de phases successives d'activité et de repos).	D O δ	
5013	$D > x$ m		
5023	**Facettes** Portion d'un escarpement de faille, de forme trapézoïdale ou triangulaire, isolée par des vallons ou ravins perpendiculaires à la faille.		
5033	**Zone de broyage** Fissures du plan de faille occupées par des fragments de roches brisées et plus ou moins recimentées (brèche de faille). Introduit des conditions lithologiques d'exploitation par l'érosion différentes de celles des blocs encadrants.		
5103	**Escarpement de ligne de faille** Escarpement topographique dû au recul de l'escarpement de faille sous l'effet de l'érosion. L'escarpement est "atténué" quand la dénivellation topographique est inférieure au rejet tectonique (érosion du bloc soulevé), "exagéré" dans le cas contraire (évidement du bloc affaissé), "révélé" quand le plan de faille, masqué par des dépôts détritiques syntectoniques, a été dégagé tardivement.		
5113	$D > x$ m		

Code	Taxons	Descripteurs	Figuré
5123	**Escarpement de ligne de faille direct** L'escarpement topographique (O) est de même sens que le regard (r) de la faille	$D \quad O \quad F_1$	
5133	**Escarpement de ligne de faille inverse** L'érosion a évidé le bloc tectoniquement soulevé jusqu'à un niveau inférieur à celui du bloc affaissé. L'escarpement topographique (O) est en sens inverse du regard (r) de la faille.	$D \quad O \quad F_2$	
5143	**Faille nivelée** L'évolution morphodynamique a fait disparaître l'escarpement de faille et mis les deux blocs au même niveau topographique (surface d'érosion s). La ligne de faille conserve une influence éventuelle sur le relief comme ligne de résistance (induration des brèches) ou au contraire de faiblesse (vallée de fracture ou de ligne de faille).	s F	
5153	**Vallée de ligne de faille** Vallée (v) alignée sur une ligne de faille, le cours d'eau exploitant la zone de broyage ou la résistance différente des roches mises en contact. Une telle vallée, localisée au contact de deux blocs basculés, est dite "vallée d'angle de faille" (v').	P339	
6000	**STRUCTURES DISCORDANTES** Dans une structure discordante, chacun des ensembles structuraux en contact évolue en donnant des reliefs compatibles avec son propre dispositif tectolithologique. Mais le contact lui-même engendre, à l'échelle régionale, un type morphologique original. *Les structures discordantes apparaissent sur les cartes par les figurés conjoints des accidents et des reliefs.*	TEC	

Code	Taxons	Descripteurs	Figuré
6100	Discordance sédimentaire Une série sédimentaire repose sur une autre série sédimentaire par l'intermédiaire d'une discontinuité.	LIT	
6110	Lacune Absence de sédimentation (l) pendant un temps plus ou moins long. Supprime localement un ou plusieurs termes de la série, ce qui perturbe l'effet de l'érosion différentielle.		
6120	Discordance angulaire Discontinuité d'ampleur régionale constituée par une série sédimentaire reposant sur une série sédimentaire antérieure plissée ou disloquée, ou sur un socle ancien (GEO2), par l'intermédiaire d'une surface d'érosion puis de transgressions.		
		TEC	
6202	Contact anormal C'est la trace, sur la carte, de la surface de contact qui sépare deux ensembles de terrains déplacés l'un par rapport à l'autre.	gris	
6213	Chevauchement Plan de discontinuité d'échelle locale le long duquel un pli déversé et étiré se superpose à un autre en se déplaçant sur une surface plus ou moins inclinée (s) dite "surface de chevauchement" (cf. ci-dessus 3313).		
6223	Charriage Chevauchement d'ampleur régionale mettant en contact anormal de part et d'autre d'un "plan de charriage" (φ) deux masses rocheuses plissées et déplacées l'une par rapport à l'autre (cf. ci-dessus 3330).		

Code	Taxons	Descripteurs	Figuré
6300	**Contact entre un massif ancien et sa bordure sédimentaire** Ce type de contact, d'échelle régionale, est assez commun. Il s'exprime dans la morphologie par des formes différentes développées dans les ensembles lithologiques contigus, et par l'exhumation faite par l'érosion de la surface de discordance qui les sépare.	TEC LIT	
6313	Glint Rebord de plateau en structure homogène aclinale ou faiblement monoclinale dominant directement un socle aplani.	D O δ	
6323	Contact par dépression périphérique L'ensemble massif ancien et couverture est basculé. La série sédimentaire, avec des couches "tendres" à la base. Le relief du massif ancien est du domaine des socles (GEO 2) ; celui de la série sédimentaire du domaine des cuestas (FST 2000). L'érosion des couches "tendres" de la base dégage progressivement la surface de discordance inclinée et engendre une dépression orthoclinale (subséquente) dissymétrique appelée "dépression périphérique" (d) qui borde le massif ancien.	D O δ FST GEO2	
6333	Contact par faille Le contact se fait le long d'un escarpement de ligne de faille (FST 5103) direct (ou plus rarement inverse), plus ou moins "exagéré" par érosion du bloc le moins résistant ou par établissement d'une "vallée de ligne de faille" (FST 5153).	D O δ	
6343	Contact en glacis Le contact est nivelé par une surface d'érosion telle que la topographie se réduit à une pente uniforme ("glacis"), parfois recouverte de sédiments plus récents.	SYS sur LIT	

Code	Taxons	Descripteurs	Figuré
7000	**STRUCTURE VOLCANIQUE** La structure volcanique et les formes de relief qui s'ensuivent sont étudiées au chapitre GEO 3.	GEO3	
7100	Formes de construction Constructions de lave, de pyroclastites et de sédiments volcanoclastiques (GEO 3 3000).		
7200	Formes de destruction Destruction par l'activité volcanique elle-même, destruction par dissection, déchaussement ou évidement (GEO 3 4000).		
7300	Constructions polygéniques Formes d'échelle régionale, volcans composites (GEO 3 5000).		

FORMATIONS SUPERFICIELLES

Avec la participation d'Y.Dewol f et P. Freytet, professeurs à l'Université Paris 7-Denis Diderot

Les formations superficielles sont des formations continentales meubles ou secondairement consolidées provenant de l'altération chimique ou biochimique (altérites) ou de la désagrégation mécanique (clastites) de roches préexistantes.
Les formations superficielles peuvent :

    - rester en place sur leur roche-mère (formations <u>autochtones</u>);

    - transiter sur un versant sous l'action de la gravité, du ruissellement diffus, de la solifluxion,....(formations <u>subautochtones</u>);

    - être déplacées, remobilisées, dispersées, redéposées par les agents dynamiques de transport : rivière, glacier, vent, mer (formations <u>allochtones</u>).

Les formations superficielles sont <u>actuelles</u> ou <u>héritées</u>. Les premières sont corrélatives de la dynamique actuelle. Les secondes témoignent de paléotopographies, de paléodynamiques, de paléoenvironnements. Elles sont, en ce sens, révélatrices de l'évolution du relief terrestre.

L'épaisseur des formations superficielles est variable, d'ordre décimétrique à décamétrique, exceptionnellement d'ordre hectométrique.

Les formations superficielles autochtones sont assimilables à des sols au sens pédologique du terme. Les formations autochtones et allochtones peuvent devenir, après immobilisation et fixation par le bios, roches-mères pour des sols développés secondairement à leur surface.

Par leur extension, leur épaisseur, leur situation en couverture des substrats géologiques, leurs rapports avec les formes du relief terrestre, les formations superficielles jouent un rôle de premier plan :

    - comme décrypteurs de l'évolution et de l'histoire des formes du relief terrestre,

    - comme roches-mères de sols et supports de la végétation ;

    - comme matière première de base des activités agricoles ;

    - comme matériau exploitable pour les travaux publics ou l'industrie : argiles, bauxite, limons, grèzes, alluvions, sidérolitique..... ;

    - comme siège des travaux d'excavation, de terrassement, de fondations, d'aménagement ;

    - comme sites d'anciennes implantations et manifestations d'activité humaine (préhistoire et archéologie).

Cartographiquement, les formations superficielles sont représentées par des signes granulométriques en positif dans la couleur de base du système morphogénique qui les a mis en place (cf.SYS). Ce système se déduit de l'analyse physico-chimique, de la texture, de la minéralogie des matériaux, des figures de sédimentation et du mode de gisement de la formation étudiée.

REPERAGE DU TAXON

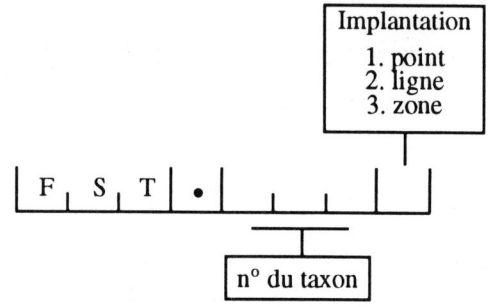

DESCRIPTEURS

A.Genèse

La préparation du matériel des formations superficielles est un acte initial de la morphogénèse. Elle relève et témoigne des données du milieu : climat, bios, lithologie, topographie. C'est aussi un paramètre géodynamique et géotechnique important. On distingue ainsi :

1. Les **clastites**, produits de la fragmentation mécanique des roches. Leur composition minéralogique ou chimique est la même que celle de la roche initiale.

2. Les **altérites,** produits de l'altération chimique ou biochimique des roches. Leur composition (phases résiduelles et phases de néoformation) peut être très différente de celle de la roche d'origine.

3. Les **formations anthropiques**, produits du remaniement, du déplacement ou du dépôt artificiels de formations naturelles (terrassements, talus, remblais, terrils,..) ou de déchets.

B.Dynamique (mode de gisement)

En fonction de leur situation par rapport à la roche dont elles dérivent, on distingue :

1. Les **formations autochtones**, demeurées en place et en filiation directe avec la roche originelle (substratum-origine);

2. Les **formations subautochtones** (colluvions), déplacées sur un versant, en discontinuité dynamique et parfois lithologique avec le substratum (substratum-support);

3. Les **formations allochtones**, prises en charge par un ou plusieurs agents dynamiques de transport : rivière (alluvions), glacier, vent, mer, remaniées et redéposées sur un substratum quelconque.

L'identification des dynamiques dont dérivent les formations superficielles résulte de l'analyse pédologique (formations autochtones), litho-topographique (formations subautochtones), sédimentologique et morphologique (formations allochtones).

C.Eléments chimiques reparquables

Eléménts dominants ou significatifs de la formation superficielle :

Ca.calcium	Al.aluminium	AF.aluminium + fer
Si.silicium	GY.gypse	AS.aluminium + silice
Fe.fer	Na.sel	CG.calcium + gypse

D.Morphographie, morphoscopie,

L'analyse des formes et des états de surface des rudites et des arénites permet d'identifier la (ou les) dynamique responsable du transport et de l'évolution du matériel.
- Rudites : 10.anguleux ; 20. aplati ; 30. émoussé ; 40. arrondi ; 50. cassé ; 60. pédogénisé.
- Arénites : NU. non usé ; EL.émoussé luisant ; RM.rond mat ; Pé.pédogénisé

E.Epaisseur de la formation (=profondeur du substratum)

Profondeur d'apparition du substratum (sondage, coupe, forage), en centimètres.

F.Consolidation

a. Type de consolidation :

1.concrétions	3. croûte	5.cuirasse	7.silcrete
2. encroûtement	4.carapace	6.calcrete	8.ferricrete

b. Nature chimique

C. calcaire	F.ferrugineuse	G.gypseuse
S.siliceuse	A.alumineuse	

c. Epaisseur consolidée en centimètres

G. Granulométrie
Les formations superficielles étant définies comme des formations meubles, le critère dimensionnel apparaît comme un descripteur essentiel de différenciation. Le classement granulométrique proposé ci-dessous est celui habituellement retenu par les sédimentologues, pédologues et géomorphologues :

10.Lutites <50μ	20.Arénites = Sables de 50μ à 2mm	30.Rudites >2mm

11.Argiles   <2μ
 12.Limons fins   2 à 20μ
 13.Limons grossiers 20 à 50μ
    = Sablons
	21.Sables fins 50μ à 200μ
	 22.Sables moyens 200μ à 1mm
	 23.Sables grossiers 1 à 2mm
		31.Granules 2 à 4mm
		 32.Graviers 4 à 60mm
		 33.Blocailles, 60 à 200 mm
		    cailloutis
		 34.Blocs >200mm

Lorsque la formation superficielle se compose de plusieurs phases granulométriques mélangées, on l'indiquera par l'initiale des deux premières par ordre d'importance (a = argile, l = limon, s = sable, g = granules ou graviers, c = cailloutis ou blocailles, b = blocs).
Ex: al = argile limoneuse, la = limon argileux, ls = limon sableux, sl = sable limoneux,...

H.Chronologie

Les formations superficielles sont des matériaux le plus souvent azoïques et généralement dépourvus d'éléments permettant des datations isotopiques. D'où trois possibilités de datation :

a. Présence éventuelle d'un marqueur chronologique :
    1.fossiles   2.palynologie   3.industrie
b. Chronologie relative obtenue :
    - par étude des relations formations/formes (terrasses, glacis, moraines,..)
    - par des observations lithostratigraphiques (loess, grèzes, ...).
L'approche chronologique ne peut être que régionale, voire locale. A la suite des travaux de terrain et de la consultation des quaternaristes, on a retenu le cadre suivant:

    1.Antéquaternaire   4.Pléistocène moyen
    2.Plio-Villafranchien   5.Pléistocène supérieur
    3.Pléistocène inférieur   6.Holocène
c. Chronologie absolue, en milliers d'années.

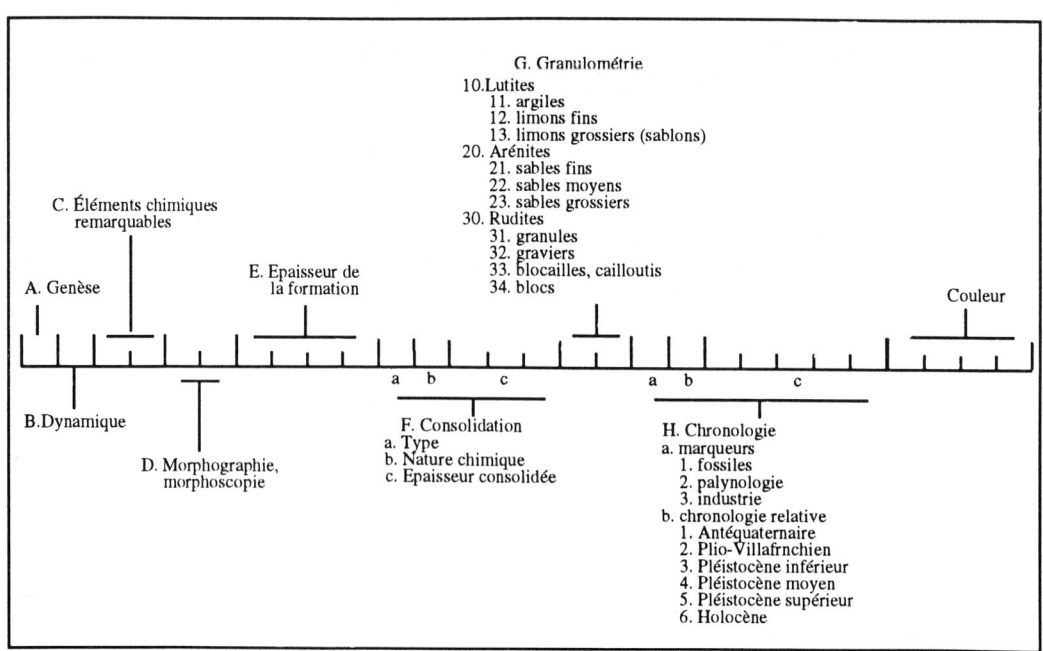

Pour tous détails et compléments , on se reportera à la fiche de station

FORMATIONS SUPERFICIELLES

Code	Taxons	Descripteurs	Figuré
1000	**GENESE** Processus de préparation du matériel des formations superficielles à partir de la roche-mère originelle. *Les signes proposés viennent en surcharge sur le figuré de la roche-mère ou de la formation résultante, dans la couleur du système morphogénique (SYS) impliqué.*	A	
1003	Fragmentation mécanique Brisure et morcellement des roches provoqués par des changements brusques de leur état physique (forces tectoniques, tensions, cisaillement, décompression, variations de température, d'humidité,...), et par la présence de fissures ou discontinuités (joints, diaclases, failles). Formation de clastites.	P470, P252, P265, P123, ou P285	
1013	Altération chimique Transformation plus ou moins profonde du matériel rocheux sous l'action des substances actives (O_2, CO_2, HCl, H_2SO_4,...) véhiculées par l'air et par l'eau dans les fissures des roches. Formation d'altérites.	P583 ou P285	
1023	Désagrégation granulaire Dislocation des roches grenues (granites, grès,..) sous l'effet conjugué de l'altération météorique et de la destruction mécanique des structures.	P583, P123, ou P285	
1100	Actions anthropiques Intervention directe ou indirecte des activités humaines : terrassements, remblais, constructions.	noir	
2000	**DYNAMIQUE** Les processus de mobilisation et de mise en place des formations superficielles (ablation, transport, accumulation) sont décrits dans les différents chapitres consacrés aux systèmes morphogéniques (SYS) et aux domaines géomorphologiques.	B	

Code	Taxons	Descripteurs	Figuré
3000	**TEXTURE (GRANULOMETRIE)** Il s'agit de la dimension des grains meubles composant la formation superficielle considérée. *Elle s'exprime cartographiquement par un semis de points de grosseur appropriée à la classe granulométrique à laquelle appartiennent plus de 50% des grains de la formation.*	G positif sur la couleur en teinte très faible indices-lettres en gris	
3003	Blocs et blocailles Eléments d'un diamètre supérieur à 60mm.		
3013	Graviers et granules Eléments de 2 à 60mm.		
3103	Sables *(en figuré zonal)* Eléments de 2mm à 50 μ.		
3101	Sable non différencié *(en indice)*		*s*
3111	Sable grossier Eléments de 2 à 1mm		*sg*
3121	Sable moyen Eléments de 1mm à 200 μ.		*sm*
3131	Sable fin Eléments de 200 à 50 μ.		*sf*
3203	Limons *(en figuré zonal)* Eléments de 50 à 2 μ.		
3201	Limon non différencié *(en indice)*		*l*
3211	Limon grossier (sablon) Eléments de 50 à 20 μ.		*lg*
3221	Limon fin Eléments de 20 à 2 μ.		*f*

Code	Taxons	Descripteurs	Figuré
3303	Argile *(en figuré zonal)* Eléments de taille inférieure à 2 μ.		
3301	Argile *(en indice)*		*a*
4000	**EPAISSEUR = PROFONDEUR DU SUBSTRATUM** Ex : x = 25cm profondeur minimum des labours y = 75cm profondeur minimum des enraci- nements arbustifs *Pour une épaisseur inférieure à x cm, seul le substratum (LIT) est représenté. De x à y cm, la formation superficielle est représentée par son symbole directement en surcharge sur la couleur du substratum. Pour une épaisseur supérieure à y cm, la formation superficielle est représentée seule, sur un fond coloré en teinte très faible dans la couleur du système morphogénique (SYS) auquel elle appartient.* *Une épaisseur reconnue par sondage est localisée par un point et chiffrée en m et cm. Ex: . 0,25*	E	• 0,25
5000	**FORMATIONS AUTOCHTONES** Ce sont les formations superficielles demeurées en place sur la roche-mère dont elles proviennent (substratum-origine). Du point de vue géomorphologique, elles constituent une couverture meuble en tampon entre le substratum rocheux et l'atmosphère et possédant des propriétés parfois très différentes de celles de leur support. Elles témoignent aussi des vicissitudes climatiques et paléoclimatiques subies par le site. *Leur mode de gisement peut être exprimé cartographiquement par un dispositif en quinconces des signes représentatifs dans la couleur du système morphogénique originel.*	A C E F G	

Code	Taxons	Descripteurs	Figuré
5003	**Clastites** Formations résultant de la désagrégation mécanique des roches. Les clastites ont la même composition que celle de la roche initiale.	C E G	
5011	Thermoclastites Résultent de la fragmentation par thermoclastie, série de chocs thermiques provoqués par de brusques alternances de température.	P583, P123	*th*
5021	Hygroclastites Produits de l'hygroclastie par gonflements et retraits liés aux variations d'humidité, particulièrement dans les roches hygroscopiques (marnes, argiles).	P583	*hy*
5031	Cryoclastites = gélifracts Fragments anguleux provenant de la cryoclastie ou éclatement des roches (gélifraction) sous l'effet des alternances de gel et de dégel.	P252	*gé*
5041	Haloclastites Produits de l'haloclastie, brisure due à la cristallisation de sel ou de gypse dans les fissures des roches exposées, par exemple, aux embruns marins ou aux vents des déserts.	P285, P123	*ha*
5103	**Altérites** Formations résultant de l'altération météorique et biochimique des roches. Les altérites ont généralement une composition différente de celle de la roche origine. Exemples:	C F G P583	
5111	Argile à silex Argile résiduelle provenant de l'altération de la craie à silex.		*ax*
5121	Argile à chailles Argile emballant des cailloutis siliceux provenant de l'altération des calcaires à chailles.		*ax'*

Code	Taxons	Descripeurs	Figuré
5131	**Argile à meulière** Formation résultant de l'altération de calcaires lacustres à accidents siliceux (meulière).		*am*
5141	**Argile de décarbonatation** Argile résultant de l'altération de roches calcaires (ex: "terra rossa", "terre de causse").		*ad*
5151	**Arène** Formation sableuse plus ou moins grossière provenant de l'altération des roches cristallines (granitiques ou arkosiques).		*ar*
5201	**Profils pédologiques** Profils d'altération définis par référence aux normes de la pédologie. *Ces profils sont décrits sur la fiche de station et localisés sur la carte par une croix accompagnée par l'indication de l'épaisseur en centimètres* Exemples:	C E G P583	$\boxed{+\ 0,25}$
5211	Podzol		*P*
5221	**Alios** Horizon d'accumulation dans un sol podzolique, durci par cimentation du sable ou du limon par des colloïdes organiques (alios humique) ou minéraux (alios ferrugineux). Rôle important comme plancher hydrologique (hydromorphie).		*al*
5231	Rendzine		*R*
5241	Sol lessivé		*L*
5251	Sol hydromorphe		*H*
5261	Sol fersiallitique		*F*

Code	Taxons	Descripteurs	Figuré
6000	**FORMATIONS SUBAUTOCHTONES**	A C E G P583	
	Formations superficielles déplacées sur un versant. Elles témoignent de la dynamique actuelle et passée en action sur le versant et de l'évolution morphologique de celui-ci. Elles introduisent un matériel partiellement étranger à leur substrat (substratum-support).		
	Elles s'expriment cartographiquement par un semis de points granulométriques en vrac, éventuellement accompagnés du signe dynamique de transfert dans la couleur du système concerné.		
	Exemples:		
6003	Colluvions non différenciées	P583	
	Formation constituée de débris généralement hétérogènes provenant de la destruction physico-chimique d'un versant, et accumulés en bas de pente sous l'effet de la gravité, de la reptation, du ruissellement diffus, de la solifluxion .		
6013	Head *(en implantation zonale)*	P252	
	Formation périglaciaire hétérométrique à matrice abondante enrobant des matériaux anguleux disposés parallèlement au versant. (cf.SYS2).		
6011	Head *(en indice)*		*he*
6021	Bief à silex		*bx*
	Formation à silex brisés par cryoclastie.		
6033	Grèze *(en implantation zonale)*	P252	
	Formation composée de gélifracts anguleux, homométriques (sable grossier ou granules) et d'une matrice plus fine, plus ou moins abondante.		
6031	Grèze *(en indice)*		*gz*
6041	Grèze litée		*gl*
	Grèze stratifiée en lits alternés maigres (sans matrice) ou gras (avec matrice sablo-limoneuse).		

Code	Taxons	Descripteurs	Figuré
7000	**FORMATIONS ALLOCHTONES** Formations composées d'éléments d'origine lointaine et souvent hétérogènes, transportés et redéposés d'une manière révélatrice des caractéristiques de l'agent transporteur : rivière, glacier, vent, mer. *Elles sont représentées cartographiquement par un semis de points granulométriques dans la couleur du système auquel appartient l'agent transporteur (cf SYS).*	A C E F G H	
	Exemples :		
7003	Alluvions *(en implantation zonale)* Matériaux apportés et déposés ou étalés par les eaux courantes ou la mer, et composés principalement de cailloutis émoussés (galets), de graviers et de sable.	P339 ou P285 points granulométriques en quinconces	
7001	Alluvions *(en indice)*		*al*
7013	Moraines *(en implantation zonale)* Matériaux généralement grossiers et hétérogènes transportés et déposés par les glaciers.	P265 points granulométriques en vrac	
7011	Moraines *(en indice)*		*mo*
7021	Dunes Matériaux de la classe des sables accumulés par le vent.	P123	
8000	**CONSOLIDATIONS** Il s'agit d'indurations produites dans les formations meubles par la pédogénèse et/ou par des apports latéraux superficiels ou hypodermiques. *Elles sont figurées par des hachures dans la couleur verte (P583) de l'action diffuse de l'eau.*	P583 F	
8003	Concrétions Agrégats globuleux ou nodules (ex : les"poupées" du lœss) d'origine chimique, disséminés dans une formation meuble. Ils sont le plus souvent constitués de carbonate de calcium, de gypse ou de fer .		

Code	Taxons	Decripteurs	Figuré
8013	**Encroûtement** Concentration de matière le plus souvent calcaire ou gypseuse sous forme de concrétions, de feuillets ou de taches pulvérulentes diffuses et discontinues, ou pris dans une gangue compacte plus ou moins massive ("tuf").		
8103	**Croûte (....crete)** Formation sédimentaire indurée (duricrust), plus ou moins épaisse (centimétrique à métrique), continue ou discontinue, couronnant une formation superficielle, une altérite ou un profil pédologique. L'induration résulte d'une accumulation et cristallisation de calcite ("calcretes"), dolomite ("dolicretes"), silice ("silcretes"), oxydes de fer ("ferricretes"), gypse, sel,... Les croûtes se présentent sous différents aspects : compactes ou friables, feuilletées ou lamellaires, zonaires, en lentilles ou en dalles. Dans les profils topographiques, elles jouent souvent le rôle de faciès relativement résistants.		
8101	**Croûte calcaire (calcrete, caliche)** Revêtement solide à ciment calcaire produit par imprégnation / redistribution, chimique ou bio-chimique, des carbonates à l'intérieur ou en surface d'un profil pédologique, d'une formation superficielle ou d'une roche. La migration des carbonates exige la présence d'eau liquide en abondance. Les croûtes des régions arides ou semi-arides actuelles sont donc en général fossiles et héritées d'un passé récent (quaternaire) plus humide.		*ca*
8111	**Croûte siliceuse (silcrete)** Le terme lithologique de silcrete, d'origine australienne et sud-africaine, désigne une formation sédimentaire fortement indurée et composée principalement de fragments de quartz cimentés par une matrice quartzeuse amorphe ou cryptocristalline. En Australie et en Afrique du Sud, ces formations recouvrent une surface d'aplanissement soumise au weathering depuis un très long temps.		*si*

Code	Taxons	Descripteurs	Figuré
8121	**Croûte ferrugineuse (ferricrete)** Formation sédimentaire indurée par des oxydes de fer sous l'influence de phénomènes d'hydromorphie, à partir d'un dépôt meuble, formation superficielle ou altérite riche en fer.		*fe*
8203	**Carapace** Altérite ferrugineuse faiblement indurée par des sesquioxydes de fer ou de manganèse et/ou d'aluminium. Friable sous les doigts, la carapace ferrugineuse se brise facilement.		
8213	**Cuirasse** Induration ferrugineuse provenant du durcissement en masse des altérites ferrallitiques, des colluvions ou des alluvions par accumulation et recristallisation de sesquioxydes de fer et/ou d'aluminium, par lessivage des bases et de la silice (cuirasse d'accumulation relative), ou par concentration des oxydes véhiculés par les eaux (cuirasse d'accumulation absolue). Les cuirasses sont très fortement consolidées et ne se brisent qu'au marteau.		

SYSTEMES MORPHOGENIQUES

L'action morphogénique des agents géodynamiques externes (modelé et formations superficielles) est essentiellement placée sous la dépendance des conditions atmosphériques (climat) et de la gravité (mouvement des débris des points hauts vers les points bas sur les pentes des accidents topographiques). Les conditions climatiques règlent l'intervention des processus d'altération des affleurements rocheux par l'intermédiaire de l'humidité, des précipitations, des températures, de la nature et de l'intensité du couvert végétal ; et plus encore par les variations de ces paramètres dans le temps (variations instantanées, saisonnières, interannuelles, ou au cours des époques géologiques). Elles règlent aussi, dans une large mesure, le travail des agents de transport qui prennent en charge et déplacent les produits de l'altération des roches, sous l'effet de la pesanteur, vers les creux et les dépressions de la surface terrestre où ils se déposent et s'accumulent. Dans un espace donné, l'action de ces processus s'organise en fonction d'une combinaison de facteurs dynamiques et de relations d'interdépendance qui constitue un "système d'érosion" ou "système morphogénique". Chaque système est placé sous l'influence directrice d'un agent dominant, plus ou moins assisté par des agents secondaires. En dernière analyse, les agents dominants créateurs des "familles de formes" caractéristiques des systèmes morphogéniques fondamentaux sont: les eaux courantes (système fluvial, SYS 1), le gel (système périglaciaire, SYS 2), la glace (système glaciaire, SYS 3) et le vent (système éolien, SYS 4).

REPERAGE DU TAXON

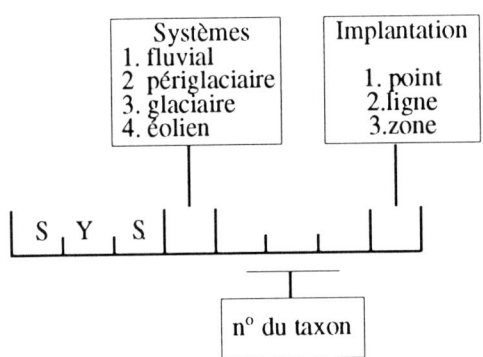

SYSTEME FLUVIAL

Avec la collaboration de B.Bomer, professeur honoraire à l'Université Paris X-Nanterre

Le système fluvial se caractérise par l'action d'un courant d'eau dans un chenal d'écoulement suivant les points bas, ou talweg, d'une vallée. Le talweg est le siège de l'érosion linéaire qui provoque le creusement et l'élargissement du lit du cours d'eau, le transport des alluvions et leur dépôt, et en fonction de laquelle s'organise l'évolution des versants. Le système fluvial existe à toutes les échelles, organisé ou non en réseaux hydrographiques (HYD 1300), et à toutes les époques (formes et dépôts résiduels, fossiles ou étagés). Il se rencontre aussi sous tous les climats et dans tous les domaines, sauf à l'intérieur des inlandsis et de certains déserts. A tel point qu'on a longtemps parlé de lui comme du système d'érosion "normal", et considéré les autres systèmes comme des "accidents" climatiques ou lithologiques.

Le réseau hydrographique (HYD) étant traité en "bleu-hydro" (P306), les formes et formations engendrées par le système fluvial sont représentées sur la carte en "vert-émeraude" (P339).

DESCRIPTEURS

S. Surface (d'un bassin-versant), en km^2
L. Longueur (d'un cours d'eau), en km
l . Largeur du lit mineur, en mètres
l'. Largeur du lit majeur, en mètres
α. Pente, en degrés
V. Vitesse du courant, en m/s
Q. Débit moyen ou module, en m^3/s
q. Débit spécifique $q = \dfrac{Q}{S}$ en m^3/s/km^2

M. Masse de la charge solide transportée, en kg/m^3
D. Dénivellation (ou altitude) en mètres
G. Granulométrie des alluvions
C. Chronologie des terrasses : 1. Antéquaternaire ;
                                        2. Pléistocène inférieur ;
                                        3. Pléistocène moyen ;
                                        4. Pléistocène supérieur ;
                                        5. Holocène.

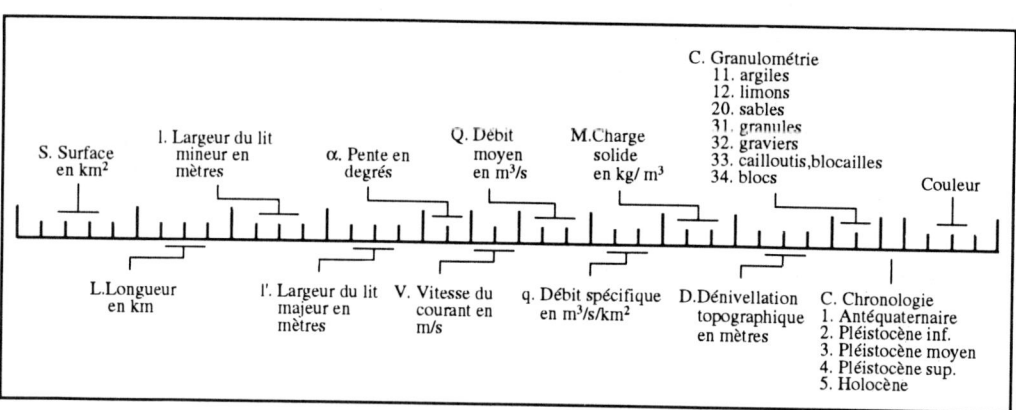

SYSTEME FLUVIAL

Code	Taxons	Descripteurs	Figuré
1000	**DYNAMIQUE ET MORPHOLOGIE DU LIT FLUVIAL**		
1010	Puissance (d'un cours d'eau) "Puissance brute" (W) : énergie totale disponible, proportionnelle au débit (Q) et à la vitesse(V) du courant. "Travail" (J) : énergie utilisée pour transporter les alluvions et vaincre la résistance des frottements sur le fond et entre les éléments de la charge. "Puissance nette" (w) : énergie résiduelle, W - J.	Q V	
1020	Charge (transportée) Ensemble des matériaux transportés par un courant. "Charge solide" : charge déplacée en suspension ("troubles"), saltation, flottaison ou roulement sur le fond. "Charge dissoute" : en solution dispersée dans le courant. "Charge-limite" : charge maximale transportable par un courant. Elle s'exprime en masse ("capacité de transport") ou en calibre des éléments transportés ("compétence").	M G	
1030	Profil en long Courbe concave descriptive de la pente totale du lit d'un cours d'eau depuis sa source (s) jusqu'à son extrémité aval (e): confluent, lac ou mer. Un profil ordinaire se caractérise par une pente diminuant progressivement vers l'aval, avec des ruptures de pente (ci-dessous 2062 et 2071) séparant des "biefs" (b) régulièrement inclinés.	L α	
1040	Niveau de base Niveau limite suffisamment stable où la pente du cours d'eau s'annule. Le niveau de base général des rivières exoréïques est le niveau moyen de la mer (0 des cartes). Un confluent, un lac, une barre résistante constituent des niveaux de base locaux et temporaires. Les cours d'eau endoréïques ont pour niveau de base régional une cuvette topographique fermée. Tous ces niveaux sont variables avec le temps : celui de la mer (eustatisme ou tectonique) comme les niveaux intermédiaires (érosion ou accumulation) .	D	

Code	Taxons	Descripteurs	Figuré
1050	**Profil d'équilibre** Un cours d'eau aménage constamment son profil en long, par érosion ou par dépôt, en fonction (cf.ci-dessus 1010) de son énergie W et du travail J à effectuer. Si W > J, il apparaît une énergie résiduelle ou "capacité d'érosion" w, utilisable pour le creusement et l'élargissement du lit. Si W < J, la rivière, incapable d'entraîner la charge, dépose des alluvions. Si W = J, il n'y a ni érosion ni dépôt, la rivière s'écoule sur une pente d'équilibre assurant le travail minimum pour évacuer les eaux et tout ou partie de la charge. Le "profil d'équilibre" est constitué par l'enchaînement des pentes d'équilibre réalisées à chaque instant et en tous lieux. C'est donc un profil mobile, très différent du "profil-limite" idéal et théorique, branche de parabole dont la pente diminue régulièrement de l'amont à l'aval.		
1103	**Lit mineur, ou lit apparent** Lit ordinaire, normalement occupé par le cours d'eau et limité par des berges (HYD 1103).	L l P339 eau P306	
1112	A écoulement pérenne	P306 Q	
1122	A écoulement intermittent	périodicité	
1132	Chenal abandonné, bras mort	P306	
1143	**Lit majeur, ou champ d'inondation** Espace occupé par les eaux au maximum des crues (HYD 1123).	P339 l'	
1152	Chenal de débordement Chenal creusé sur le lit majeur pendant la crue.	P306	
1162	Chenal de vidange Chenal creusé sur le lit majeur pendant la décrue.	P306	

Code	Taxons	Descripteurs	Figuré
1172	Lit d'étiage Lit occupé par les plus basses eaux (HYD 1142).		
1201	Perte Disparition partielle ou totale des eaux d'un cours d'eau par infiltration ou engouffrement.	Q	
1212	Sous-écoulement Ecoulement de l'eau infiltrée dans les alluvions d'un cours d'eau. A ne pas confondre avec les écoulements souterrains karstiques (GEO 1).		
1223	Lit à chenaux multiples Lit fluvial d'un cours d'eau lourdement chargé, instable et mobile, parcouru par plusieurs chenaux séparés par des bancs alluviaux ou des îles (HYD 1153).	P306 berges P339	
1233	Lit à chenaux anastomosés Les chenaux multiples forment un lacis de rigoles divagantes interconnectées et communiquant entre elles, avec généralement un chenal préférentiel dominant.		
1243	Lit à chenaux en tresse (ou en chapelet) Les chenaux forment un réseau de rigoles périodiquement entrecroisées et isolant des bancs ou des îles alignés en chapelet.		
1253	Diffluence Bifurcation du cours d'eau, qui se divise en deux branches divergentes.		
2000	**FORMES D'EROSION** L'érosion fluviale s'exerce à la fois sur le fond du lit : creusement, érosion verticale ; et sur les rives : sapement des berges, élargissement du lit, érosion latérale.	P339 eaux : P306 LIT	
2003	Lit rocheux Lit dénudé par un courant assez puissant ou assez rapide pour empêcher le dépôt des alluvions.		

Code	Taxons	Descripteurs	Figuré
2013	Marmites (torrentielles, de géants) Excavations creusées dans le lit rocheux d'un cours d'eau par l'érosion tourbillonnaire d'un courant turbulent.	sur LIT	
2023	Berges Talus d'érosion latérale bordant le lit mineur, qu'ils séparent du lit majeur.	D	
2032	Berge nette, abrupte		
2042	Berge dégradée, estompée		
2052	Sapement de rive concave Rive concave abrupte, érodée par l'accélération du courant à l'extérieur de la courbure du talweg.	D	
2062	Rapides Section en pente forte où la vitesse du courant s'accélère sur un lit rocheux (HYD 1212).	sur LIT	
2071	Chute Rupture de pente brutale et fortement dénivelée où l'eau tombe au lieu de s'écouler. Selon le débit, la chute est une "cascade" ou une "cataracte" (HYD 1221).	D Q	
3000	**FORMES D'ACCUMULATION** Lorsque, sur une rivière, la vitesse du courant diminue, ou que la dimension des matériaux transportables dépasse la compétence du courant, ou que la masse de la charge alluviale augmente au-delà de la charge-limite, les alluvions se déposent sur le fond, en partie ou en totalité.	P339 eaux P306	
3003	Alluvionnement de rive convexe Dépôt d'alluvions dû au ralentissement du courant à l'intérieur d'une courbure du talweg.	G	
3012	Bourrelet (ou levée) de rive Accumulation alluviale longitudinale construite sur ou au-delà de la berge par le débordement des eaux de crues (HYD 1132).	D G	

Code	Taxons	Descripteurs	Figuré
3023	**Cône de déjection** Cône alluvial construit par un torrent ou une rivière dont la pente diminue brusquement au débouché dans un fond de vallée ou sur une plaine.	α G	
3033	**Cône d'épandage** Cône alluvial plat ($\alpha < 5°$) en forme d'éventail largement ouvert, principalement au débouché dans une dépression endoréique de région aride.	α G	
3043	**Plaine alluviale** Fond de vallée entièrement recouvert par les alluvions du lit majeur d'une rivière et par les cônes coalescents des cours d'eau affluents.	G	
4000	**FORMES POLYPHASEES** Formes et formations impliquant une succession ou un enchaînement d'épisodes (phases) dans l' évolution d'un système fluvial.	P339 eaux P306	
4013	**Bassin-versant** Surface réceptrice des eaux alimentant un cours d'eau. Le bassin-versant a pour limite la ligne de partage des eaux qui le sépare des bassins adjacents (HYD 1303). *Cartographiquement, cette ligne définit l'extension et la forme du bassin-versant.*	S	
4020	**Exoréique (drainage ; bassin)** Ecoulement fluvial débouchant dans une mer ouverte ("océan mondial").		
4030	**Endoréique (drainage ; bassin)** Ecoulement fluvial se terminant dans une dépression fermée, champ d'épandage, lac ou mer intérieure.		
4042	**Limite de bassin-versant** Ligne de partage des eaux.		

Code	Taxons	Descripteurs	Figuré
4053	**Torrent élémentaire (HYD 1323)** Cours d'eau à forte pente en terrain accidenté, au débit variable et souvent tumultueux (torrentiel). Son bassin-versant se subdivise, d'amont en aval, en un bassin de réception, un chenal d'écoulement linéaire et un cône de déjection.	S L α Q	
4100	**Vallée (TOP 4000)** Couloir topographique en creux, ouvert à son extrémité, constitué par la convergence de deux versants (TOP 2000), et dont le fond (talweg) est (ou a été) occupé par le lit d'un cours d'eau. Une vallée se caractérise par son profil en long et son profil en travers, et par la morphologie de ses versants.	D L	
4110	**Versant (TOP 2000)** Flanc incliné d'une vallée entre une crête ou un rebord de plateau et le talweg d'un cours d'eau. L'évolution géomorphologique d'un versant de vallée dépend: à la base, de la dynamique du cours d'eau (érosion par sapement ou sédimentation) ; au-dessus du système géodynamique local (SYS).	α D P583	
4120	**Talweg** Le talweg est le lieu des points bas d'une vallée, généralement occupé par le lit d'un cours d'eau. Un talweg peut avoir un drainage pérenne (TOP 4102) ou intermittent (TOP 4112).	L α	
4130	**Profil en travers** Profil topographique établi perpendiculairement au talweg en recoupant les versants et le fond de la vallée.		
4143	**Vallée à profil en V** Vallée étroite à versants raides formée par l'intersection des deux versants. Le creusement vertical est plus rapide que l'évolution latérale des versants (TOP 4003).		
4153	**Vallée à profil en berceau** Vallée évasée, en gouttière, à versants convexo-concaves plus ou moins empâtés par des colluvions (TOP 4013 ; SYS 2).		

Code	Taxons	Descripteurs	Figuré
4163	**Vallée à fond plat** Vallée large à versants plus ou moins pentus. L'élargissement de la vallée (divagations latérales du cours d'eau et évolution des versants) est plus rapide que le creusement vertical. Le fond est un plancher rocheux ou, plus souvent alluvial (TOP 4023).		
4173	**Gorge** Vallée étroite et profonde, aux versants rocheux escarpés. Un "canyon" est une gorge en domaine karstique (GEO1).	D	
4200	**Rive** Bande de terre bordant le lit d'un cours d'eau, entre la berge et le versant. Rive droite ou rive gauche par rapport au sens du courant. Concave ou convexe par rapport au tracé du talweg.	rd rg	
4210	**Méandres** Sinuosités du lit d'un cours d'eau. Un méandre se définit par : - la forme de la boucle, ou "lobe", plus ou moins étranglé à la base ("ouverture") et dont les bras se rejoignent au sommet (apex) ou "point d'inflexion" (i) ; - λ= longueur d'onde, distance mesurée entre deux sommets successifs de même courbure (convexes ou concaves) ; ou $\lambda/2$, distance entre deux sommets consécutifs (convexe et concave) ; - r = rayon de courbure de la boucle ; - a = amplitude, mesurée entre les tangentes aux sommets; l'amplitude définit le gabarit du "lit des méandres" ; - w = angle de changement de direction entre deux segments successifs du chenal. Les méandres se succèdent généralement en séries composant des "trains de méandres" définis par : - θ = direction générale du train de méandres ; - $\Delta\theta$ = changement de direction entre deux segments successifs du train ; - x = distance entre les points extrêmes du train, mesurée selon θ ; - L = longueur du chenal entre les points extrêmes du train et en suivant les sinuosités ; - L/x = degré de sinuosité.	P306	

Code	Taxons	Descripteurs	Figuré
	(méandres suite) Sous l'effet de la dynamique fluviale, les rives d'un méandre sont dissymétriques. Le lieu des vitesses maximales (le "fil de l'eau", V) du courant est dévié vers l'extérieur des courbes. La rive concave est érodée, abrupte ; la rive convexe, où les vitesses sont moindres, est alluvionnée et en pente douce (cf.ci-dessus, 2052 et 3003). Les méandres se déplacent vers l'aval en fonction de la pente générale de la vallée, de la puissance du cours d'eau et de la résistance des matériaux du lit. Ce faisant, les méandres évoluent, se déforment, accentuent leur courbure, réduisent leur ouverture et finalement recoupent l'isthme ou pédoncule qui les sépare, abandonnant des bras-morts et calibrant la vallée aux dimensions du lit qu'ils occupent.	fil de l'eau rive concave érosion V rive convexe alluvionnement	
4223	Méandres libres (ou divagants) Méandres du lit mineur d'un cours d'eau de plaine alluviale, qui se déforment et migrent rapidement et librement.	P306	
4233	Lobe de méandre abandonné (bayou) Lobe de méandre recoupé, abandonné et occupé par un lac ou un marais.	P306	
4243	Méandres encaissés Méandres imprimés, enfoncés dans la roche en place, et concernant non seulement le lit du cours d'eau, mais aussi l'ensemble de la vallée, avec dissymétrie alterne des versants.	P339	
4253	Vallée calibrée Vallée de largeur constante, proportionnée à l'amplitude (a) du "lit des méandres" qui migrent librement sur la plaine alluviale.	P339	

Code	Taxons	Descripteurs	Figuré
4300	Terrasses fluviales Une terrasse est une partie d'un lit fluvial ancien, rocheux ou alluvial, à surface plane ou peu inclinée, abandonné et perché au-dessus du lit majeur actuel. Elles s'expliquent par des alternances de creusement et d'alluvionnement liées à des variations du niveau de base (terrasses eustatiques) ou du climat (terrasses climatiques) ou à des déformations (terrasses tectoniques).	P339 C D G	
4310	Rebord de terrasse Talus bordant une terrasse au-dessus du lit majeur ou d'une terrasse plus récente.		
4312	Rebord net, abrupt		
4322	Rebord estompé, dégradé		
4333	Terrasse rocheuse Terrasse taillée dans la roche en place et dépourvue de couverture alluviale.	D LIT	
4343	Terrasse alluviale Le matériel constitutif de la terrasse est la nappe alluviale du lit fluvial ancien.	D G	
4353	Terrasses étagées Les terrasses sont taillées dans la roche en place. Les nappes alluviales sont perchées les unes par rapport aux autres et séparées par des talus laissant apparaître leur substratum rocheux.	D G C LIT	
4363	Terrasses emboîtées Chaque terrasse est entièrement taillée dans le matériel alluvial de la terrasse antérieure.	D G C	
4373	Glacis alluvial (terrasse polygénique) Pente douce couverte d'alluvions de plus en plus récentes du haut vers le bas, sans talus intermédiaire, et correspondant : soit à un alluvionnement continu au cours de l'enfoncement d'un talweg glissant sur la pente d'un lobe de rive convexe de méandre ; soit à la dégradation et à l'effacement des talus d'un système de terrasses emboîtées.	*a* G	

Code	Taxons	Descripteurs	Figuré
4400	**Epigénie** Inadaptation du tracé d'un cours d'eau encaissé dans une structure différente de celle sur laquelle il s'est installé.	P339 sur P306	
4413	**Epigénie par surimposition** Encaissement d'un cours d'eau (2) dans une structure sous-jacente à une couverture discordante ou une surface d'érosion sur laquelle il s'est installé (1)		
4423	**Epigénie par antécédence** Encaissement d'un cours d'eau (2) dans un substratum rocheux (1) en voie de déformation postérieurement à son installation.	 P306	
4500	**Capture** Détournement de la partie amont d'un cours d'eau vers un cours d'eau voisin de moindre altitude, dont il devient un affluent.		
4511	**Capture par érosion régressive** Capture s.s., par érosion (ravinement ou sapement) de l'interfluve séparant les deux cours d'eau.		
4521	**Capture par déversement** Débordement et déversement d'un cours d'eau dans un cours d'eau voisin à la suite d'un exhaussement de son lit par accumulation alluviale.		
4600	**Embouchure** Terminaison d'un fleuve sur la mer ou d'une rivière sur un lac : "estuaire" (GEO 7, 1233) ou "delta" (GEO 7, 4283).	P285	

Code	Taxons	Descripteurs	Figuré
4613	**Monadnock** Relief résiduel épargné dans le développement des aplanissements environnants en raison de son éloignement des niveaux de base.	P583	
4623	**Pénéplaine** Surface d'aplanissement généralisée constituée par la coalescence de bassins fluviaux très évolués aux vallées larges et aux versants évasés.	P583	

SYSTEME PERIGLACIAIRE

Avec la collaboration de la Commission du Périglaciaire du Comité national français de Géographie

Le terme ambigu de "périglaciaire" (W.v.Lozinski, 1909), consacré par l'usage, qualifie un système morphogénique où les facteurs essentiels de l'évolution géomorphologique sont les alternances de gel et de dégel. L'impact du système périglaciaire dépasse donc la seule zone d'environnement des glaciers. Il affecte toutes les régions où la température du sol s'abaisse au-dessous de 0°C pendant une plus ou moins grande partie de l'année, avec naturellement des nuances et des intensités en fonction du rythme et de l'ampleur des écarts de température, des variations de l'humidité, de l'altitude, du couvert végétal, etc... Le système périglaciaire concerne principalement les hautes latitudes (zone périglaciaire) et les hautes altitudes (étage périglaciaire), mais il s'exerce aussi sur une large frange de pays tempérés pendant les hivers les plus froids. De plus, il a laissé une forte empreinte (formes et formations héritées) sur toutes les régions soumises à l'extension du froid quaternaire (périodes glaciaires).

Les formes et formations périglaciaires sont traitées dans une couleur pourpre (P252).

DESCRIPTEURS

- z. altitude, en mètres
- D. dénivellation topographique, hauteur (d'une butte, d'un escarpement,...) en centimètres
- E. épaisseur (de la couche active,...), profondeur (d'une fente de gel,...) en centimètres
- Ø. diamètre (d'un polygone, d'un cercle, d'une butte,...) en centimètres
- α. pente topographique, en degrés
- G. granulométrie
- O. orientation (d'une pente, d'un escarpement, d'une forme,...) de 0 à 360°/NG
- C. chronologie absolue, en milliers d'années BP

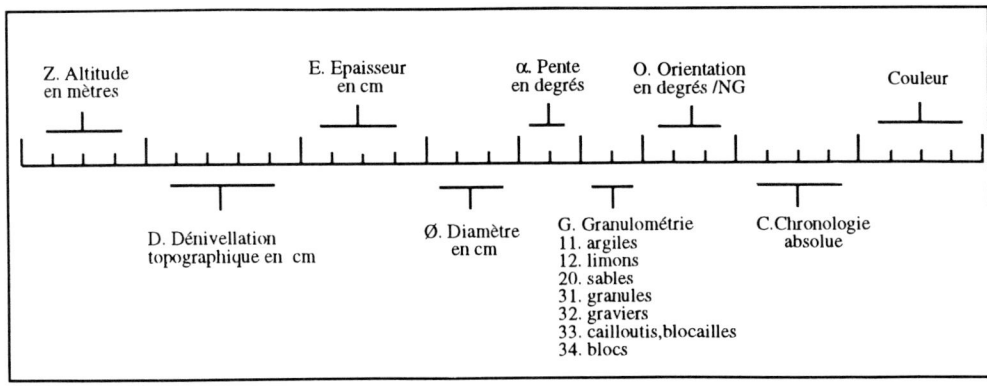

SYSTEME PERIGLACIAIRE

Code	Taxons	Descripteurs	Figuré
1000	**CRYERGIE** Action géodynamique de la glace dans les sols, les formations superficielles et les fissures des roches.	P252	
1100	**Facteurs et processus**	P252	
1110	Pergélisol (permafrost ; tjäle ; merzlota) Sol gelé en permanence, dont la température est toujours < 0°C.	E en centimètres	
1123	Pergélisol continu Extension zonale généralisée du pergélisol.	P252 sur LIT ou FSU	
1133	Pergélisol discontinu Taches de sol non gelé dans une zone de pergélisol.		
1143	Pergélisol sporadique Taches de pergélisol dans une zone non gelée.		
1151	Couche active (frange de dégel mollisol) Couche supérieure du pergélisol qui dégèle en été.	P252 E	•52
1163	Sol à gel saisonnier Sol habituellement non gelé qui ne gèle qu'en saison froide.	P252 sur LIT ou FSU	
1171	Glace d'exsudation (pipkrakes) Aiguilles de glace formées au contact de l'air <0°C		+H
1181	Glace de ségrégation Glace formée dans le sol, au niveau du front de gel, par adsorption et gel de l'eau encore liquide au contact de la glace déjà présente ou d'une paroi froide.		—

Code	Taxons	Descripteurs	Figuré
1191	Glace d'injection Glace intrusive injectée sous pression dans une formation meuble.	P252	
1203	<u>Gélivation</u> Action généralisée du gel.	P252	
1213	Gélifraction (cryoclastie) Fragmentation des roches cohérentes par les alternances gel/dégel (variations de volume de la glace de ségrégation) avec formation de débris ("gélifracts").	G	
1221	Fente de gel Fente de dessication ou de contraction thermique (passage à < 0°C) en roche meuble ou argileuse.	E = profondeur de la fente	
1231	Coin de glace (ice wedge) Fente de gel distendue et remplie par la glace.	E	
1241	Coin de sable (sand wedge) Fente de gel libérée par la fusion de la glace et remplie par du sable, de la terre ou du lœss (soil wedge).	E G	
1303	<u>Cryoturbation</u> Remaniement, triage et arrangement des particules du sol sous l'effet du couple gel/dégel.	P252	
1311	Polygone de pierres Figure polygonale formée de gélifracts triés, et limitée par un bourrelet pierreux entourant un espace médian composé d'éléments plus fins.	Ø G	
1321	Cercle de pierres Figure circulaire formée de gélifracts triés cernés par un rebord pierreux fait d'éléments plus grossiers.	Ø G	
1323	Champ de cercles	Ø G	

Code	Taxons	Descripteurs	Figuré
1331	Polygone de toundra Figure polygonale en terrain meuble, sans triage, limitée par des fentes de gel et couverte par une végétation de toundra.	P252 Ø G	
1340	Champ de polygones	Ø G	
1343	Polygones de pierres		
1353	Polygones de toundra		
1363	Ostioles Sur une surface subhorizontale, maillage de petits gonflements du sol de forme circulaire (Ø de 0,5 à 5 m), sans triage et sans rebord pierreux, entourés de végétation.	Ø G	
1373	Sol strié Alignements subparallèles de gélifracts sur une pente, par déformation et étirement de polygones ou de cercles de pierres.	α G	
1400	**Buttes de cryergie**	P252	
1411	Thufur Butte basse (D < 1m ; Ø de 0,5 à 1m) couverte de végétation, formée sur un sol meuble soumis au cycle gélival annuel.	D	
1413	Champ de thufurs	D	
1421	Palse Tertre de forme circulaire ou allongée (D< 10m) composé d'une couche de tourbe recouvrant un sol minéral, et enrobant un noyau permanent de glace de ségrégation.	D Ø	
1431	Cicatrice de palse Trace d'affaissement d'un palse à la suite du dégel.	Ø	

Code	Taxons	Descripteurs	Figuré
1443	**Plateau palsique** Plateau de tourbe de faible élévation constitué par un fond de tourbière ("plateau de tourbe" ; "peat plateau") englacée, déformée et exhaussée par le développement de la glace de ségrégation.	D	
1451	Pingo (hydrolaccolite) Monticule conique ou dôme à base ovale ou circulaire (D < 10m) engendré par un noyau interne de glace d'injection, et recouvert de sol et de végétation.	D Ø	
1461	Cicatrice de pingo Pingo affaissé à la suite du dégel.	Ø	
1503	**Cryoplanation** Nivellement local ou régional du relief sous l'effet de la cryergie et de la dégradation du pergélisol (fusion de la glace interne).	P252	
2000	**DYNAMIQUE DE GELIFLUXION** Formes de solifluxion provoquées par le dégel.	P252	
2003	Gélifluxion Déplacement lent, en masse, sur une pente, de la couche superficielle du sol saturée par l'eau de dégel et glissant sur le sous-sol encore gelé.		
2011	Gélifluxion libre Laminaire et en nappe, s'exerce sans entrave, sur un sol dépourvu de végétation.		
2021	Gélifluxion entravée Gélifluxion turbulente et irrégulière génée par la végétation.		
2033	Gélifluxion en loupes (ou bourrelets) Ecailles de sol, de dimension métrique, isolées ou pouvant couvrir tout un versant, décollées en amont et bordées en aval par un bourrelet convexe.	α G	

Code	Taxons	Descripteurs	Figuré
2043	**Gélifluxion en lobes** Petites coulées ou épanchement boueux d'ordre décamétrique, légèrement en saillie sur le versant et généralement sous couvert végétal.	α G	
2053	**Coulée (ou langue) de gélifluxion** Ecoulement boueux dû à l'eau de dégel, localisé sur pente forte (15 à 25°), étroit et allongé, de dimension déca à hectométrique, limité en amont par une cicatrice de gélifluxion, en aval par un léger renflement.	α G	
2063	Cicatrice de gélifluxion Petit escarpement de dimension métrique créé sur un versant par le décollement ("cicatrice d'arrachement") d'une loupe ou d'une coulée de gélifluxion.	D	
2073	Niche de décollement Petite dépression semi-circulaire creusée au pied d'une cicatrice de gélifluxion par le départ d'une loupe ou d'une coulée.	D O	
2083	Banquette (ou bourrelet) de gélifluxion Bombement convexe en forme de croissant et faisant saillie sur le versant, créé par afflux de matière sur le front d'une loupe ou d'une coulée de gélifluxion.	D G	
2093	Terrassettes Petits replats herbeux étagés en gradins d'ordre décimétrique séparés par des talus dénudés (microfailles ou glissements fractionnés).	D	
2103	Blocs "laboureurs" Blocs glissés, avec traces de glissement	G	

Code	Taxons	Descripteurs	Figuré
3000	**DYNAMIQUE NIVALE**	P252	
3003	Nivation Action géodynamique de la neige et des eaux de fonte des neiges.		
3013	Pavage nival Concentration de cailloux en surface sous le double effet du triage par cryoturbation des éléments grossiers d'une formation hétérométrique et du tassement sous le poids de la neige.	G	
3021	Ruissellement diffus Ruissellement des eaux de fonte de la neige, en nappe ou en filets inorganisés et plus ou moins entravé par la végétation et la rugosité de la surface.		
3033	Décapage sans pavage Dénudation d'une surface par les eaux de fonte.		
3043	Décapage avec pavage Dénudation partielle d'une surface avec abandon et tassement des éléments grossiers.	G	
3053	Ruissellement nival en rigoles Ruissellement des eaux de fonte de la neige par un réseau instable de filets concentrés et plus ou moins incisés.		
3061	Avalanche Glissement ou chute par gravité d'une masse volumineuse de neige accumulée		
3063	Couloir d'avalanche Couloir inscrit sur un versant selon la plus grande pente et façonné par une masse de neige et de débris dévalant sous l'effet de la gravité.	α	
3073	Cône d'avalanche Accumulation chaotique de neige et de débris disposés en forme de cône étroit et pentu au débouché d'un couloir d'avalanche.	α G	

Code	Taxons	Descripteurs	Figuré
3081	Congère Amas de neige accumulée sous le vent d'un obstacle ou d'un repli de terrain.	E O	
3103	Niche (ou cirque) de nivation ; névé Dépression semi-circulaire façonnée par géli-fraction et aménagée par la neige accumulée.	D Ø O	
3113	"Moraine" de névé ("protalus rempart") Accumulation de blocs, de débris et d'éboulis tombés et glissés en aval d'un névé ou d'une flaque de neige.	G	
4000	**DYNAMIQUE FLUVIALE.** Effets liés à l'action des cours d'eau issus du dégel et de la fonte des neiges (HYD ; SYS 1).	Formes : P252 Eaux : P306	
4003	Cours d'eau à chenaux multiples Lit fluvial constitué par plusieurs chenaux séparés par des bancs alluviaux ou des îles.	P306	
4013	Lit à chenaux anastomosés Lacis de chenaux divagants interconnectés.		
4023	Lit à chenaux en tresse (ou en chapelet) Chenaux périodiquement entrecroisés, isolant des bancs ou des îles alignés en chapelet.		
4103	Vallon ou lit fluvial en V Etroit et profond.	P252	
4113	dissymétrique.		
4123	Vallon ou lit fluvial en berceau Evasé en gouttière		
4133	dissymétrique.		
4143	Vallon ou lit fluvial à fond plat Plus large que profond, avec plancher rocheux ou alluvial.		
4153	dissymétrique.		

Code	Taxons	Descripteurs	Figuré
5000	**DYNAMIQUE EOLIENNE** Effets morphologiques dus à l'action du vent (SYS 4). *La dynamique éolienne est normalement exprimée en ocre jaune (P123). Mais si, dans une autre ambiance que périglaciaire, on tient à insister sur le caractère périglaciaire d'une forme ou d'une formation éolienne, on peut utiliser la couleur pourpre P252.*	P123	
5003	Surface éolisée Surface corrodée, striée, polie ou ciselée par le vent chargé de sable.		
5011	Direction du vent efficace Le vent efficace est celui, violent ou turbulent, qui est directement capable de prendre en charge et de transporter le sable.	O	
5021	Déflation Prise en charge par le vent des particules fines (< 2mm) d'un sol meuble et sec.		
5031	Corrasion Usure ou abrasion, décapage ou polissage d'une surface rocheuse par le vent chargé de sable.		
5043	Paroi striée ou cannelée Paroi éolisée, striée par le transit du sable dans le lit du vent et par évidement des strates ou microstrates de moindre résistance.		
5053	Polissage éolien Lissage d'une surface ou d'un objet par le frottement du vent chargé de sable.		
5063	Cailloux éolisés (ventifacts) Cailloux polis, patinés, picotés, vermiculés ou guillochés par le vent.	G	
5073	Cailloux à facettes (dreikanters) Cailloux éolisés à trois faces et aux arêtes émoussées.	G	

Code	Taxons	Descripteurs	Figuré
5101	Accumulation éolienne Dépôt localisé ou généralisé de matériel transporté en suspension par le vent.	G	
5113	Sable éolien Sable transporté ou accumulé par le vent, caractérisé par la présence significative de grains ronds mats.	G	
5123	Champ de dunes (non différenciées) Ensemble de reliefs sableux édifiés et modelés par le vent (cf.SYS 4).		
5133	Lœss Formation limoneuse (10 à 50μ) d'origine éolienne, mise en place sous climat froid périglaciaire.	G	
5143	Formation nivéo-éolienne Accumulation éolienne de sable ou de lœss (parfois d'argile) mêlée de neige soufflée.	P252 G	
6000	**FORMES D'EROSION**	P252	
6003	Couloir d'érosion polygénique Couloir inscrit dans un versant selon la plus grande pente et façonné par les éboulis, les avalanches et le ruissellement.		
6013	Versant réglé Versant à profil rectiligne, en pente forte (30 à 35°), régularisé par gélifraction et dénudé par gravité.	D α O	
6023	Glacis Surface plane ou légèrement concave, en pente faible (< 10°), au pied d'un versant raide.	α O	
6033	Glacis d'érosion Glacis d'ablation ou de dénudation à couverture nulle ou résiduelle formée de matériel en majorité autochtone.	sur LIT	

Code	Taxons	Descripteurs	Figuré
6043	Glacis couvert Glacis de transit, à couverture mince (centimétrique) de matériel cryoturbé, géliflué ou ruisselé.	α G	
6053	Glacis d'accumulation Glacis ennoyé sous une couverture épaisse (métrique) ; le glacis est constitué par le sommet du remblaiement.	α G	
6063	Replat goletz (replat de cryoplanation) Replat horizontal ou faiblement incliné (décamétrique à hectométrique) sur roche massive, situé entre une paroi de gélifraction en amont et un talus d'éboulis en aval, et affecté par une nivation-gélifluxion pelliculaire. En groupe, les replats goletz forment des gradins ou des escaliers.	G O	
6103	Cryokarst (thermokarst) Semis de dépressions ou d'affaissements dans le pergélisol engendrés par la fusion de la glace de ségrégation sous l'effet d'un réchauffement naturel (dégel) ou artificiel (surcharge de bâtiments, de conduites de fluides,...).	P252	
6111	Cuvette de dégel Dépression thermokarstique engendrée par la fusion de la glace du plafond du pergélisol sous une masse d'eau incomplètement gelée en hiver (étang, cours d'eau,...).	D Ø	
6121	Lac de thermokarst (thaw lake) Lac occupant une dépression thermokarstique.	Lac P306 E = profondeur	
6133	Alas Dépression thermokarstique de forme irrégulière et de grande dimension due à la fusion de la glace de ségrégation du sol.	D Ø	
7000	**FORMES D'ACCUMULATION** Formes engendrées par le dépôt de débris de gélifraction sous l'effet de la gravité pure ou assistée par la gélifluxion ou le ruissellement	P252	

Code	Taxons	Descripteurs	Figuré
7003	**Eboulis périglaciaire** Eboulis de gravité créé sur un versant par la chute libre de cailloutis gélifractés.	α G O	
7013	Eboulis assisté par gélifluxion Eboulis de gravité dont le matériel est remanié et remobilisé par la gélifluxion.	G	
7023	Eboulis stratifié (éboulis ordonné) Eboulis de gravité formé de gélifracts plus ou moins hétérogènes, tombés et glissés sur une flaque de neige, et ordonné en lits stratifiés. Ne doit pas être confondu avec une grèze (cf. ci-dessous, 7103 et 7113).	G	
7033	Tablier d'éboulis Eboulis disposé en talus au pied d'un versant.	α G	
7043	Cône d'éboulis Eboulis disposé en cône au débouché d'un couloir d'érosion.	G	
7053	Pierrier (clapier ; chiraz) Amas amorphe de blocailles ou talus d'éboulis lavé de ses débris fins par l'eau de percolation.	G O	
7063	Groize Dépôt de pente formé de gélifracts hétérométriques subautochtones, avec ou sans matrice.	G O	
7103	Grèze Dépôt de pente formé de gélifracts anguleux homométriques de la taille des sables ou des granules (1 à 4 mm) et d'une matrice fine plus ou moins abondante, mis en place par coulées de solifluxion ("flots de débris" ; debris flows).	α G O	
7113	Grèze litée Grèze stratifiée en lits nettement distincts et alternés : lits "gras" avec matrice sablo-limoneuse, et lits "maigres" sans matrice, à structure ouverte (openwork).	G O	

155

Code	Taxons	Descripteurs	Figuré
7203	Head Dépôt de pente amorphe, argilo-caillouteux, composé de gélifracts grossiers (graviers ou blocailles) hétérométriques, noyés dans une matrice argilo-limoneuse et mis en place par gélifluxion.	P252 G	
7213	Champ de blocs Blocs macrogélifractés dispersés en surface par gélifluxion et ultérieurement débarrassés par le ruissellement de la matrice fine qui les enrobait.		
7301	Bloc glaciel Bloc isolé transporté et déposé par des glaces flottantes sur un talweg ou sur un rivage.		

SYSTEME GLACIAIRE

Avec la collaboration de M.Chardon, professeur à l'Université de Grenoble 1

Le système glaciaire est celui dans lequel, sous l'effet du froid, les précipitations, la rétention et l'écoulement des eaux se font principalement sous la forme solide (neige et glace). Le système glaciaire concerne exclusivement les glaces continentales et leurs effets géomorphologiques. Le cas des glaces de mer est traité dans les chapitres HYD (Hydrographie) et GEO 7 (Domaine littoral). Actuellement, le système glaciaire affecte les régions polaires nord et sud (glaciations zonales) et les hautes montagnes des régions tempérées et tropicales (glaciations d'altitude). Mais il s'est étendu, au cours du Quaternaire (périodes glaciaires) sur une bien plus grande surface, laissant sa marque sur la plus grande partie du nord de l'Europe, de l'Asie et de l'Amérique.

Les formes et formations dues au système morphogénique glaciaire sont représentées sur la carte en violet (P265).

DESCRIPTEURS

S. surface en km^2
L. longueur en kilomètres
z. altitude ou D.dénivellation, en mètres
α.pente topographique en degrés
G. granulométrie
E. épaisseur (d'un glacier, d'une formation) ou profondeur (d'un lac, d'un ombilic), en mètres
C. chronologie absolue, en milliers d'années BP.

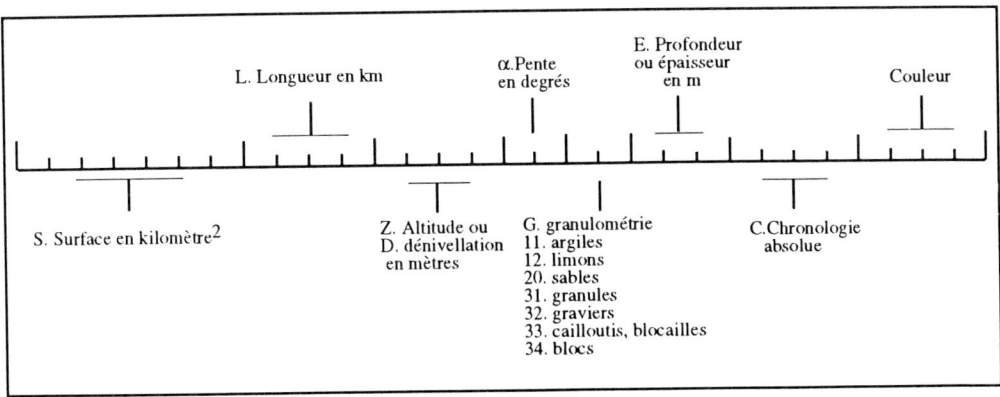

SYSTEME GLACIAIRE

Code	Taxons	Descripteurs	Figuré
1000	**GLACIERS** Les glaciers sont des appareils nés de la transformation en glace de la neige accumulée sur le sol. Ils couvrent actuellement environ 15 millions de km^2 (soit 10% de la surface des continents); mais ils ont été jusqu'à trois fois plus étendus au cours des glaciations du Quaternaire. La plus grande partie (plus de 98%) est constituée par les inlandsis du Groenland (1,7 millions de km^2) et de l'Antarctide (13 millions de km^2). Le reste est représenté par les glaciers de montagnes. Les premiers jouent surtout un rôle hydrologique et climatique. Les seconds sont des agents géomorphologiques de premier plan.		
1100	**Extension des glaciers** *Les limites des glaciers sont figurées en tiretés, et les courbes de niveau, réelles ou figuratives, en traits continus dans la couleur bleu-hydro (P306) sur fond blanc.*		
1103	Glace continentale La neige persistante sur le sol se transforme en glace par tassement, expulsion de l'air qu'elle contient, fusions et recristallisations partielles. La glace de glacier, légère, blanche et translucide en surface, devient sous la pression dense (0,9), bleuâtre et transparente en profondeur.	blanc	
1112	Limite de glacier actuel Contour d'une masse de glace permanente.	P306	
1123	Courbes figuratives Courbes de niveau, réelles ou figuratives, évoquant la topographie de la surface d'un glacier.	P306	
1132	Limite des neiges persistantes Limite au-dessus de laquelle le recouvrement neigeux est permanent.	P265	

Code	Taxons	Descripteurs	Figuré
1142	Limite d'extension glaciaire ancienne *Eventuellement accompagnée d'une notation chronologique absolue en milliers d'années.*	P265 C	
1200	**Types de glaciers**	P306	
1203	Calotte glaciaire (ice cap ; inlandsis) Glacier continental très étendu (10^5 à 10^6km^2) et très épais, de surface légèrement convexe, et recouvrant la plupart des reliefs, sauf de rares sommets émergents ("nunataks").	S E	
1213	Glacier de plateau (glacier de fjell) Calotte glaciaire de moindre dimension et de moindre épaisseur, recouvrant en nappe une surface plane ou un replat, et alimentant sur ses bords des langues émissaires en pente plus ou moins forte.	S E	
1223	Glacier de cirque Glacier de petite taille, pratiquement confiné dans une zone de réception et d'accumulation de la neige ("névé" ; cf.HYD 3113).	S	
1233	Glacier de vallée Langue glaciaire d'ordre kilo- à décakilométrique s'écoulant lentement dans une vallée en-dessous de la zone des neiges permanentes.	S L E	
1240	Front de glacier Extrémité aval d'une langue glaciaire.	D	
1243	Front en biseau Front incliné obliquement dans l'axe du glacier en fonction de la fusion de la glace.		
1253	Front tronqué Front escarpé taillé perpendiculairement à l'axe du glacier	D	
1263	Front en "queue de renard" Front biseauté sur la face et les côtés	D	

Code	Taxons	Descripteurs	Figuré
1273	**Glacier de paroi** Couches de glace plaquées sur une face rocheuse en forte pente	α	
1283	**Glacier de piémont** Glacier en lobes, formé par la coalescence de langues glaciaires débordant de la montagne sur le piémont.	S E	
1300	**Mouvements de la glace** La glace des glaciers est animée par un écoulement lent (de quelques dizaines à quelques centaines de mètres par an) qui augmente en fonction de la pente et du volume de la glace. Quasi nul sous les inlandsis ou les glaciers de plateau, ce mouvement s'accélère dans les vallées de montagnes ou les émissaires des calottes polaires. Plus rapide en surface et au centre que sur le fond ou sur les bords, il peut même alors, sous la pression de la glace d'amont, remonter à contre-pente les vallées affluentes non englacées.	P265	
1301	Sens d'écoulement de la glace		
1313	**Diffluence** Division d'un glacier en branches divergentes par dessus un interfluve rocheux.		
1322	Parcours abandonné		
1350	**Glacitectonique** Ensemble des déformations affectant un glacier et/ou son substratum sous l'effet de la pression, du poids ou du mouvement de la glace.	P265	
1351	Glacitectonique de poussée		
1361	Glacitectonique d'arrachement		
1371	Glacitectonique d'affaissement		

161

Code	Taxons	Descripteurs	Figuré
1381	Glacio-isostasie Mouvements d'affaissement ou de soulèvement provoqués dans une région englacée par l'accroissement ou la diminution ou la disparition de la charge due au volume d'un glacier régional ou d'un inlandsis.	P265	
1400	**Etats de surface**	P306	
1403	Crevasses Fentes béantes à la surface d'un glacier		
1413	Séracs Blocs de glace chaotiques et instables séparés par des crevasses dues à l'accélération de la glace en mouvement sur une forte pente.	D = hauteur de la zone de séracs	
1421	Pénitent de glace (ou de neige) Petite forme (1 à 2m) résiduelle d'ablation de la glace de glacier ou de la neige de névé, isolée par des couloirs de fusion, principalement dans les secteurs secs ensoleillés.	D	
1431	Table de glace Lame de glace isolée, sur un névé, par des couloirs de fusion.	D E	
1442	Corniche de glace Petit escarpement d'ablation ou d'affaissement dans la glace d'un névé ou d'un glacier.	D	
2000	**EAUX GLACIAIRES** Ce sont les eaux libres provenant de la fusion de la glace, qui circulent sur, dans ou sous le glacier ou qui alimentent les cours d'eau et les lacs en avant du front d'un glacier.	P306	
2002	Bédière Chenal d'écoulement des eaux de fonte à la surface d'un glacier		

162

Code	Taxons	Descripteurs	Figuré
2011	Moulin Puits ou crevasse dans la glace, par où s'engouffrent les eaux d'une bédière	E	
2022	Drainage sous-glaciaire reconnu		
2031	Porche Orifice de sortie d'un torrent sous-glaciaire ou intraglaciaire.		
2103	Chenaux proglaciaires Chenaux d'écoulement des eaux de fonte en avant du front glaciaire.	P306	
2200	Lac glaciaire Lac occupant une cavité ou l'abri d'un obstacle liés à l'activité glaciaire.	P306 contours en P265 E	
2213	Lac de surcreusement Lac de cirque, ou d'ombilic limité par une contre-pente.		
2223	Lac d'obturation Lac de barrage d'un cours d'eau par un glacier ou une moraine.		
3000	**FORMES D'EROSION** L'efficacité de l'érosion glaciaire se mesure à l'action morphogénique directe du glacier et à sa capacité d'aménagement de la topographie préglaciaire qu'il recouvre. Elle dépend de la pression du glacier sur son enveloppe rocheuse, de sa vitesse, de la charge qu'il entraîne et du travail des eaux sous-glaciaires. Les principaux processus en action sont l'arrachement des roches fragmentées des parois et l'abrasion du lit glaciaire par frottement, râclage ou polissage par les matériaux entraînés. Le maximum d'efficacité de l'érosion glaciaire se rencontre avec les glaciers de montagnes.	P265	

Code	Taxons	Descripteurs	Figuré
3002	**Lit glaciaire** Talweg façonné par l'écoulement de la glace. Il se distingue du lit fluvial par son profil en long accidenté de creux et de contre-pentes, et par son profil en travers en U.	P265	
3013	**Auge glaciaire** Talweg (ou vallée) à profil transversal en U (fond aplati et parois raides) modelé par une langue glaciaire.	D	
3023	**Epaulement** Replat de versant en pente faible, plus ou moins retouché par la glace et tronqué par le flanc raide d'une auge.	D α	
3033	**Ombilic de surcreusement** Dépression creusée dans le lit d'un glacier par le mouvement de la glace, et fermé en aval par une contre-pente.	E	
3043	**Verrou** Saillie rocheuse dans le lit glaciaire entre deux ombilics ou à l'issue d'un cirque. Un verrou peut être structural (roches résistantes ; accident tectonique) ou lié au mouvement de la glace (défaut de vitesse ou de charge).	D	
3053	**Seuil (ou col) de diffluence** Col situé sur un interfluve rocheux façonné par une branche divergente d'un glacier.	z D	
3061	**Arrachement** Effet d'extraction (cavitation) et d'entraînement (quarrying) de fragments (cailloutis ou blocs) détachés des parois du lit glaciaire par le glacier en mouvement.	G	
3073	**Stries ou cannelures** Sillons plus ou moins parallèles et de faible profondeur tracés sur les parois ou le fond du lit glaciaire par les débris traînés par le glacier.	P265	

Code	Taxons	Descripteurs	Figuré
3083	**Polissage glaciaire** Surface lissée par le frottement sous pression de la glace chargée de matériaux fins ("farine glaciaire").	P265	
3093	**Surface râclée à fissures nettoyées** Surface dénudée et décapée, rabotée par les matériaux dissociés, enlevés et entraînés par un glacier.		
3103	**Surface à roches moutonnées** Surface en roche résistante, polie et bosselée par frottement des matériaux traînés par un glacier.		
3113	**Cirque glaciaire** Dépression ouverte ou niche topographique dominée par des parois raides supraglaciaires et aménagée par la glace d'un névé		
3123	**Fjell ou fjeld (plateau glaciaire)** Haute surface déglacée, modelée et moutonnée par la glace d'une calotte ou d'un glacier de plateau.		
3131	**Nunatak** Sommet aux flancs escarpés, émergeant au-dessus d'une calotte glaciaire ou d'un inlandsis et façonné par la gélivation supraglaciaire.	P47O z D	
4000	**MORAINES** Les moraines sont les matériaux hétérométriques provenant des versants et du lit glaciaire, transportés ou déposés par un glacier. La charge morainique dépend de l'agressivité du climat (gélifraction), de l'érodibilité des roches et de l'importance du volume rocheux supraglaciaire. Un "glacier blanc" est un glacier nu ou peu chargé où la glace est partout apparente. Un "glacier noir" est un glacier abondamment ou totalement couvert par les débris provenant des versants.	P265	

Code	Taxons	Descripteurs	Figuré
4003	**Moraine de fond (till)** Moraine sous-glaciaire, très hétérométrique (phase argileuse à blocs et blocailles, "argile à blocaux" ; phase triturée très fine, "farine glaciaire").	P265 G E	
4013	Moraine latérale Moraine de flanc d'un glacier de vallée, alimentée par les débris provenant du versant.	G	
4023	Moraine médiane Moraine composée par l'accolement des moraines latérales de deux langues glaciaires confluentes.	G	
4033	Traînée morainique Trace morainique résiduelle à la surface d'une langue glaciaire.	G	
4043	Moraine frontale (vallum morainique) Moraine de front d'un lobe ou d'une langue glaciaire, en forme d'arc convexe vers l'aval.	D G	
4053	Moraine de poussée Moraine frontale reprise et déformée par la poussée d'une nouvelle avancée glaciaire.	D	
5000	**FORMES ET FORMATIONS JUXTA ET PROGLACIAIRES**	P265	
5013	Gorge juxtaglaciaire Gorge entaillée par les eaux de fonte au contact d'un glacier et de la roche encaissante.	D	
5023	Dépôt de kame Dépôt de marge glaciaire mis en place à l'air libre à partir d'un versant dans une dépression juxtaglaciaire non englacée obturée par un glacier.	G E	

Code	Taxons	Descripteurs	Figuré
5033	**Terrasse de kame** Dépôt de kame perché au-dessus d'un espace déglacé.	P265 G	
5100	**Dépôts lacustres** Dépôts formés dans un lac de barrage ou de surcreusement glaciaire. *Les dépôts sont traités en bleu-hydro (P306)*	P306	
5103	Dépôt lacustre d'obturation Dépôt formé dans les eaux d'un lac de barrage	G	
5113	Dépôt lacustre varvé Dépôt stratifié, rythmé par les variations saisonnières : clair, sableux, pauvre en matière organique au printemps-été ; sombre, argileux et riche en matière organique en automne-hiver	G	
5123	Dépôt lacustre deltaïque Delta formé par l'apport alluvial des rivières affluentes d'un lac.	G	
5133	Dépôt de kame deltaïque Dépôt de kame dans un lac d'obturation juxta-glaciaire.	G	
5200	**Formes et formations fluvio-glaciaires** Formes et formations déterminées par les cours d'eau issus de la fusion des glaces de glaciers et par les matériaux qu'ils transportent (SYS1). *Le matériel fluvio-glaciaire est traité en violet P265 et les eaux en bleu hydro.*	P265 P306	
5211	Brèche dans une moraine terminale Interruption du front morainique par une percée fluvio-glaciaire, vive ou abandonnée.	P265	
5223	Cône de déjection proglaciaire Cône de déjection construit par un cours d'eau fluvio-glaciaire en avant du front morainique.	P265 α G	

Code	Taxons	Descripteurs	Figuré
5233	**Alluvions fluvio-glaciaires** Alluvions déposées par les rivières fluvio-glaciaires.	P265 G E	
5243	Terrasse fluvio-glaciaire Terrasse constituée par du matériel fluvio-glaciaire.	D G	
5253	Sandr Plaine d'épandage fluvio-glaciaire formée de matériaux sablo-caillouteux étalés par les écoulements proglaciaires.	α G	
6000	**FORMES DE RETRAIT** Formes créées par la dynamique sous-glaciaire et révélées par le retrait des glaces.	P265	
6013	Moraine d'ablation Concentration et remaniement du matériel morainique intra- ou supraglaciaire sous l'effet de la fusion lente d'un glacier.	E	
6023	Glacier rocheux (rock glacier) Masse morainique épaisse et ridée, avec de la glace interstitielle et des noyaux de glace morte, recouvrant un glacier moribond en voie d'extinction.	E	
6033	Dépressions et culots de glace morte Cavités (holes) ou marmites (kettle) provoquées par la fusion sur place de masses résiduelles de glace abandonnées par un glacier en retrait.		
6043	Esker (ôs ; pl.ôsar) Construction alluviale étroite et allongée formée dans un tunnel intra- ou sous-glaciaire et révélée par le recul de la glace.	D G	
6053	Drumlin Colline elliptique en dos de baleine formée de matériel morainique sous-glaciaire, avec ou sans noyau rocheux.	D	

Code	Taxons	Descripteurs	Figuré
6063	**Champ de drumlins** Les drumlins sont presque toujours groupés en essaims allongés parallèlement au mouvement de la glace.	P265	
6103	**Collines morainiques** Topographie confuse créée dans le matériel morainique abandonné, par la fusion des noyaux de glace le ruissellement ou la glacitectonique.	D G	
6113	**Crêtes morainiques** Crêtes résiduelles arquées formées dans une moraine frontale (vallum morainique) par les remaniements fluvio-glaciaires.	D G	
6121	**Bloc erratique** Bloc morainique exotique, de provenance lointaine, abandonné à l'extrémité d'un glacier en retrait.	LIT	

SYSTEME EOLIEN

Avec la collaboration de M.Mainguet, professeur à l'Université de Reims

Le système éolien concerne les effets géomorphologiques du vent enlevant, transportant et déposant des particules solides de petite dimension (< 2mm). Comme le système fluvial, le système éolien est ubiquiste (azonal). On en trouve des manifestations restreintes ou isolées chaque fois que les conditions favorables sont réunies : vents forts et turbulents, végétation discontinue, relief très effacé, sols meubles et secs à granulométrie fine (sable, limon, argile). Ainsi dans les steppes, les plaines alluviales subarides ou périglaciaires, les bords de mer,.... Mais les actions éoliennes s'exercent principalement dans les zones arides peu accidentées, privées de végétation et soumises à des vents continuels et violents (déserts). Comme les autres systèmes morphogéniques, le système éolien a varié en extension, en intensité et en localisation au cours des temps, en fonction des changements paléoclimatiques. Des témoins hérités se retrouvent encore, surtout sur les franges des déserts, plus ou moins préservés ou remaniés par les dynamiques postérieures ou par les hommes.

Les formes et formations éoliennes sont représentées sur les cartes dans la couleur ocre jaune (P123).

DESCRIPTEURS

    D. dénivellation topographique, en mètres
    O. sens de propagation du vent , de 0 à 360°/NG, ou orientation d'un
        alignement, de 0 à 180°/NG
    O'.orientation secondaire
    G. granulométrie (< 2mm)
    M. morphoscopie, en % des grains éolisés (ronds mats)
    V. type de végétation: A,arborescente; B,buissonnante; H,herbacée

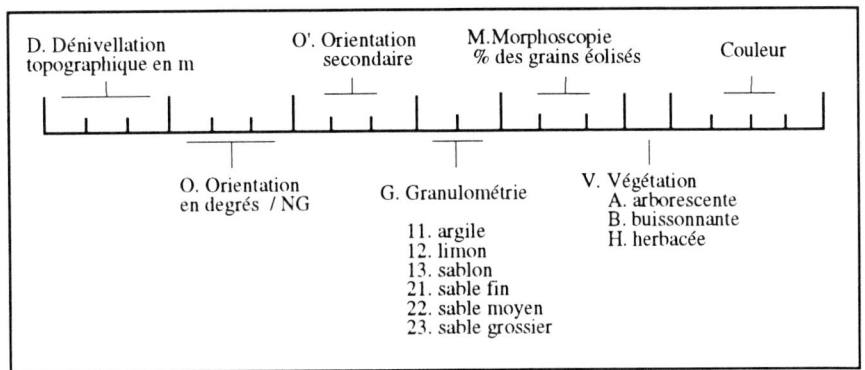

SYSTEME EOLIEN

Code	Taxons	Descripteurs	Figuré
1000	**VENT** Le vent est un courant d'air atmosphérique qui exerce une action géomorphologique à différentes échelles. A l'échelle continentale, il explique les déplacements à longue distance de matériaux très fins (essentiellement <200μ). A moyenne échelle, il rend compte de la répartition régionale des grands édifices éoliens. A l'échelle locale, le vent participe au modelé de détail de ces édifices. *Cartographiquement, le vent s'exprime par la direction du vent dominant ou du vent morphologiquement significatif.*	P123	
1011	Courant éolien continental (synoptique) Lié à la circulation générale dans l'atmosphère.	O	
1021	Courant éolien régional Influencé par le dispositif d'ensemble du relief.	O	
1031	Courant éolien local Créé ou modifié par des situations de voisinage : différences de température, d'albédo, de turbulence de topographie,...	O O'	
1041	Direction du vent efficace Le vent efficace est celui, violent ou/et turbulent, qui est directement capable de prendre en charge et de déplacer des matériaux.	O O'	
2000	**DYNAMIQUE ET PROCESSUS** Le vent est un des agents géodynamiques les plus répandus. Son efficacité dépend de sa direction, de sa fréquence, de sa vitesse (la puissance brute W augmente comme v^2) et de sa turbulence. Mais sa compétence étant très faible (environ 3 fois moindre que le ruissellement à vitesses égales), le vent ne peut soulever et emporter que des particules de petite taille (< 2mm). Les grains ainsi pris en charge se déplacent en suspension (< 50μ ; "vents de sable"), en saltation (jusqu'à 1 ou 2m du sol ; < 2mm) ou par roulage sur le sol (jusqu'à 3 et 5mm ; "dérive éolienne").	P123	

Code	Taxons	Descripteurs	Figuré
2001	**Déflation** Prise en charge par le vent de particules fines d'un sol meuble, sec et privé de végétation (sable, limon ou argile sèche).	P123 G V	
2011	**Vannage (tri éolien)** Déflation sélective accompagnée d'une concentration relative des éléments grossiers ("reg", cf ci-dessous 3123).	G	
2021	**Exportation** Evacuation de matériel hors du lieu de prélèvement. Les vents continentaux peuvent exporter des particules très fines ($< 50\mu$) à très haute altitude, sur des milliers de kilomètres.	G O	
2031	**Corrasion** Erosion par usure, percussion ou abrasion, décapage ou polissage, d'une surface rocheuse exposée au vent chargé de sable.		
2041	**Accumulation éolienne** Dépôt localisé ou généralisé de matériel transporté en suspension par le vent.	G V	
3000	**EOLISATION** Ensemble des effets d'ablation ou de façonnement des surfaces rocheuses par le vent. Le budget sédimentaire est négatif.	P123	
3003	**Surface éolisée** Surface corrodée, striée, polie ou ciselée par le vent chargé de sable.		
3013	**Stries ou cannelures** Sillons burinés par le vent sur une paroi rocheuse, ou évidement des strates ou microstrates de moindre résistance.		
3023	**Polissage éolien** Lissage d'une surface ou d'un objet par le frottement du vent chargé de sable		

Code	Taxons	Descripteurs	Figuré
3033	**Cailloux éolisés (ventifacts)** Cailloux polis, patinés, picotés, vermiculés ou guillochés par le vent.	P123 G	
3043	**Cailloux à facettes (dreikanters)** Cailloux éolisés à trois faces et aux arêtes émoussées.	G	
3053	**Sable éolien** Sable transporté ou accumulé par le vent, caractérisé par la présence significative de grains ronds mats.	G M	
3063	**Lœss** Formation limoneuse ou limono-sableuse mise en place dans des conditions périglaciaires (SYS2, 5133).	G	
3073	**Yardangs** Sillons de corrasion-déflation, d'ordre décimétrique à métrique, plus ou moins parallèles, creusés par le vent dans une formation meuble ou légèrement indurée (horizon pédologique ; limons ou sables argileux ou ferrugineux).	D O G	
3081	**Rocher-champignon** Rocher aminci à la base par altération hydrique, corrasion éolienne et exportation des débris par le vent.	LIT	
3091	**Chablis** Arbre basculé par le vent, avec arrachement d'une partie du sol support.	V	
3103	**Surface de déflation-accumulation** Surface modelée par saltation du sable éolien à petite ou moyenne distance.	G	
3113	**Cuvette de déflation** Dépression creusée en terrain meuble par un vent tourbillonnaire.	G	

Code	Taxons	Descripteurs	Figuré
3123	**Pavage éolien, reg** Concentration résiduelle de matériel grossier sur le sol après vannage et exportation des particules fines.	G	
3133	**Rides éoliennes (wind marks)** Rides centimétriques, dissymétriques, perpendiculaires au vent, édifiées par saltation sur une surface sableuse exposée à un vif courant aérien.	O G hauteur et espacement en cm	
4000	**FORMES D'ACCUMULATION** L'alimentation en sable l'emporte sur l'exportation. Le budget sédimentaire est positif.	P123	
4100	**Couverture éolienne**	P123	
4113	**Piégeage diffus** Le sable en transit est arrêté plus ou moins longtemps par des obstacles dispersés et de petite taille.	G V	
4123	**Couverture éolienne en nappe** Couverture sableuse étalée en voile plus ou moins épais et plus ou moins continu.	G	
4131	**Remontée éolienne** Accumulation sableuse sur la face au vent d'un obstacle topographique.	O G	
4141	**Retombée éolienne** Accumulation sableuse sur le versant sous le vent d'un obstacle topographique.	O G	
4200	**Formes bio-éoliennes** Formes liées à l'effet d'obstacle opposé au vent par la végétation.	P123	
4211	**Fléchette** Traînée de sable décimétrique sous le vent d'un végétal ou d'un caillou.	O G V	

Code	Taxons	Descripteurs	Figuré
4221	**Nebka** Butte de sable, décimétrique à métrique, orientée sous le vent d'un végétal et très sensible aux changements d'orientation et de charge du vent.	D O G V	
4231	**Rebdou** Butte de sable métrique, édifiée sans orientation préférentielle autour d'un buisson ou d'un arbuste qui profite de l'eau en rétention dans la butte. Le sable du rebdou est légèrement grésifié par l'activité biologique et l'eau de rétention, et souvent attaqué par la corrasion.	D G V	
4243	Champ de nebkas ou de rebdous	D V	
4300	**Dunes** Reliefs de sable édifiés par le vent.	P123	
4311	**Flèche de sable** Edifice dunaire métrique à décamétrique, établi sous le vent d'un obstacle topographique.	O G	
4321	**Bouclier dunaire** Dôme de sable surbaissé (< 2 à 3 m) aplati et mobile dans le lit du vent ("camion de sable").	D O G	
4331	**Barkhane** Dune métrique (jusqu'à 10m et plus) en croissant, en pente douce et convexe au vent et en talus raide et concave sous le vent. Très mobile dans le lit du vent où elle progresse les cornes en avant. Une barkhane dissymétrique, avec une corne plus longue que l'autre, est un "elb" (plur. alab).	D O G	
4343	Champ de barkhanes	D O V	
4353	**Sif (plur. siouf)** Arête dunaire aigüe vive, allongée et incurvée en lame de sabre.	D O G	

Code	Taxons	Descripteurs	Figuré
4363	Silk (plur. slouk) Dune linéaire, plus ou moins rectiligne, très allongée (parfois plusieurs kilomètres ou même dizaines de kilomètres) dans le sens du vent, à crête vive mais très étroite. Les slouk sont le plus souvent flanqués, du côté sous le vent, par des bras obliques (dune en "crête de coq" ou "en gerbe") dus à la turbulence du flux transporteur ou à l'effet d'un vent secondaire.	D O O' G	
4371	Ghourd (plur. oghroud) Dune pyramidale, étoilée, dominante, formée par la convergence de siouf.	D	
4381	Chaudron (ghorfa) Dépression et cuvette de déflation par tourbillon, encadrée par des siouf sur le flanc d'un ghourd.	D	
4391	Dune parabolique Dune en croissant à concavité tournée au vent (à l'inverse de la barkhane). Forme de déflation-accumulation : le matériel extrait en amont est accumulé en aval en bourrelet sous le vent. Surtout fréquente sur les littoraux à partir du remaniement de dunes vêtues.	D O G V	
5000	**ASSEMBLAGES DUNAIRES**	P123	
5003	Champ de dunes (indifférenciées), nues ou couvertes de végétation ("dunes vêtues").	D	
5013	Dunes longitudinales Alignées ou en échelons dans le sens du vent.	D O G	
5023	Dunes transversales Alignées perpendiculairement au vent.	D O G	
5033	Dunes réticulées Réseau de dunes disposées selon deux directions.	D O O' G	
5043	Cordons, vagues de dunes transversales	D O G	

Code	Taxons	Descripteurs	Figuré
5053	**Bras (draa) et couloirs (feidj, gassi)** Alignements (plusieurs dizaines, voire centaines de kilomètres) de dunes longitudinales ou de slouk ("draa") séparés par des couloirs interdunaires sableux ("feidj") ou rocheux ("gassi") plus ou moins encroûtés.	D O	
5063	**Aklé** Assemblage de dunes basses, denses, confuses, transversales, barkhanoïdes ou réticulées.	D	
5073	**Erg (edeyen, nefoud, koum)** Massif de dunes épais, étendu (jusqu'à 10^5 km^2) formé d'édifices sableux de divers types (notamment d'oghroud) aux formes stables mais au matériel très mobile (relais de sable en transit).	D	

DOMAINES GEOMORPHOLOGIQUES

Ce sont les "systèmes morphogéniques" qui déterminent le "modelé" d'une région. Mais un système morphogénique donné agit rarement seul sur un espace géographique quelque peu étendu. On reconnaît en général dans la morphologie d'un tel espace l'action simultanée ou/et successive, sous le contrôle d'un facteur ou d'un groupe de facteurs dominant, de plusieurs de ces systèmes et la cohabitation de plusieurs familles de formes. Ces combinaisons permettent d'identifier divers "domaines géomorphologiques", cadres territoriaux dotés de caractères morphologiques polygéniques dans un ensemble physionomique original. Les uns portent la marque d'une entité géologique ou topographique : lithologique (domaine karstique, GEO 1), structurale (domaine des socles, GEO 2), géodynamique (domaine volcanique, GEO 3), hypsométrique (domaine des hautes montagnes, GEO 4). D'autres l'empreinte d'un régime climatique particulier : déficience en eau et prépondérance du vent (domaine aride, GEO 5), chaleur et humidité dominantes (domaine tropical, GEO 6). Le domaine littoral (GEO 7), tout à fait singulier, se distingue par sa situation d'interface et son ubiquité.

REPERAGE DU TAXON

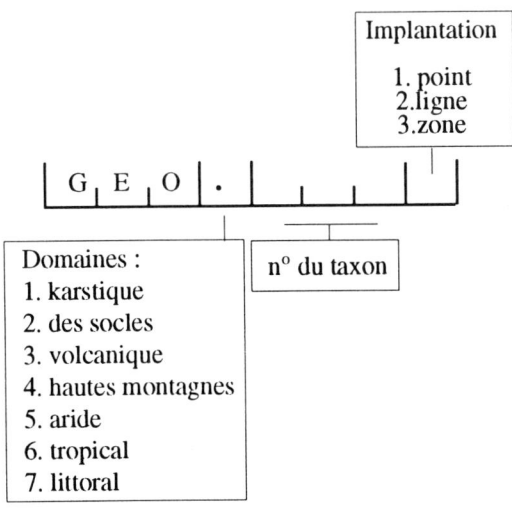

DOMAINE KARSTIQUE

*Avec la collaboration de J.Nicod, professeur honoraire à l'Université d'Aix-Marseille II,
et de la Commission du Karst du Comité national de Géographie*

Le domaine karstique est caractérisé par une morphologie issue essentiellement des processus de dissolution par l'eau circulant dans les vides et les interstices des roches. Il concerne principalement les roches carbonatées, calcaires ($Ca\ CO_3$) et dolomitiques ($Ca\ Mg\ (CO_3)_2$). Mais il englobe aussi certaines roches solubles non calcaires comme le gypse ($Ca\ SO_4\ 2H_2O$) ou le sel ($Na\ Cl$). La morphologie karstique comprend une très grande variété de formes spécifiques de toutes dimensions, les unes superficielles (exokarst), les autres souterraines (endokarst). D'autres résultent de combinaisons avec des processus non karstiques (tectoniques, fluviatiles, nivo-glaciaires, littoraux, anthropiques). Etroitement dépendante de l'abondance et de la circulation de l'eau, la morphologie karstique se diversifie beaucoup en fonction des climats, depuis le karst à peine amorcé (ou hérité) des régions sèches jusqu'au karst hyperévolué des régions humides intertropicales.

Les formes et formations karstiques sont représentées dans une couleur conventionnelle réservée à l'action des eaux souterraines (P569). Toutefois, dans le cas d'une cartographie exclusivement consacrée au karst, des couleurs spécifiques peuvent être adoptées, séparant, par exemple, les formes de surface (bleu P569) et les formes souterraines (rouge P185), ou toute autre combinaison convenable. De même, en ce qui concerne l'endokarst et l'hydrologie, des signes complémentaires peuvent être inspirés par ceux utilisés sur les cartes hydrogéologiques du BRGM au 1: 50 000.

DESCRIPTEURS

Q. débit moyen (d'une source, d'un cours d'eau) en mètres cubes ou en litres par seconde
D. dénivellation topographique (ou profondeur) en mètres
L. dimension linéaire (longueur ou largeur d'un couloir, d'une dépression, ...) en mètres
Ø. diamètre (d'une doline, d'un relief,...) en mètres
G. granulométrie

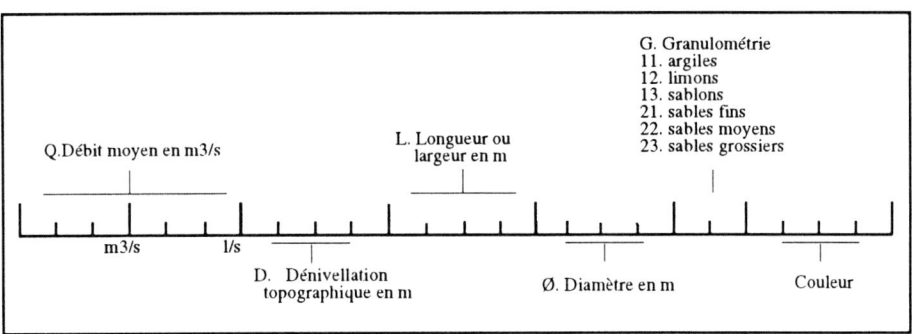

DOMAINE KARSTIQUE

Code	Taxons	Descripteurs	Figuré
1000	**HYDROLOGIE KARSTIQUE** L'eau qui circule dans les pores et les fissures des roches carbonatées prend en charge dissoute les cations Ca: $$CaCO_3 + H_2O + CO_2 = Ca (CO_3H)_2$$ dans des proportions variables en fonction du débit et de la concentration en CO_2 de l'écoulement. C'est cette déperdition de matière mise en solution qui est à l'origine de la plupart des phénomènes caractéristiques de la morphologie karstique.	P569	
1002	Cours d'eau pérenne Cours d'eau à débit permanent.	P306 L Q	
1012	Cours d'eau intermittent ou occasionnel Cours d'eau à écoulement périodique (par exemple saisonnier) ou exceptionnel.	L	
1022	Chenal abandonné	L	
1100	Ecoulement karstique souterrain En pays calcaire, des eaux circulent librement ou sous pression dans les fissures plus ou moins élargies des roches et s'organisent, parfois sur de très longues distances, en véritables réseaux d'écoulement souterrains. *Ces réseaux, pas toujours entièrement reconnus, peuvent être utilement signalés, notamment sur les cartes à petite échelle.*	P569	
1112	Ecoulement souterrain reconnu	L	
1122	Ecoulement souterrain supposé		
1133	Limite de bassin-versant souterrain Limite de réception des eaux d'un réseau d'écoulement interne, indépendamment du réseau de surface apparent.		

Code	Taxons	Descripteurs	Figuré
1201	**Perte** Disparition totale ou partielle d'un écoulement de surface par engouffrement dans les fissures des roches.	P569 Q	▼
1213	*Peut être combiné avec 1002, 1012, 1112 ou 1122.*		
1221	**Source karstique** En pays calcaire, exutoire d'un réseau collecteur souterrain.	Q	
1231	Source karstique temporaire		
1241	Exsurgence Source karstique alimentée par les eaux d'infiltration ou de condensation internes.	Q	E
1251	Résurgence Réapparition à l'air libre d'un cours d'eau après un parcours souterrain.	Q	R
1261	Source captée Source aménagée et équipée pour l'alimentation en eau ou l'irrigation.	Q cadre noir	◉
1271	Source vauclusienne Exutoire d'un réseau d'écoulement souterrain par l'intermédiaire d'un siphon (2221) et d'une vasque (2231) qui contribuent à en régulariser le débit.	Q	
1301	Puits à neige Fissure ou puits où la neige s'accumule en hiver.		*
1311	Glacier souterrain Accumulation permanente de neige transformée en glace dans une cavité karstique.	P265	G

Code	Taxons	Descripteurs	Figuré
2000	**FORMES KARSTIQUES PRO-FONDES (ENDOKARST)** Il s'agit des formes développées dans la masse rocheuse par l'évolution des conduits souterrains, et raccordées ou non à la surface par des ouvertures ou des exutoires. *Dans le cas d'une cartographie spécifique du karst ce sont ces formes qu'il conviendrait de distinguer par une couleur particulière (P185 par exemple).*	P569	
2001	Aven Puits ou fissure verticale béante, d'ouverture métrique à décamétrique, agrandis par dissolution, éboulements, etc...	Q Ø	
2011	Gouffre Aven profond et de grande taille.	Q Ø	
2021	Aven (ou gouffre) ouvert sur un réseau souterrain Système d'absorption des eaux superficielles et d'alimentation de la circulation souterraine.		
2031	Ponor Orifice absorbant situé dans une doline (3311) ou un poljé (3553), dans lequel disparaissent les eaux superficielles.	Q D Ø	
2041	Estavelle, ou inversac Ponor fonctionnant alternativement comme absorbant ou émissif.	Q D Ø	
2051	Ponor aménagé Equipé et contrôlé.	Q D Ø cadre noir	
2101	Grotte, ou caverne Cavité souterraine de grande taille, ouverte au flanc d'un versant.	L	
2111	Grotte ornée Avec présence de revêtements et/ou de concré-tions de calcite sur les parois, le plafond et le plancher.		

Code	Taxons	Descripteurs	Figuré
2121	Stalagtite Concrétion de calcite en pendeloque ou en draperie, provenant de l'exsudation des eaux saturées en carbonates à la voûte ou sur les parois d'une cavité souterraine.	P569	
2131	Stalagmite Concrétion de calcite en forme de colonne ou de pilier, édifiée sur le plancher d'une cavité souterraine par la chute de gouttes d'eau saturées en carbonates.		
2141	Grotte-émergence Grotte ouverte sur un versant et servant d'issue à un réseau souterrain.	Q	
2151	Grotte-émergence permanente		
2161	Grotte-émergence temporaire		
2171	Grotte-perte Grotte servant d'entrée à un cours d'eau pour un parcours souterrain.		
2202	Galerie souterraine Conduit subhorizontal, sec ou en charge, élargi par dissolution et aménagé par l'érosion d'une rivière souterraine.	L Ø	
2213	Gours Petits bassins décimétriques à métriques, à rebords constitués par des concrétions de calcite, en bordure d'un chenal souterrain.	Ø	
2221	Siphon Conduit recourbé en U, en charge, noyé et sous pression.	Ø	
2231	Vasque Bassin terminal exutoire d'un réseau souterrain, extrémité ascendante d'un siphon ou réceptacle des eaux d'une résurgence.	Q D Ø	

Code	Taxons	Descripteurs	Figuré
3000	**FORMES KARSTIQUES DE SURFACE (EXOKARST)** Formes dûes aux processus géodynamiques externes appliqués au cas particulier des roches solubles, principalement calcaires.	P569	
3003	Surface karstifiée (indifférenciée) Surface caractérisée par la présence généralisée de formes karstiques superficielles.	P569	
3100	**Microformes** Formes de petite taille, centimétriques à décimétriques, isolées ou groupées, affectant les surfaces, parois ou cailloux exposés à une condensation fréquente ou prolongée de l'eau atmosphérique. *Les signes proposés ci-dessous sont destinés aux cartes à petite échelle ; ils doivent s'interpréter comme "présence de....". Sur les cartes à plus grande échelle, ils peuvent éventuellement être développés sous forme de poncifs en implantation zonale.*	P569	
3113	Cannelures Stries ou sillons allongés et peu profonds dus à la stratification, au râclage glaciaire ou à la corrasion éolienne et accentués par la dissolution.		
3123	Microméandres Rainures sinueuses, rigoles de dissolution créées par des microécoulements sur une surface inclinée ou convexe.		
3133	Kamenitsas Petites cuvettes ou cupules de dissolution sur une surface rocheuse calcaire.		
3143	Perforations Cupules ou trous d'origine chimique ou biochimique, dispersés sur une surface ou une paroi.		

Code	Taxons	Descripteurs	Figuré
3150	**Cailloux karstifiés** Cailloux isolés et demi-enterrés, soumis à d'importantes condensations nocturnes ou saisonnières (domaine aride, ou périglaciaire) et présentant sur leur face exposée des microformes de dissolution différentielle.	P569	
3151	Vermiculations Enchevêtrement de microlapiés en forme de traces de vers.		
3161	Guillochages Exploitation par la dissolution des micro-fissures de la roche, donnant des sillons plus ou moins creux et se recoupant en forme de croûte de pain.		
3171	Colonnettes Petits pinacles résiduels laissés par l'évidement de microplages de dissolution sur la surface exposée d'un caillou calcaire.		
3200	**Formes métriques**	P569	
3203	Lapiés (lapiez ; lapiaz) Crêtes séparées par des rainures de dissolution plus ou moins espacées, de profondeur centimétrique à métrique.	D	
3213	Lapiés à crêtes aigües		
3223	Lapiés à crêtes arrondies		
3233	Champ de lapiés (rascles ; arres ; karren) Groupement de lapiés en formation plus ou moins dense.	D	
3243	Dalles (pavements ; schichttreppenkarst) Tables ou marches d'escalier lapiasées montrant la roche à nu.	D	

Code	Taxons	Descripteurs	Figuré
3253	Lapiés couverts (crypto-lapiés) Lapiés généralement à crêtes arrondies, masqués par une couverture d'altérites ou de formations superficielles allogènes.	P569 D G de la couverture	
3263	Tsingy Mégalapiés en lames aux formes aiguisées.	D	
3273	Rundkarren Mégalapiés aux formes émoussées.	D	
3283	Lapiés démantelés Lapiés altérés, cassés ou sectionnés par érosion.		
3291	Bloc perché Bloc allogène témoin d'une couverture démantelée, isolé et perché sur une crête ou un pinacle épargnés par la dissolution.	D	
3300	**Formes en creux, déca à hecto-métriques**	P569	
3303	Zone d'absorption diffuse Zone d'infiltration par des fissures multiples.		
3311	Doline Dépression fermée, circulaire ou elliptique, créée par dissolution et soutirage dans une zone d'absorption de l'eau ou d'accumulation de la neige. *Les signes ponctuels proposés ci-dessous et destinés aux cartes à petite échelle peuvent être modulés, sur les cartes à grande échelle, en forme et en dimension, en fonction de la topographie réelle du terrain.*	D Ø	
3321	Doline à fond rocheux	sur LIT	
3331	Doline à fond couvert Fond tapissé d'altérites et de colluvions.	sur FSU G	

Code	Taxons	Descripteurs	Figuré
3341	**Doline évasée** Doline en cuvette, aux versants en pente adoucie par le ruissellement.	P569	
3351	**Doline en baquet** Doline à fond plat et bords raides.		
3361	**Doline dissymétrique** Opposition d'un bord abrupt et d'un bord doux.		
3371	**Doline en entonnoir** Doline creuse, façonnée à la fois par la dissolution et par le soutirage, avec souvent un orifice au centre.		
3381	Doline à contour incertain		
3391	Cockpit Doline étoilée, très creuse, en nid de poule, fréquente dans les régions chaudes, humides et forestières.	D Ø	
3403	Champ de dolines		
3410	Doline-lac Lac installé dans le creux d'une doline.		
3413	Doline-lac pérenne	contours P569 eaux P306 D Ø	
3423	Doline-lac temporaire		
3433	Tourbière	épaisseur	
3441	Puits de suffosion Puits formé par soutirage en fonction d'un écoulement hypodermique ou souterrain peu profond.	D	

Code	Taxons	Descripteurs	Figuré
3451	**Puits d'effondrement** Puits créé par l'effondrement du toit d'une cavité ou d'une galerie souterraine.	P569 D	
3463	**Entonnoirs coalescents** Semis d'entonnoirs jointifs, principalement développés dans le karst du gypse.		
3471	**Niche ou cuvette nivo-karstique** Creux aménagé par l'eau de fonte, froide et riche en CO_2 dissous, d'une congère.		
3481	**Niche ou cuvette glacio-karstique** Creux karstique occupé par un névé et aménagé par les eaux et les mouvements sous-glaciaires et par la gélifraction supraglaciaire.		
3491	**Lavogne** Petite dépression karstique ou artificielle à fond argileux, aménagée pour retenir l'eau de pluie et servir d'abreuvoir aux troupeaux.	noir	
3503	**Ouvala** Dépression formée par la coalescence de plusieurs dolines.	P569 D L	
3513	**Ouvala à dolines emboîtées** *Combinaison de 3503 avec 3311-3371.*	D L	
3523	**Ouvala aux contours peu marqués**	D L	
3533	**Poljé** Dépression fermée hecto à kilométrique, à fond plat ou peu accidenté, parcourue par un ou plusieurs cours d'eau qui disparaissent dans des ponors, tapissée de formations de décarbonatation et/ou de colluvions, et souvent inondée temporairement par obstruction des ponors ou dégorgement des estivelles.	D L	
3563	**Poljé avec contour de corrosion** Avec rives aménagées par érosion hydrochimique.	D L	

Code	Taxons	Descripteurs	Figuré
3600	**Formes en relief**	P569	
3601	Hum Relief résiduel en forme de pyramide, situé à l'intersection de plusieurs dolines. *Les signes ponctuels ci-dessous peuvent être adaptés aux contours réels de reliefs de plus grande taille.*	D Ø	
3611	Hum en piton (kegel ; mogote) Relief en forme de cône étroit et pointu, fréquent dans les karsts tropicaux.	D	
3621	Hum à sommet plat (tourelle; turm)	D	
3631	Hum à arêtes Flancs en arêtes divergentes.	D	
3641	Hum à degrés Versants en marches d'escalier.	D	
3653	Coupole (kuppen) Relief à base large et à sommet convexe.	D Ø	
3663	Coupole à encoche basale Avec rainure d'altération hydrochimique ou d'érosion marine.		
3673	Karst ruiniforme Modelé aux formes architecturales. Caractérise surtout les massifs calcaires dolomitiques des régions tempérées.		
3683	Karst à tourelles (kegelkarst ; turmkarst) Modelé en pitons et tourelles troués de grottes et de tunnels, et séparés par des dolines très creuses (cockpits).		

Code	Taxons	Descripteurs	Figuré
3700	**Formes isolées**	P569	
3702	Fente béante, faille ouverte Exploitation d'une fracture tectonique.		
3713	Couloir (bogaz) Dépression fermée, étroite et allongée.	D L	
3723	Dos de baleine Relief bas à surface convexe.	D	
3731	Pinacle, chicot, aiguille ruiniforme Relief étroit et pointu.	D	
3741	Chevrons		
3751	Abri sous roche		
3761	Arche		
3771	Pont naturel		
3782	Petit escarpement karstique Structural ou d'érosion.	D	
3800	**Dépôts résiduels et paléokarsts**	P569	
3803	Karst fossile (paléokarst) Karst ancien inclus dans une série sédimentaire, puis exhumé par une érosion récente.		
3813	Karst couvert Surface karstique enfouie sous une couverture d'altérites ou/et sous une formation détritique allogène.	G	

Code	Taxons	Descripteurs	Figuré
3823	Colmatage karstique (terra rossa ; terre de causse) Formation résiduelle d'altération et/ou colluviale argilo-limoneuse remplissant une dépression du karst.	P569 G	
3832	Fente ou diaclase corrodée		
3843	Fissure bouchée (par la terra rossa)	G	
3851	Poche de sol Concentration de sol (fersiallitique,....) dans une cavité ou une dépression creuse, avec formation fréquente de concrétions métalliques (Fe = fer, Al = bauxite,....).	D type de sol	
4000	**FORMES MIXTES FLUVIO - KARSTIQUES** Formes créées ou aménagées en milieu karstique par la dynamique des eaux courantes.	P569	
4010	Vallée sèche Vallée créée par un cours d'eau qui a disparu par infiltration ou par engouffrement.	L	
4013	Vallée sèche en V		
4023	Vallée sèche en berceau		
4033	Vallée sèche à fond plat.		
4043	Vallée aveugle Vallée fermée en cul-de-sac en aval, autour d'une perte dans laquelle la rivière disparaît (ou a disparu).	D L	
4053	Reculée Vallée fermée en amont par un amphithéâtre au pied duquel jaillissent de grosses sources.	d D	

Code	Taxons	Descripteurs	Figuré
4060	**Canyon** Vallée karstique étroite et profonde creusée dans un massif calcaire par un cours d'eau allogène ou par l'effondrement du toit d'une galerie souterraine.	P569 D	
4063	D < x m		
4073	D > x m		
4083	**Doline ouverte** Doline raccordée au réseau général des vallées.	D Ø	
4093	**Poljé ouvert** Poljé raccordé au réseau général des vallées.	D L	
4103	**Cône rocheux** Cône d'épandage ou de transit, nu ou plus ou moins privé de matériel détritique ou d'altération.	P569 sur LIT	
4113	**Travertin** Dépôt calcaire, compact ou vacuolaire, formé à l'émergence d'une source karstique, sur les bords d'un cours d'eau ou sur la paroi d'une cascade, par précipitation du Ca CO_3 des eaux sursaturées sur un tapis de plantes ou de débris végétaux (cf. LIT 3521).	P569	
4121	**Dépôt ponctuel de travertin (source)** *A combiner avec 1221 à 1251.*		
4133	**Dépôt de travertin en balcon** Sur les rives d'un cours d'eau ou sur un seuil du lit fluvial.		
4141	**Dépôt ponctuel de travertin (cascade)** Construit par l'eau de chute dans la vasque basale d'une cascade et/ou par les embruns sur les rives et les parois.		

DOMAINE DES SOCLES

Avec la collaboration de la Commission des Socles du Comité national de Géographie

On désigne sous le nom de "socle" un ensemble lithologique et structural composé de terrains anciens (plus de 200Ma), plissés ou non, généralement (mais pas toujours) métamorphisés et souvent granitisés, formant un bloc rigide recoupé par une (ou plusieurs) surface(s) d'érosion pouvant supporter localement, en discordance, une couverture sédimentaire ou volcanique. Un "massif ancien" est une unité tectonique et morphologique formée par une portion de socle portée en altitude par une déformation épéirogénique ou par des accidents cassants. Socles et massifs anciens constituent un domaine morphologique particulier dans lequel l'érosion différentielle s'est exercée et s'exerce encore, à différentes échelles et pendant un temps plus ou moins long, sur un matériel rocheux très varié, en y créant des formes de relief plus ou moins originales selon la lithologie, l'ambiance climatique, les processus en action et la durée de l'évolution.

Les taxons proposés ci-dessous concernent essentiellement le domaine des socles. Les couleurs employées pour la lithologie permettent de différencier les grands groupes de roches des socles : plutoniques (P211), métamorphiques (P224), volcaniques (P021), sédimentaires (P680). Les formes majeures et les formes structurales non imputables à un système morphogénique particulier sont représentées dans une couleur neutre brun foncé (P470). Les autres couleurs sont celles des différents systèmes impliqués.

DESCRIPTEURS

z. altitude en mètres
D.dénivellation topographique (ou profondeur) en mètres
G.granulométrie
O.orientation de 0 à 360°/NG
∅. diamètre en mètres d'un dôme, d'une dépression, d'une alvéole....
α. pente topographique en degrés.

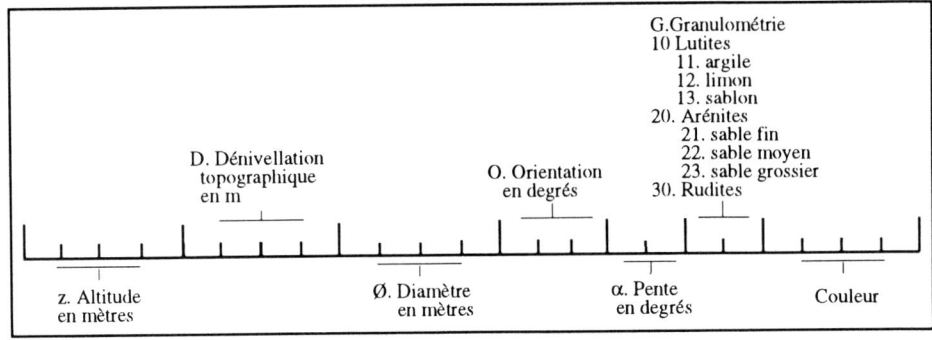

DOMAINE DES SOCLES

Code	Taxons	Descripteurs	Figuré
1000	**LITHOLOGIE** Les roches des socles sont très variées et leur rôle géomorphologique est fondamental. Elles sont classées ici en fonction de leurs propriétés essentielles à cet égard : mode de gisement, texture et composition minéralogique. *Selon l'échelle ou le degré de détail auquel on veut parvenir, on utilisera les couleurs seules ou les figurés zonaux en négatif sur les couleurs ou les indices-lettres en surcharge en gris.*		
1003	**Roches massives** Disposées en massifs puissants, peu différenciés mais plus ou moins abondamment fissurés (diaclases ou failles). Roches de profondeur (plutonites) ou de métamorphisme profond (catazone). Texture grenue.	P211	P211
1013	Série quartzofeldspathique	négatif sur P211	
1011	Granite		γ'
1021	Granite porphyroïde		γ'
1031	Granite à deux micas		γ''
1041	Granodiorite		$\gamma\eta$
1053	Série feldspathique	négatif sur P211	
1051	Syénite		ς
1061	Diorite		η

Code	Taxons	Descripteurs	Figuré
1071	Gabbro		θ
1083	<u>Série ultrabasique</u>	négatif sur P211	
1081	Péridotite		σ
1091	Amphibolite		σ'
1113	<u>Série migmatitique</u> Roches d'anatexie (anatexites) à foliation peu marquée ou confuse, composition granitique et texture grenue.	P224	P224
1123	Gneiss *(en figuré zonal)*	négatif sur P224	
1121	Gneiss *(en indice)*		ζ
1131	Gneiss lité		ζ'
1141	Gneiss oeillé		ζ''
1151	Gneiss granitoïde		$\zeta\gamma$
1163	Granite d'anatexie *(en figuré zonal)*	négatif sur P224	
1161	Granite d'anatexie *(en indice)*		γ^Λ
1171	Leptynite		Λ

Code	Taxons	Descripteurs	Figuré
1203	**Roches de contact et roches intrusives** Situées à la périphérie des massifs, au contact des roches enveloppantes ou disposées en couches intrusives plus ou moins ramifiées (laccolites, filons, dykes, sills). Roches de demi-profondeur. Dégagées par l'érosion différentielle, elles déterminent des formes en relief (crêtes, dômes, auréoles).	négatif sur P211 ou P224	
1202	Filons	P211	F
	Texture microgrenue		
1201	Microgranite		$\mu\gamma$
1211	Microdiorite		$\mu\eta$
1221	Microgabbro		$\mu\theta$
	Faciès particuliers		
1231	Aplite		γ_a
1241	Pegmatite		γ_p
1251	Quartz		Q
1261	Mylonite Roche broyée. Brèche tectonique.		M

Code	Taxons	Descripteurs	Figuré
1273	Auréole de métamorphisme	P224	
1281	Schistes tachetés ou noduleux		Φ_t
1291	Cornéennes		ε
1303	**Roches cristallophylliennes** A la fois cristallines et feuilletées, issues du métamorphisme régional (épi et mézozones) des roches sédimentaires dont elles gardent certains caractères (stratification, joints nombreux, variations latérales de faciès, déformations souples). L'érosion exploite les différences de texture, de schistosité et de cristallisation.	P224	P224
1313	Série pélitique	négatif sur P224	
1311	Phyllades		Φ'
1321	Schistes ardoisiers		Φ_a
1331	Schistes à minéraux		Φ_m
1341	Micaschistes		ξ
1353	Série arénacée	négatif sur P224	
1351	Grès quartzitiques		Gq
1361	Quartzites		Γ
1373	Série carbonatée	négatif sur P224	
1371	Calcschistes		χ

Code	Taxons	Descripteurs	Figuré
1381	Marbres et cipolins		μ
1403	**Roches d'épanchement (volcaniques)** Elles ne sont pas spécifiques des socles (cf.GEO 3) mais y sont souvent présentes sous la forme de strates volcano-sédimentaires ou de traces d'appareils volcaniques. Roches effusives (vulcanites). Texture microlitique.	P021	P021
1413	<u>Acides</u>	négatif sur P021	
1411	Rhyolite		ρ
1421	Trachyte		τ
1433	<u>"Intemédiaires"</u>	négatif sur P021	
1431	Phonolite		φ
1441	Andésites		α
1453	<u>Basiques</u>	négatif sur P021	
1451	Basaltes		β
1503	**Roches sédimentaires** Elles font fréquemment partie des socles au point de constituer des unités entières en couverture ou en racines de plis dans les vieux boucliers et dans les chaînes anciennes Ce sont des roches stratifiées, non ou peu métamorphisées, compactes, où l'érosion différentielle crée des reliefs structuraux en roches dures : cuestas, formes résiduelles, reliefs appalachiens.	P680	P680

Code	Taxons	Descripteurs	Figuré
1513	<u>Série pélitique</u>	négatif sur P680	
1511	Argilites (shales)		Ar
1521	Schistes		S
1531	Schistes ardoisiers		Sa
1541	Schistes houillers		Sh
1603	<u>Série détritique</u>	négatif sur P680	
1601	Arkose		Ak
1611	Grauwacke		Gw
1621	Grès		G
1631	Grès quartzeux		G'
1641	Grès à dragées		Gd
1653	Conglomérats	négatif sur P680	
1663	<u>Série carbonatée</u>	négatif sur P680	
1661	Calcaires		C

Code	Taxons	Descripteurs	Figuré
1671	Calcaire dolomitique		Cd
1681	Dolomie		D
2000	**FORMES MAJEURES** Formes bien définies sur les cartes à petite échelle (1:250 000 à 1:1 000 000). Elles expriment la configuration générale du terrain après un très long temps d'évolution.	P470	
2003	Surface structurale	P470	
2013	Surface d'érosion nette	P583	
2023	Surface d'érosion exhumée	P583	
2033	Surface d'érosion dégradée	P583	
2043	Escarpement cyclique Emboîtement de surfaces.	P583 D	
2052	Crête de recoupement aigüe	P470 D	
2062	Crête arrondie (croupe)	P470 D	
2073	Lanières résiduelles	P470 D	
2103	Inselberg de résistance	P470 Z D ∅	
2113	Inselberg de position	P583 H D ∅	

Code	Taxons	Descripteurs	Figuré
3000	**FORMES D'ECHELLE MOYENNE** Formes identifiables sur les cartes à l'échelle de 1:100 000 à 1:250 000.		
3000	**Formes d'incision**	P339	
3003	Ravinement		
3013	Vallon en V		
3023	Vallon en berceau		
3033	Vallon à fond plat		
3043	Replat structural	P470	
3053	Replat d'érosion	P583	
3100	**Formes structurales** Formes directes ou dérivées résultant de l'exploitation à long terme d'un potentiel structural différencié, sans affectation précise à un système géodynamique particulier. *Couleur neutre P470.*		
	Formes tectoniques.	P470	
3103	Escarpement de faille	D O	
3113	Escarpement de ligne de faille	D O	
3122	Discontinuité révélée		

Code	Taxons	Descripteurs	Figuré
3133	Dôme structural	z ∅	
3143	Dôme éventré	∅	
	<u>En structure massive</u>	P470	
3203	Escarpement d'érosion différentielle	D O	
3213	Escarpement monoclinal cristallin en structure foliée		
3223	Voussoir, retombée de voûte		
3233	Butte-témoin de voussoir		
	<u>En structure stratifiée ou litée</u>	P470	
3303	Escarpement aclinal	D O	
3313	Escarpement monoclinal	D O	
3323	Cuesta	D O	
3333	Butte-témoin	D	
	<u>En structure plissée</u>	P470	
3403	Crêt	D O	
3413	Crêt à gradins	D O	

Code	Taxons	Descripteurs	Figuré
3423	Crête appalachienne	Z D	
3433	Crête appalachienne subverticale	D	
3443	Crête appalachienne monoclinale	D	
3500	**Alvéoles et cuvettes** Formes en creux d'altération et d'évacuation hydrochimiques de dimensions déca à hectométriques.	P583	
3503	Alvéole d'altération	D Ø	
3513	Alvéole d'altération empâtée d'altérites	G cf.FSU	
3523	Alvéole d'altération dénudée par récurage	sur fond LIT	
3533	Cuvette structurale	P470 D Ø	
3543	Cuvette structurale avec surface structurale dérivée		
3600	**Formes d'érosion et formes résiduelles**		
3602	Talus d'érosion non différencié	P583 D	
3613	Pédiment Glacis d'érosion ou de dénudation en roche cohérente, dominé par une crête ou un relief en pente raide (GEO 5, 4400)	P583 α sur LIT	
3623	Dos de baleine	P470 D	

Code	Taxons	Descripteurs	Figuré
3633	Demi-orange	P470 D Ø	
3643	Pain de sucre	P470 D	
3653	Dôme de résistance (hartling)	P470 z DØ	
3663	Dôme de position (fernling, monadnock)	P583 z D Ø	
3673	Dôme éventré	P583	
4000	**VERSANTS** Les formes de versants sont des formes à moyenne ou à grande échelle correspondant à un bilan géo-dynamique complexe associant des processus d'altération et d'ablation sélectifs dont l'efficacité différentielle entraîne le développement, soit de formes dans une couverture d'altérites plus ou moins épaisse (formations superficielles, FSU), soit de formes de dénudation. *Les formes et formations associées à un système géodynamique spécifique (SYS) sont traitées dans la couleur correspondant à ce système (fluviatile, glaciaire, périglaciaire, éolien, etc...). Les formes structurales sont en teinte neutre (P470)*		
4000	**Morphographie des versants**	P470	
4003	Versant convexe		
4013	Versant convexo-concave		
4023	Versant convexo-concave avec empâte-ment colluvial	P470 et P583 G	
4033	Versant rectiligne	P470	

Code	Taxons	Descripteurs	Figuré
4043	**Glacis** Terme générique désignant une surface plane inclinée (1 à 10°) : glacis d'érosion, d'épandage, d'accumulation...(GEO 5, 4400)	P583 α	
4053	Plan incliné	P583 α	
4100	**Processus d'altération et de mobilisation**	P583	
4103	Altération chimique		
4113	Fragmentation mécanique		
4123	Désagrégation granulaire		
4131	Gravité		
4141	Reptation		
4151	Fauchage		
4163	Ruissellement diffus		
4173	Solifluxion		
4200	**Versants couverts** *Cf. FSU pour la granulométrie et l'épaisseur de la couverture et cf. SYS pour la dynamique de mise en place et la couleur.*	FSU et SYS	
	Formations autochtones *Figuré granulométrique en quinconce*	P583	
4203	Altérites en place (profil pédologique)	G	

Code	Taxons Descripteurs	Figuré	
4213	Cuirasse (FSU, 8213) Formations déplacées *Figuré granulométrique en vrac avec signes dynamiques en surcharge*	P583	
4223	Altérites déplacées	G	
4233	Altérites déplacées avec litage	G	
4243	Altérites déplacées en lobes superposés	G	
4253	Tablier à blocs	P252	
4263	Head	P252	
4300	**Versants nus ou dénudés** Microformes sur roche nue	P583 sur LIT	
4303	Vasques et cupules		
4313	Cannelures et pseudo-lapiés		
4323	Desquamation		
4333	Taffonis		
4341	Rigole ou ravin		

Code	Taxons	Descripteurs	Figuré
	<u>Formes de déchaussement</u>	P470 sur LIT	
4401	Dalles déchaussées, exfoliation		
4411	Tor Chicot résiduel enraciné, dégagé de son enveloppe d'altérites.	P470	
4421	Tor débité par le gel (périglaciaire)	P252	
4431	Chaos de boules (compayré)	P470	
4443	Champ de boules dispersées	P470	
4442	Petit ressaut rocheux	P470	
4452	Crête filonienne	P470	

DOMAINE VOLCANIQUE

*Avec la collaboration de J.C.Thouret, professeur à l'Université de Clermont-Ferrand II,
et de la Commission de Géomorphologie des terrains volcaniques du Comité national de Géographie*

Les phénomènes volcaniques sont des phénomènes complexes de la géodynamique interne dont les manifestations sont nombreuses et variées. Les plus remarquables sont l'édification des volcans, reliefs formés par l'accumulation autour de bouches éruptives de matériaux issus de la profondeur : laves d'épanchement ou projections pyroclastiques. Les volcans sont des constructions originales qui se superposent aux topographies préexistantes qu'ils masquent plus ou moins complètement (reliefs "postiches"). Leurs formes se différencient en fonction de la nature du matériel émis et de la dynamique des éruptions. Chaque éruption est elle-même une succession de constructions et de destructions dues aux processus volcaniques et sismo-volcaniques en action. Comme les autres reliefs, les reliefs volcaniques se modifient aussi sous l'effet des agents subaériens d'altération, d'ablation, de transport et d'accumulation propres aux systèmes morphodynamiques dans lesquels ils se trouvent. Cependant, formes de construction ou formes de dissection, inversions de relief ou formes de déchaussement, les formes volcaniques demeurent jusqu'à leur disparition complète étroitement dépendantes de la lithologie.

Les formes et formations volcaniques sont représentées sur les cartes en orangé (P021) éventuellement modulé par des trames (P151, P150, P149). L'intervention des autres systèmes morphogéniques est signalée par l'emploi des couleurs propres à ces systèmes (SYS).

DESCRIPTEURS

z. altitude en mètres
D. dénivellation topographique (ou profondeur) en mètres
G. granulométrie
E. épaisseur (d'une couche, d'une formation,...) en mètres
O. orientation, ou sens (d'une coulée, d'une projection,...) de 0 à 360°/NG
Ø. diamètre en mètres d'un dôme, d'une dépression, d'un édifice,
α. pente topographique en degrés (d'un versant, d'un cône,...)

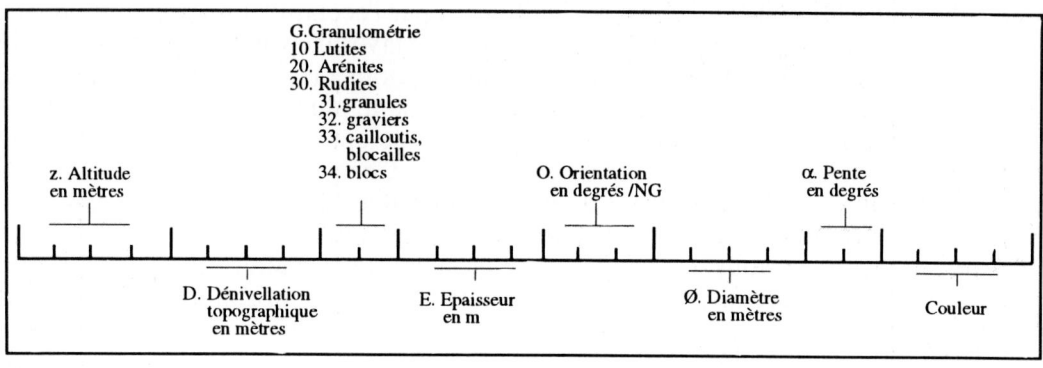

G.Granulométrie
10 Lutites
20. Arénites
30. Rudites
 31.granules
 32. graviers
 33. cailloutis,
 blocailles
34. blocs

z. Altitude
en mètres

O. Orientation
en degrés /NG

α. Pente
en degrés

D. Dénivellation
topographique
en mètres

E. Epaisseur
en m

Ø. Diamètre
en mètres

Couleur

DOMAINE VOLCANIQUE

Code	Taxons	Descripteurs	Figuré
1000	**LITHOLOGIE**		
1100	**Roches volcaniques non frag- mentées (laviques)** Ces roches sont classées en trois groupes selon leur chimisme et leur comportement. *Sur les cartes détaillées ou propres au domaine volcanique, chaque groupe peut être distingué par une modulation de l'orangé (P151, P150, P149), ou par une lettre grecque, ou au besoin par un jeu de couleurs spécifiques.*	P021 P151, P150 ou P149	
1200	Roches basiques plus ou moins fluides Basalte, basalte alcalin, tholéite, néphélinite.		
1203	en implantation zonale	négatif sur P151	
1211	en indice		β
1300	Roches "intermédiaires" plus ou moins visqueuses Andésite, trachyandésite, téphrite, phonolite.		
1303	en implantation zonale	négatif sur P150	
1311	en indice		α
1321	Phonolite		φ
1400	Roches acides, généralement visqueuses (> 56% de SiO_2) Dacite, rhyolite, trachyte	négatif sur P149	
1403	en implantation zonale		
	en indice		
1411	Rhyolite		ρ
1421	Trachyte		τ

Code	Taxons	Decripteurs	Figuré
1503	Roches hypovolcaniques Roches subvolcaniques en complexes intrusifs (syénites, granites, diorites, gabbros,...) formant la racine de grands édifices démantelés, ou dans des calderas anciennes	P151,150 ou 149	 v
1600	**Roches volcaniques fragmentées (pyroclastiques)** *Traitées en poncifs granulométriques ou texturaux en positif (PO21) sur la couleur du groupe, teinte faible. Si la roche est hétérométrique, on utilise la granulométrie (G) de la phase dominante. Si la roche est polylithologique, on utilise la couleur moyenne (PO21).*	positif P021 sur fond P151,P150 ou P149 teinte faible	
1600	<u>Roches meubles</u>		
	Granulométrie		
1603	Pyroclastites non différenciées (téphras)	G	
1613	Blocs > 64mm		
1623	Lapillis de 64 à 2mm		
1633	Cendres < 2mm		
	Texture		
1643	Scories Fragments pyroclastiques, du lapilli au bloc, de texture bulleuse, vésiculée et poreuse (d : 0,8 à 2,1). Composition généralement basaltique ou andésitique. On distingue des scories de projection (sens adopté ici) et des scories de progression (liées aux coulées de lave).		

Code	Taxons	Descripteurs	Figuré
1653	Ponces Pyroclastites acides, vitreuses, bulleuses, poreuses et de très faible densité (d<1).		
1663	Bombes volcaniques Blocs de lave figée après projection, allongés et tordus en fuseau ou en palet, à surface craquelée en croûte de pain.		
1700	<u>Roches consolidées (soudées, indurées)</u> *La lithologie et la texture sont indiquées comme ci-dessus, mais avec une surcharge hachurée, en positif (PO21) sur la couleur de base, teinte faible du groupe originel.*	positif P021sur fond P151,P150 ou P149 teinte faible	
1703	Brèche volcanique	G	
1713	Tuf volcanique Roche pyroclastique indurée mais tendre, composée principalement de cendres et lapilli agglomérés dans une matrice fine. Pour les anglosaxons, un "tuff" est une roche formée d'éléments <2mm.		
1723	Cinérite Cendres consolidées, généralement tendres et poreuses, souvent accumulées et stratifiées dans un marais ou dans un lac.		
2000	**MANIFESTATIONS DE L'ACTIVITE VOLCANIQUE**	P021	
2001	Emissions volcaniques Emissions fréquentes ou quasi-permanentes de produits laviques ou pyroclastiques.		
2013	Lac de lave actif		
2021	Explosions Explosions rythmiques avec éjecta.		

Code	Taxons	Descripteurs	Figuré
2031	Panache de dégazage Avec éjecta fins.	P021	
2041	Fumerolles, solfatare Emissions de vapeur d'eau surchauffée et d'hydrogène sulfuré donnant à l'air libre des dépôts de soufre.		
2051	Geyser Source de vapeur d'eau à jaillissement intermittent avec dépôt périphérique principalement formé de silice (geysérite).		
2061	Source thermale Source minéralisée à température élevée.	P021	
2073	Dépôt hydrothermal	P021	
3000	**FORMES DE CONSTRUCTION**		
3000	**Constructions de lave**		
3100	<u>Coulées et nappes</u>	P021	
3103	Coulée de lave		
3113	Coulée de lave à relief marqué		
3123	Coulée à relief surbaissé ou indécis		
3132	Contour de nappe		
3143	Lac de barrage volcanique	contour P021 lac P306	

Code	Taxons	Descripteurs	Figuré
3200	Etats de surface	P021	
3203	Surface lisse (pahoehoe)		P021
3213	Surface cordée		
3223	Surface rugueuse (aa, cheire, lave à gratons)		
3233	Lave à blocs		
3243	Lave en coussins (pillow lava)		
3300	Microformes sur coulées	P021	
3301	Crête de pression, bombement crevassé, tumulus	D	
3311	Spatter-cône, hornito (cône de scories soudées) Construction plus ou moins cônique, de hauteur métrique, établie sur un évent ou point de dégazage d'une coulée et constituée de fragments laviques, denses ou scoriacés, irréguliers, retombés à l'état "liquide" et incandescent, et soudés entre eux.	D	X
3321	Hornito enraciné		X
3331	Hornito sans racine		X
3343	Chenal et levées		
3353	Tunnel et chenal souterrain	D	

Code	Taxons	Descripteurs	Figuré
3363	Tunnel et chenal souterrain effondré	P021	
3371	Grotte		
3400	<u>Cônes et dômes de lave</u>	P021	
3401	Cône de lave	D Ø	
3411	Dôme de lave Forme globuleuse d'extrusion de lave généralement différenciée, mise en place à l'état visqueux, à l'aspect de bulbe ou d'aiguille à pentes convexes très raides.	D Ø α	
3421	Dôme ou aiguille de protrusion Piton de lave rigide, sans expansion latérale.	D Ø	
3431	Coupole ou dôme surbaissé Dôme exogène dont la lave s'écoule exceptionnellement à partir d'un orifice sommital.	D Ø	
3443	Dôme-coulée Dôme dont l'expansion latérale s'effectue par une coulée de lave courte et raide.	D Ø O	
3451	Cumulo-dôme péléen Dôme endogène à faible ou fort taux d'expansion latérale, dont le nourrissage s'effectue par l'intérieur.	D Ø	
3461	Crypto-dôme Dôme non parvenu en surface, mais décelable par un bombement topographique.	Ø	

222

Code	Taxons	Descripteurs	Figuré
3473	Tablier de brèche d'écoulement syngénétique Dépôt meuble de fragments laviques ou pyroclastiques généralement de grande taille et anguleux, engendrés par fragmentation d'une lave visqueuse, mis en place par désagrégation de la gangue, ou manchon d'un dôme en croissance, ou par effondrement et avalanche sur les flancs très raides et instables d'un appareil.	G O	
3500	**Constructions de pyroclastites**	PO21	
3600	<u>Formes monogéniques (autour d'un cratère)</u>		
3601	Cône de scories ou de lapillis ponceux	D G Ø	
3611	Anneau et cône de tuf	Ø	
3621	Croissant de projections Forme d'accumulation en demi-lune créée par des projections balistiques déposées sous le vent du cratère. Peut aussi provenir de l'ablation partielle d'un anneau de projections par érosion ou par effondrement. Le plus souvent, produit originel d'explosions dirigées à partir d'un conduit oblique.	D G O	
3700	<u>Formations pyroclastiques liées à l'activité explosive violente</u> *Poncifs granulométriques ou figuratifs en positif sur la couleur aplat du groupe lithologique*	P021	
3703	Nappe de retombées aériennes (>1m)	E G	
3713	Nappe d'ignimbrite Ignimbrite est un terme génétique désignant le dépôt (et la mise en place) d'un écoulement pyroclastique dense, riche en ponces, soudé ou non (cf. "tuf volcanique"). Une nappe d'ignimbrite est un dépôt volumineux moulant un paléorelief différencié et noyant les vallées.	E G	

223

Code	Taxons	Descripteurs	Figuré
3723	Nappe d'ignimbrite en inversion de relief	E G	
3733	Nappe déferlante Manteau de cendres, lapillis et blocs mis en place par le souffle d'une explosion dirigée.	E G	
3743	Dépôt d'écoulement pyroclastique canalisé L'écoulement pyroclastique est turbulent et peu chargé en particules. Le dépôt est généralement mince et montre des figures sédimentaires caractéristiques (figures de traction, stratifications entrecroisées, antidunes, ...) *Le sens de l'écoulement est donné par la flèche, l'état du matériel par le figuré granulométrique ou textural.*	G O	
3753	Nuée ardente Terme français désignant un dépôt de coulée pyroclastique à blocs et cendres (type péléen), issu de la croissance et de la destruction d'un dôme.	O	
3763	Nuée retombante Dépôt de coulée de scories provenant de la retombée d'une colonne éruptive élevée (type St-Vincent, 1979, Antilles).	G	
3773	Dépôt de coulée de ponces Ignimbrite s.s.	G	
3783	Dépôt non canalisé d'explosion dirigée Ressemble à un dépôt de déferlante à forte énergie.	G O	
3800	<u>Formes mineures dans les écoulements</u>	P021	
3803	Chenal avec levées		
3813	Dunes, antidunes Figures de sédimentation semblables aux dunes et mises en place par un écoulement pyroclastique turbulent. Le dépôt se fait face au souffle et la crête migre vers la source (évent ou dôme).	G O	

Code	Taxons	Descripteurs	Figuré
3900	**Dépôts et constructions de sédiments volcanoclastiques** A distinguer d'après le mode de fragmentation et le mode de redéposition. Cf. aussi ci-dessous 6000.	P021	
3910	<u>Formations détritiques</u> *Surcharges colorées en positif (P021)*	P021	
3913	Conglomérats à clastes anguleux non triés et hétérométriques	G	
3923	Conglomérats à clastes émoussés plus ou moins triés et homométriques	G	
3933	Tablier d'éboulis de gravité	G α	
3940	<u>Lahars</u> Coulées boueuses de débris volcaniques imbibés par l'eau de pluie ou par la vidange d'un lac ou d'une poche d'eau ou par la fusion d'un glacier. *Figurés granulométriques ou structuraux en positif (P021).*	P021	
3943	Coulée de boue	G O	
3953	Coulée de débris	G O	
3963	Lahar dilué ou dépôt torrentiel chargé	G flèche P339	
3973	Cône construit par des lahars	G	
3983	Cinérite lacustre ou palustre	hachure P285	

Code	Taxons	Descripteurs	Figuré
4000	**FORMES DE DESTRUCTION**	P021	
4000	**Formes de destruction par l'activité volcanique elle-même**		
4100	<u>Cratères</u>	PO21	
4101	Cratère non différencié Dépression plus ou moins évasée, de dimension déca à hectométrique, correspondant à l'ouverture d'une ou plusieurs cheminées volcaniques	D Ø	
4111	Cratère de cône Cratère ouvert au sommet d'un cône de lave ou de pyroclastites.	D Ø	
4121	Cratère de maar Cratère d'explosion ouvert directement dans le substratum.	D Ø	
4131	Cratère en puits (pit-crater) Cratère profond et étroit résultant du retrait de la colonne magmatique sous-jacente et d'un effondrement passif non explosif, caractéristique des magmas très fluides. Ex : au fond d'une caldera hawaïenne ou sur les fissures d'une rift-zone.	D Ø	
4141	Cratère phréatique, ou cratère sans racine Dépression plus ou moins circulaire et profonde, ouverte par une explosion brutale ou une série d'explosions dues à l'expansion de vapeur d'eau surchauffée sans émission de magma.	D Ø	
4151	Cratère égueulé Cratère ébréché par une explosion, une coulée de lave ou un effondrement.	D O Ø	
4161	Cratère-lac Lac établi dans un cratère inactif.	D Ø contour PO21 eau P306	

Code	Taxons	Descripteurs	Figuré
4200	<u>Calderas</u>	P021	
4201	Caldera Dépression ou cratère de dimension kilométrique due à l'explosion ou à l'effondrement de la partie centrale d'un volcan.	D Ø	
4211	Caldera d'explosion et d'effondrement Type Krakatoa, sur strato-volcan préexistant.	D Ø	
4221	Caldera d'effondrement lavique Type Hawaï, sur volcan-bouclier.	D Ø	
4231	Caldera d'effondrement prépondérant Type Valles, effondrement dans le substratum, sans volcan préexistant.	D Ø	
4241	Caldera d'effondrement avec dôme résur-gent	D Ø	
4251	Caldera sur strato-cône Type Vésuve, avec somma, atrio et cône intra-caldera.	D Ø	
4261	Caldera d'avalanche Dépression d'ordre kilométrique en fer à cheval consécutive à l'effondrement et au glissement d'un flanc d'un édifice volcanique déstabilisé par une éruption, un séisme et/ou un mouvement gravi-taire.	D O Ø	
4300	<u>Formes volcano-tectoniques</u>	P021	
4301	Cauldron Grande structure volcano-tectonique plus ou moins fermée (racine de caldera) liée à un effondrement "passif" et au démantèlement accentué d'un grand édifice volcanique.	Ø	

Code	Taxons	Decripteurs	Figuré
4303	Faille ou fissure éruptive Avec alignement de cratères	P021	
4313	Rebord de rift Faille ou faisceau de failles bordières d'un fossé d'effondrement (graben) de dimension régionale, associé à une activité volcanique intense.	P470 D O	
4323	Escarpement de faille	P470 D O	
4331	Glissements Mouvements plus ou moins lents ou rapides de descente en masse de matériaux meubles. Parfois associés à une caldera d'avalanche.	P021	
4343	Glissement en fossé (sector graben)	O	
4353	Glissement en fer à cheval	O	
4400	**Formes d'érosion** Formes liées à l'action polygénique d'agents géodynamiques externes sur un substratum volcanique.		
4500	<u>Formes de dissection</u>	P021	
4502	Barranco Ravin entaillant les pentes non boisées d'un volcan.	P021	
4512	Barranco de ravinement	P339	
4522	Barranco de mouvement de masse	P021	
4532	Vallon d'érosion fluviale	P339	

Code	Taxons	Descripteurs	Figuré
4543	**Planèze** Nappe de lave triangulaire, mise en inversion de relief, par un réseau de vallées rayonnantes.	P021 D	
4553	**Coulée en inversion derelief** Coulée mise en relief par l'incision des vallées adjacentes.	D O	
4563	**Mesa** Table ou butte témoin isolée par le démantèlement d'une coulée ou d'un lac de lave, ou taillée dans un dépôt de lahar ou d'ignimbrite.	D	
4573	**Rebord de cratère**	D	
4583	**Rebord de caldera**	D	
4600	<u>**Formes de déchaussement**</u> Révélation et mise en relief par l'érosion d'une forme volcanique intraformationnelle.	P021	
4603	**Dyke** Lame de lave intrusive verticale ou oblique dégagée en forme de mur par l'érosion.	D α	
4613	**Laccolite** Sill ou lentille de lave intrusive déchaussée et affleurant en section subhorizontale.		
4621	**Neck, culot** Dégagement et mise en relief par l'érosion du remplissage d'une cheminée volcanique.	D Ø	
4631	**Neck bréchique**	D Ø	
4641	**Culot lavique**	D Ø	
4653	**Cauldron déchaussé** Rebord d'un cauldron dégagé par l'érosion.		

Code	Taxons	Descripteurs	Figuré
4663	**Orgues volcaniques** Prismes de retrait dans la lave, apparaissant en section verticale perpendiculairement à la surface ou à la base d'une coulée, ou en gerbe radiale dans les extrusions et les lacs de lave.	P021	
4673	**Chaussée** Champ de prismes affleurant en section subhorizontale.		
4683	**Cheminées de fées** Colonnes résiduelles découpées par l'érosion dans une formation hétérométrique (ignimbrite, lahar) et protégées par des blocs monolitiques.	D	
4700	Formes d'altération et d'évidement	P583	
4701	Poche de dissolution	D	
4711	Poche avec sol résiduel	D	
4723	Manteau d'arène Couverture d'arène sur la lave soumise à la météorisation (sonnenbrener).	G	
4733	Dépression d'altération Dépression façonnée par dissolution et/ou arénisation dans des laves ameublies.	D G Ø	
4741	Neck ou cône évidé	P021 D Ø	
4753	Dyke évidé	D	

Code	Taxons	Descripteurs	Figuré
5000	**CONSTRUCTIONS POLYGENI-QUES** Volcans composés de grande taille (kilométrique à décakilométrique) diversifiés en fonction de l'importance relative des émissions de laves et des phénomènes explosifs. *Sur les cartes à grande échelle, ces formes synthétiques se caractérisent par l'assemblage des formes de détail qui les composent. Sur les cartes à petite échelle, quand leur encombrement est faible, elles peuvent être symbolisées par des figures spécifiques ponctuelles (types de volcans).*	P021	
5001	Volcan hawaïen (volcan bouclier) Volcan effusif à prédominance quasi exclusive de laves très fluides accumulées sous forme de bouclier ou de cône très ouvert aux flancs en faible pente.	D Ø α	
5011	Strato-volcan Volcan composite en cône constitué par l'alternance plus ou moins régulière de couches de lave et de couches pyroclastiques.	D Ø α	
5021	Cône pyroclastique Cône volcanique explosif et rythmique formé essentiellement de pyroclastes.	D G Ø α	
5031	Cumulo-volcan Construction formée de dômes superposés, juxtaposés ou emboîtés, formée de laves visqueuses et de téphras provenant d'explosions violentes.	D Ø	
5041	Volcan "écossais" Ensemble complexe de formes dues à l'effondrement et au démantèlement d'un grand ensemble volcanique. Les structures redressées vers la périphérie de l'édifice sont dégagées par l'érosion en une série de reliefs monoclinaux.	Ø	

Code	Taxons	Descripteurs	Figuré
5053	Trapps Empilement d'épaisseur kilométrique de coulées de laves fissurales très fluides et très étendues formant par érosion des plateaux étagés en marches d'escalier.	E	
5063	Macroformes d'inversion dans les trapps Pyramides, cloisons, etc...		
6000	**MANIFESTATIONS MORPHO-CLIMATIQUES EN MILIEU VOLCANIQUE** Les formes et modelés morphoclimatiques en milieu volcanique sont particuliers mais non spécifiques du volcanisme en général. Il convient de les confronter avec les autres formes et modelés ressortissant des différents systèmes morphogéniques (SYS) et domaines géomorphologiques (GEO) étudiés.		
6003	Colluvions Matériel volcanoclastique colluvionné sur un versant.	G P583	
6013	Encroûtement Revêtement superficiel secondaire, le plus souvent calcaire ou ferrugineux sur un piémont volcanique ou volcanoclastique.	E P583	
6023	Groise volcanique Dépôt de pente formé de gélifracts anguleux hétérométriques provenant de l'éclatement des roches volcaniques par le gel.	G P252	
6032	Couloir d'avalanche Cheminement préférentiel de matériel volcanoclastique entraîné par la neige sur un versant	P252	
6043	Dépôt ou cône d'avalanche Formation mixte de téphras, neige et glace issue d'interactions magma-glace et répandue sur un glacis ou un piémont.	P252	

Code	Taxons	Descripteurs	Figuré
6053	**Nappe de sandr** Epandage proglaciaire provenant d'une débâcle glacio-volcanique liée à une éruption (jökulhlaup).	G P265	
6063	**Ride de brèche (tinda)** Tinda signifie, en Colombie britannique, une ride ou colline allongée formée de débris (hyaloclastites) et de fragments magmatiques vitreux (palagonite), anguleux et hétérométriques, provenant d'éruptions explosives sous/ou intraglaciaires. Ces rides sont plus ou moins déformées par la poussée glaciaire.	G P265	
6073	**Tuya** Terme islandais désignant une "montagne-table" à sommet plat et flancs raides (stapi), d'origine sous/ou intraglaciaire, dégagée par la fonte de la glace, formée de pillow-lavas et de brèches (haloclastites et palagonite) et couronnée par un toit de lave parfois surmonté par un petit cône strombolien.	P265	
6083	**Moberg** Dépôt de brèches de hyaloclastites sous/ou intraglaciaire.	P265	
7000	**FORMES PSEUDOVOLCANIQUES** Formes ayant l'apparence extérieure de volcans (édifice cônique, cratère,...), mais adventices ou étrangères à l'activité volcanique proprement dite.		
7001	**Cratère météorique (astroblème)** Dépression circulaire créée par l'impact de la chute d'une météorite	P470 Ø	
7011	**"Volcan de boue"** Cône très aplati formé par l'accumulation de boue liquide provenant de roches argileuses projetée par des venues gazeuses.	P470	

DOMAINE DES HAUTES MONTAGNES

Avec la collaboration de M.Chardon, professeur à l'Institut de Géographie alpine, Université de Grenoble I

La haute montagne, c'est avant tout un relief, considérable par son volume, ses altitudes élevées, ses puissantes dénivellations, ses fortes pentes. C'est aussi un domaine souvent complexe, où l'on trouve la plupart des formes structurales (FST). C'est enfin un ensemble original qui perturbe les conditions bioclimatiques zonales en provoquant une diminution de la température avec l'altitude, une modification de la répartition et de l'intensité des précipitations et des vents, et un étagement de la végétation. Cette situation crée selon les lieux des combinaisons géodynamiques variées, tantôt juxtaposées (en fonction de la topographie, de la structure ou de l'orientation), tantôt superposées (en fonction de l'étagement), tantôt héritées (en fonction de l'évolution régionale). D'une manière générale, tous les systèmes géodynamiques (SYS) peuvent se rencontrer en montagne, depuis le système fluvial jusqu'au périglaciaire et au glaciaire. Le système nivo-glaciaire est seulement plus étendu et plus bas en altitude dans les haute latitudes, plus réduit et plus haut dans les régions intertropicales.

Les taxons cartographiques proposés ci-dessous concernent essentiellement la très haute montagne, rocheuse et/ou englacée. Les couleurs employées sont celles des différents systèmes impliqués : fluvial (P306 et P339), périglaciaire (P252), glaciaire (P265) et structural (P470).

DESCRIPTEURS

    z. altitude en mètres
    D. dénivellation topographique (ou profondeur) en mètres
    α. pente topographique en degrés
    G. granulométrie
    O. orientation de 0 à 360° / NG
    V. ype de végétation : A. arborescente ; B. buissonnante ; H. herbacée

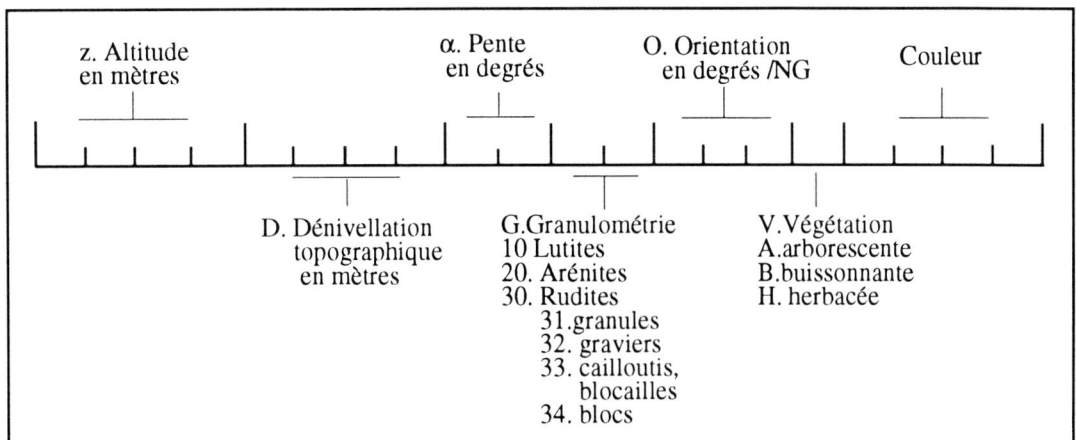

DOMAINE DES HAUTES MONTAGNES

Code	Taxons	Descripteurs	Figuré
1000	**HAUTE MONTAGNE ENGLACEE** (cf.SYS 3)		
1100	**Glace et glaciers**		
1103	Glace de glacier	blanc	
1112	Limite de l'enneigement persistant Limite inférieure de l'aire constamment recouverte par la neige.	P265 z	
1122	Limite de glace froide Glace non soumise à la fusion (toujours < 0°).	P265 z	
1132	Limite de glacier actuel	P306	
1143	Glacier de paroi Couches de glace plaquées sur une face rocheuse en forte pente.	P306 α O	
1203	Surface toujours verglacée	P306 α O	
1213	Névé pérenne (glacier de cirque) Cuvette d'accumulation et de tassement de la neige : profil concave.	P306	
1223	Rimaye Crevasse marginale entre la glace d'un névé et la paroi rocheuse ("mur de rimaye") qui le domine. Amorce du mouvement de la glace vers l'aval.	P265	
1233	Langue glaciaire Glacier de vallée. Zone d'écoulement et de fusion de la glace ; profil convexe.	P306	

237

Code	Taxons	Descripteurs	Figuré
1243	**Front de glacier** Extrémité d'une langue ou d'un lobe glaciaire.	P306	
1253	**Crevasses, séracs** Fentes et blocs de glace sur un glacier en mouvement accéléré sur une pente.	P306	
1261	**Chutes fréquentes de glace ou de séracs** Chute de blocs de glace à la surface du glacier.	P265	
1301	**Avalanche** Glissement ou chute par gravité d'une masse volumineuse de neige ou de glace pouvant entraîner des matériaux pris sur le versant.		
1311	Avalanche de glace et de neige En avant du front ou du flanc d'un glacier.		
1321	Avalanche de fond En masse boueuse glissant sur le versant.		
1331	Avalanche de neige poudreuse En coulée sur un versant.		
1400	**Morphologie glaciaire** (Cf. SYS 3)	P265	
1410	Cirque glaciaire Dépression en "fauteuil" ou en "van" dominée par une paroi raide ("mur de rimaye").	D O	
1413	D < x m		
1423	D > x m		
1433	Cirques emboîtés		

Code	Taxons	Descripteurs	Figuré
1441	Pyramide ou horn Sommet en trièdre dû au recoupement de plusieurs cirques.	P265 z D	
1500	Auge glaciaire Ancien lit glaciaire, à profil transversal en U (fond plat et versants raides), façonné par l'écoulement d'une langue de glace.	D	
1513	D < x m	D	
1523	D > x m	D	
1533	Epaulement Replat, rebord de l'ancien lit glaciaire, dominant et recoupant le versant d'une auge.	D	
1543	Vallée suspendue Vallée affluente perchée au-dessus de la paroi d'une auge, et éventuellement raccordée par une cascade ou une gorge.	D	
1553	Ombilic Dépression de surcreusement glaciaire limitée en aval par une contre-pente et ultérieurement occupée par un lac, ou remplie d'alluvions et transformée en plaine.	D = profondeur ou surcreusement	
1563	Verrou Saillie rocheuse barrant une vallée glaciaire.	D	
1573	Encoche de verrou Gorge ou entaille aménagée dans un verrou par les eaux sous-glaciaires, puis occupée par les eaux superficielles.		
1583	Encoche latérale Gorge ou vallon taillé parallèlement à l'auge glaciaire par les torrents sous ou juxtaglaciaires.		

Code	Taxons	Descripteurs	Figuré
1593	**Seuil ou col de diffluence** Forme héritée située sur un interfluve rocheux façonné par une branche divergente d'un glacier.	P265 z D	
1603	**Lac de surcreusement glaciaire** Lac de cirque ou d'ombilic, limité en aval par une contre-pente.	D = profondeur contours P265 eaux P306	
1613	**Lac d'obturation** Lac de barrage d'un cours d'eau par un glacier ou une moraine.		
2000	**HAUTE MONTAGNE ROCHEUSE ET EMPIERREE**		
2002	**Crête d'intersection aiguë** Crête de recoupement de deux versants contigus et opposés, supraglaciaires ou périglaciaires.	P470 z D	
2011	**Aiguille (tour, clocheton, gendarme, chicot)** Relief résiduel, métrique à décamétrique, accidentant une crête ou un versant.	P470 D	
2023	**Paroi (face, dièdres, vires et surplombs)** Versant raide (> 35°), accidenté de formes topographiques mineures, métriques à décamétriques, d'érosion ou structurales.	P470	
2033	**Glacier noir, enterré** Glacier recouvert et protégé par les matériaux qu'il transporte ou qu'il contient (moraine d'ablation).	P265 G	
2043	**Glacier rocheux (rock glacier)** Noyaux de glace résiduelle ou de ségrégation enrobés d'une épaisse moraine d'ablation modelée en bourrelets et festons de gélifluxion.	P265 G	
2050	**Eboulis, couloirs, cônes**	P252	
2053	**Eboulisation** Zone de préparation et de départ des éboulis.	G	

Code	Taxons	Descripteurs	Figuré
2061	Bloc en équilibre	P252	
2071	Chute de bloc isolé	P252	
2083	Couloir de pierres actif Cheminement préférentiel de débris éboulés.	P252	
2103	Eboulis de gravité (éboulis sec) Chutes de pierres isolées se succédant dans le temps. Eboulement = éboulis de blocs.	P252 G	
2113	Eboulis assisté par gélifluxion	P252 G	
2123	Eboulis fluent Eboulis accidenté de bourrelets ou de festons de géli- ou de solifluxion.	P252 G	
2133	Cône d'éboulis	P252 α G	
2143	Ecroulement Chute soudaine et instantanée d'une masse rocheuse qui, en tombant, se fragmente en blocs.	P47O G	
2203	Couloir d'avalanche Couloir inscrit sur un versant selon la plus grande pente et façonné par une masse de neige et de débris chutant par gravité.	P252	
2211	Onde de choc Effet de compression de l'air poussé par une avalanche sur le versant opposé ; souvent destructeur, notamment sur la forêt.		
2223	Cône d'avalanche Accumulation chaotique de neige et de débris disposée en forme de cône étroit et pentu au débouché d'un couloir d'avalanche.	P252 α	
2232	Ravin de ruissellement	P339	

Code	Taxons	Descripteurs	Figuré
2243	Cône de déjection	P339	
2253	Couloir mixte avalanches-ruissellement	P252	
2300	**Moraines** (cf. SYS 3)	P265	
2303	Dépôt morainique indifférencié Matériaux provenant des versants et/ou du lit glaciaire et laissés par un glacier en retrait.	G	
2313	Moraine latérale Moraine de flanc d'un glacier de vallée, alimentée par les débris provenant du versant.	G	
2323	Vallum morainique (moraine frontale) Moraine de front d'une langue glaciaire, en forme d'arc convexe vers l'aval.	D G	
2333	Collines morainiques Topographie confuse dans le matériel morainique abandonné par un glacier en retrait.	D G	
2343	Crêtes morainiques Crêtes arquées découpées dans un vallum morainique par les remaniements post-glaciaires.	D G	
2351	Bloc erratique Bloc morainique exotique, de provenance lointaine, abandonné par un glacier en retrait.	LIT	
2400	**Versants**		
2403	Versant réglé (versant de Richter). Versant périglaciaire rectiligne, en pente forte (30-35°), régularisé par gélifraction et dénudé par gravité.	P252 D α O	

Code	Taxons	Descripteurs	Figuré
2413	Versant de gélifluxion Versant à bossèlements et festons généralisés dus à la solifluxion provoquée par le dégel.	P252 D α O	
2423	Bourrelets et loupes de gélifluxion Ecailles de sol isolées ou pouvant couvrir tout le versant, décollées en amont et bordées en aval par un bourrelet convexe.	P252	
2433	Terrassettes Petits replats herbeux étagés en gradins d'ordre décimétrique, séparés par des talus dénudés (microfailles ou glissements fractionnés).	P252 D	
2443	Cheminées de fées Colonnes résiduelles coiffées par un bloc protecteur, résultant du ravinement d'une formation détritique hétérométrique	P583	
3000	**VEGETATION** Quelques limites et types de végétation sont utiles à connaître pour comprendre les conditions de la géodynamique des hautes montagnes. *On peut utiliser, cartographiquement, une couleur spécifique des actions biologiques (P576).*	P576	
3002	Limite supérieure de la forêt	z	
3013	Prairie d'altitude continue		
3023	Prairie d'altitude écorchée		
3033	Almou (pelouse humide) Terme berbère qui désigne, dans les montagnes d'Afrique du Nord, un bas-fond limono-sableux, humide, herbeux, couvert d'une pelouse rase et dense.		
3042	Limite supérieure de la prairie	z	

DOMAINE ARIDE

Avec la participation de Y. Callot , professeur à l'Université de Tours

Le modelé des régions sèches dépend des conditions particulières de la morphogénèse dues à l'absence ou à l'insuffisance des ressources en eau, à la rareté et à la dispersion des sols et du tapis végétal. Il est cependant loin d'être uniforme. Des variétés apparaissent (semi-aride, subaride, aride, hyperaride) en fonction du régime des précipitations et des températures, de la concentration et de l'intensité des pluies, de la latitude, de l'éloignement de la mer. On y trouve en outre de nombreuses formes ubiquistes (azonales) liées à des circonstances locales plus ou moins exceptionnelles, et des formes héritées de périodes révolues plus humides (périodes pluviales). La morphologie des régions sèches n'en offre pas moins un air de famille qui justifie d'en faire une catégorie morphodynamique originale.

La couleur employée est celle de l'action diffuse, épisodique ou indirecte de l'eau (P583), sauf pour ce qui concerne les formes dues au ruissellement concentré (P339) et au modelé éolien (P123).

DESCRIPTEURS

z. altitude en mètres
D.dénivellation topographique, en mètres
α.pente topographique, en degrés
G.granulométrie
E.épaisseur d'une formation, en centimètres
M.minéralogie ou composition chimique

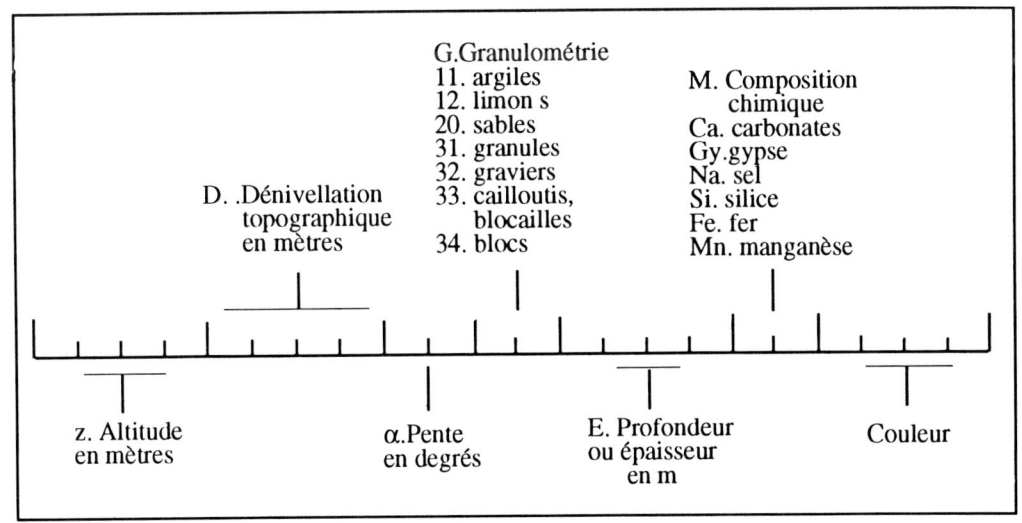

DOMAINE ARIDE

Code	Taxons	Descripteurs	Figuré
1000	**AGENTS GEODYNAMIQUES**		
1010	**Processus élémentaires**	P583	
1013	Fragmentation mécanique Elle est favorisée par les variations de température (thermoclastie), la cristallisation des sels (haloclastie), les alternances gel/dégel (gélifraction). Elle engendre des formations détritiques grossières (rudites).		
1023	Désagrégation granulaire Dislocation sèche des édifices cristallins. Elle donne des formations détritiques sableuses (arénites).		
1033	Altération chimique Rare en milieu sec. Localisée en fonction de l'humidité des roches, avec formation d'argile et de sols plus ou moins évolués.		
1041	Gravité Action directe de la pesanteur.	gris	
1100	**Ruissellement diffus** Ruissellement spontané inorganisé.	P583	
1111	Ruissellement pluvial (rain wash) Directement provoqué par une chute de pluie.		
1123	Ruissellement en filets (rill wash) Dispersé en rigoles peu profondes anastomosées.		
1131	Ruissellement en nappe (sheet wash) Ecoulement laminaire en couche mince (centimétrique) et étalée en surface (métrique à décamétrique).		

Code	Taxons	Descripteurs	Figuré
1143	Débordement de crue (épandage, sheet flood) Etalement d'une crue en nappe sur le lit majeur ou le cône terminal d'un cours d'eau.	P306	
1200	**Ruissellement concentré** Ruissellement localisé dans un chenal fixe.	P306	
1212	Cours d'eau à écoulement pérenne		
1222	Cours d'eau à écoulement saisonnier		
1232	Cours d'eau à écoulement occasionnel		
1242	Sous-écoulement Partie des eaux infiltrées qui circule dans les alluvions d'un chenal, même quand l'écoulement superficiel a cessé.		
1300	**Vent** (cf.SYS 4)	P123	
1311	Direction du vent efficace Le vent efficace est celui qui est directement capable de prendre en charge et de déplacer des matériaux.		
1321	Déflation Prise en charge par le vent des particules fines d'un sol meuble, sec et privé de végétation (sable, limon ou argile sèche).		
1331	Corrasion Erosion par usure, percussion ou abrasion, décapage ou polissage d'une surface rocheuse exposée au vent chargé de sable.		
1341	Accumulation éolienne Dépôt localisé ou généralisé de matériel transporté en suspension par le vent.		

Code	Taxons	Descripteurs	Figuré
2000	**FORMES ET FORMATIONS DE RUISSELLEMENT**	P339	
2012	Rigole (rill) Ravineau de profondeur < 1m		
2022	Ravin (gully) Entaille de profondeur > 1m		
2033	Badland (chebkas) Ravinement généralisé.		
2103	Lit fluvial en V Lit d'érosion verticale profond, étroit, à berges raides et inclinées.	D	
2113	Lit fluvial à fond plat Lit d'érosion latérale, large, à berges sub-verticales, à fond rocheux ou alluvial.	D	
2123	Cône de déjection Cône alluvial construit par un cours d'eau au débouché dans un fond de vallée ou dans une plaine.	α G	
2133	Cône d'épandage Cône alluvial plat ($\alpha < 5°$) en forme d'éventail largement ouvert, principalement au débouché dans une dépression endoréïque.	α G	
2143	Plaine alluviale Surface plane recouverte par les alluvions du lit majeur d'un cours d'eau.	G E	
3000	**FORMES ET FORMATIONS EOLIENNES**	P123	
3003	Surface éolisée (indifférenciée) Surface corrodée, striée, polie ou ciselée par le vent chargé de sable.		

Code	Taxons	Descripteurs	Figuré
3013	Piégeage diffus Le sable en transit est arrêté plus ou moins longtemps par des obstacles dispersés et de petite taille.	P123 G	
3023	Couverture éolienne en nappe Couverture sableuse étalée en voile plus ou moins épais et plus ou moins continu.	G E	
3033	Surface de déflation-accumulation Surface modelée par saltation du sable éolien à petite ou moyenne distance.	G	
3043	Cuvette de déflation Dépression creusée en terrain meuble par un vent tourbillonnaire.	G	
4000	**FORMES SPECIFIQUES OU FREQUENTES DANS LES REGIONS ARIDES**		
4100	**Limites**		
4112	Limite de bassin endoréïque Limite d'un bassin d'écoulement fluvial se terminant dans une dépression fermée ou un champ d'épandage.	P339	
4122	Limite de zone aréïque Limite d'un territoire sans écoulement régulier ; écoulements pluviaux courts et aléatoires.	P583	
4200	**Etats de surface**		
4213	Surface polie Surface lissée par le polissage éolien.	P123	
4223	Surface vernissée ou patinée Surface couverte par un revêtement d'exsudation chimique ou biochimique.	P583 M	

Code	Taxons	Descripteurs	Figuré
4233	**Surface encroûtée** Surface recouverte par un revêtement solide (croûte ou duricrust) à ciment calcaire ou siliceux (cf.FSU 8000).	P583 E M	
4243	**Surface cuirassée** Surface caractérisée par l'induration des altérites ferrallitiques, des colluvions ou des alluvions par déshydratation et accumulation des sesquioxydes de fer et d'aluminium (cf.FSU 8000).	P583 E M	
4253	**Plage de dénudation** Surface lavée et décapée par le ruissellement diffus.	P583 LIT	
4260	**Pavage résiduel (reg)** Concentration résiduelle de matériel grossier après vannage et exportation des particules fines.		
4263	**Exportation des débris fins par le ruissellement.**	P583 G	
4273	**Exportation des débris fins par le vent.**	P123 G	
4300	**Dépôts de versants**		
4303	**Blocs éboulés ou affaissés**	gris	
4313	**Eboulis sec de gravité** Chutes de pierres isolées uniquement sous l'effet de la pesanteur.	gris	
4323	**Dépôt de pente amorphe** Accumulation colluviale formée de matériel varié subautochtone mis en place par gravité, par ruissellement et/ou par solifluxion.	P583 G E	
4333	**Versant ensablé** Accumulation de sable sur un versant au vent (remontée éolienne) ou un versant sous le vent (retombée éolienne) (cf.SYS 4, 4131 et 4141).	P123 G	

Code	Taxons	Descripteurs	Figuré
4400	**Pédiments et glacis** Le terme américain de <u>pediment</u> (= "fronton" en architecture) a été utilisé en 1897 par W.J. McGee pour désigner dans les déserts de l'Ouest une surface plane, faiblement inclinée (de 1 à 10°), développée sur roches cristallines et dominée par un versant raide.Topographiquement c'est l'équivalent du terme français <u>glacis</u>. L'évolution des recherches a conduit à des distinctions entre ces deux vocables. Certains auteurs réservent le mot "pédiment" pour qualifier les glacis en roche dure homogène (particulièrement les granites), et "glacis" pour ceux qui sont en roches tendres au pied de crêtes en roches dures. La raison voudrait que ces deux termes soient considérés comme synonymes et utilisés dans un sens purement descriptif. Le taxon devrait alors être précisé par une indication complémentaire d'ordre topographique (de versant, de piémont, incisé, emboîté,...), lithologique (en roche dure, en roche tendre,.....), morphostructural (de front = à contre-pendage, de revers = dans le sens du pendage), morphodynamique (d'ablation, de transit, d'accumulation,....) et chronologique.	P583	
4413	Glacis d'érosion (ablation, dénudation) Glacis à couverture nulle ou résiduelle formée en majeure partie par du matériel autochtone.	α LIT	
4423	Cône rocheux (rock fan) Cône d'ablation développé au débouché d'une vallée, d'une gorge ou d'un ravin, balayé par les sheet floods et empiétant en amont sur le versant dominant ("embayement").	α LIT	
4433	Glacis de transit (colluvial, couvert) Glacis recouvert d'une mince épaisseur (centi-métrique à métrique) de matériel subautochtone étalé par ruissellement.	G E	
4443	Glacis d'accumulation (d'ennoyage) Glacis formé par le toit d'une couverture épaisse de matériel allogène fixé, masquant les irrégularités du substratum.	G E	

Code	Taxons	Descripteurs	Figuré
4452	Knick Rupture de pente concave, nette, d'origine dynamique ou/et lithologique entre un glacis et le relief qui le domine en amont.	P583	
4500	**Cuvettes endoréïques** Dépressions fermées continentales, sans contact avec la mer.	P583	
4513	Daya Dépression fermée à fond plat, métrique à hecto-métrique, temporairement inondable.		
4523	Sebkha Dépression fermée à fond plat, salée (sel ou gypse) et inondable en période de pluie.	M	
4533	Chott Auréole de végétation halophile autour d'une sebkha de grande dimension (kilométrique).	P583	
4543	Cuvette ou dépression hydroéolienne Dépression creusée par l'action conjuguée de l'altération physico-chimique, du ruissellement, de la déflation et de l'exportation par le vent.	D	
4553	Lunette Dune d'argile ou de sable, concave vers le vent, édifiée en bordure d'une dépression hydroéolienne ou d'une sebkha.	P123 G M	
4563	Bolson Dépression endoréïque de grande dimension (hecto-à kilométrique ou même décakilométrique), entourée d'inselberge ou de montagnes.	P583	
4573	Bahada Bas glacis ou plaine d'épandage alluviale entourant un bas-fond endoréïque ("playa").	α G	
4583	Playa Partie plane la plus profonde d'un bolson, occupée ou non par une daya ou une sebkha.		

Code	Taxons	Descripteurs	Figuré
4600	**Massifs dunaires** (cf SYS 4)	P123	
4613	Champ de dunes (indifférenciées)	D	
4623	Pavage dunaire Tassement des formations sous-jacentes sous le poids de dunes en transit.		
4633	Sand ridges En Australie, dunes en vagues parallèles, plus ou moins vêtues et fixées par la végétation.	D orientation	
4643	Aklé Assemblage de dunes basses, denses, confuses, transversales, barkhanoïdes ou réticulées.	D	
4653	Erg (edeyen, nefoud, koum) Massif de dunes épais, étendu (jusqu'à $10^5 km^2$), formé d'édifices sableux de divers types (notamment d'oghroud) aux formes stables mais au matériel très mobile (relais de sable en transit).	D	
4700	**Formes d'altération et formes résiduelles**	P583	
4703	Encoche basale Rainure d'altération physico-chimique (humidité + évacuation par le ruissellement et le vent) à la base d'un rocher ou d'un escarpement.		
4711	Rocher champignon	D	
4723	Taffonis Cavités décimétriques à métriques creusées par l'altération physico-chimique ou la désagrégation granulaire sur une paroi rocheuse.	D	
4731	Chicot, tour, aiguille, monument Relief résiduel de dimension métrique à décamétrique, en forme de doigt ou de pinacle.	D	

Code	Taxons	Descripteurs	Figuré
4743	**Hamada** Plateau structural ou substructural rocheux, généralement calcaire (mais le terme s'emploie aussi parfois pour un plateau de lave ou de grès), aride, souvent encroûté. La surface, rugueuse, est constituée par la roche dénudée ou par un pavage grossier résiduel formé par la fragmentation sur place du substratum lithologique ("reg d'éclatement") débarrassé des débris les plus fins par le vent ou le ruissellement.	P583 D	
4753	**Gara** Butte-témoin à sommet plat en avant de l'escarpement en corniche ("kreb") d'un plateau désertique.	P583 D	
4760	**Inselberg** Relief résiduel hecto- à kilométrique, à versants raides, isolé au-dessus d'une auréole de pediments.		
4773	**Inselberg d'interfluve, ou de position (fernling)** Relief épargné dans le développement des pédiments environnants en raison de son éloignement par rapport aux niveaux de base des écoulements.	P583 z D	
4783	**Inselberg de résistance structurale (hardling)** Relief épargné en raison de sa constitution lithologique relativement résistante ou limité par des accidents tectoniques discriminants.	P470 z D	
4793	**Pédiplaine** Surface d'aplanissement généralisée constituée par des pédiments coalescents.	P583	

DOMAINE TROPICAL

Chapitre largement inspiré du livre de M.Petit, professeur à l'Université Paris XII-Créteil
"Géographie physique tropicale....", Karthala-ACCT, Paris, 1990

Le domaine tropical (ou plus exactement intertropical), en dehors de sa localisation théorique entre les deux tropiques (23°26' N et S) de part et d'autre de l'équateur, est généralement défini par des critères thermiques : la température moyenne mensuelle est toujours > 15°C, et le gel est inconnu (sauf exception d'altitude). Les conditions d'humidité introduisent des variétés régionales selon l'abondance des précipitations et leur répartition saisonnière. Un sous-domaine équatorial, caractérisé par une humidité constante et une faible évaporation, est bordé par des régions où alternent une saison humide, propice à l'altération des roches et à la préparation de matériel détritique, et une saison sèche plus ou moins accentuée, où s'exerce préférentiellement l'activité des agents géodynamiques d'ablation-érosion-sédimentation. Cette situation engendre une série de complexes à la fois climatiques et biologiques (forêt dense, forêt claire, savane, steppe) dont dépendent le modelé et l'évolution géomorphologique du domaine. A cela s'ajoutent des formes et formations occasionnelles : azonales, liées à la structure, la continentalité ou l'altitude, ou héritées des variations climatiques quaternaires.

Les formes et formations tropicales sont représentées dans les couleurs des différents systèmes auxquels elles appartiennent : structural (P470), volcanique (P021), karstique (P569), fluvial (P306 et P339), eaux diffuses (P583), éolien (P123).

DESCRIPTEURS

z. altitude en mètres
D. dénivellation topographique (en altitude ou en profondeur) en mètres
L. dimension linéaire (L=longueur; l=largeur) en kilomètres
α. pente topographique, en degrés
Ø. diamètre d'une dépression, d'un relief.....en mètres
G. granulométrie
E. épaisseur d'une formation, en mètres
M. minéralogie ou composition chimique

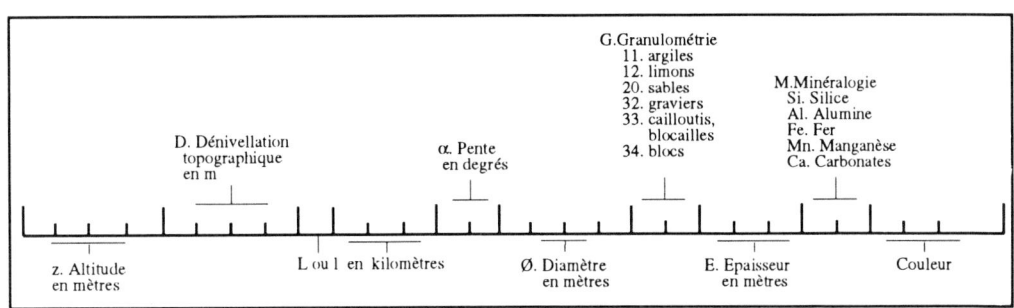

DOMAINE TROPICAL

Code	Taxons	Descripteurs	Figuré
1000	**AGENTS ET PROCESSUS GEODYNAMIQUES** La plupart des agents morphodynamiques (sauf, en dehors des très hautes montagnes, ceux qui sont directement liés au froid) interviennent en domaine tropical. Mais le processus principal de l'évolution géomorphologique, pratiquement omniprésent, est l'altération chimique et biochimique que favorisent des températures élevées, une humidité intense et un couvert végétal continu. C'est évidemment dans le sous-domaine "équatorial" qu'elle est le plus active ; plus on va vers les marges arides, plus elle cède de place aux processus mécaniques. Parallèlement on assiste, dans le même sens, à une dégradation des réseaux hydrographiques et à un accroissement de la participation relative du vent et de la gravité libre.		
1010	**Processus élémentaires**		
1013	Altération chimique (et biochimique) C'est la transformation plus ou moins profonde du matériel rocheux sous l'effet de substances actives (O_2, CO_2, matière organique,...) véhiculées par l'air et par l'eau dans les fissures et les pores des roches et des formations superficielles. Il en résulte la production "d'altérites" par destruction des minéraux d'origine (hydratation, oxydo-réduction, hydrolyse) et la formation d'argiles et autres minéraux de néogénèse.	P583	
1023	Fragmentation mécanique C'est la brisure et le morcellement des roches cohérentes provoqués (sans modification chimique) par de brusques changements d'état physique : contraintes tectoniques, décompressions, variations de température (thermoclastie) ou/et d'humidité (hygroclastie), néocristallisations (haloclastie), éventuellement (hautes montagnes ou héritages) gel (cryoclastie). Ces actions sont d'autant plus sensibles que le climat est plus sec, le sol plus dénudé et la roche-mère plus fissurée.	P583	

Code	Taxons	Descripteurs	Figuré
1033	**Désagrégation granulaire** C'est la dislocation des édifices minéraux sous l'effet conjugué de l'altération météorique et de la destruction mécanique des structures. Elle affecte surtout les roches grenues (roches cristallines ou grès), abondantes dans les socles tropicaux. Elle produit des formations détritiques de la classe des arénites.	P583	
1100	**Ruissellement**		
1113	**Ruissellement concentré** Ruissellement nourri par la pluie et surtout par le débit des sources d'émergence des aquifères souterrains. Le ruissellement s'écoule dans des chenaux (ravins, "marigots", rivières) qui, par confluence, s'organisent en réseaux hydrographiques (cf.HYD).	P306	
1123	**Ruissellement diffus** Ruissellement pluvial, en nappe ou en filets peu profonds, sur les pentes faibles et dénudées peu perméables. Il se produit surtout après les fortes averses, en saison sèche et sur les marges arides.	P583	
1200	**Vent** Concerne essentiellement les marges arides et les saisons sèches (cf.SYS4 et GEO5).		
1211	**Direction du vent efficace** Le vent efficace est celui qui est capable de prendre en charge et de déplacer des matériaux.	P123	
1221	**Déflation** Enlèvement (et exportation) des particules fines d'un sol meuble (sable, limon, argile) sec et privé de végétation.	P123	
1231	**Corrasion** Erosion par percussion ou abrasion, décapage ou polissage, d'une surface rocheuse exposée au vent chargé de sable.	P123	

Code	Taxons	Descripteurs	Figuré
1241	**Accumulation éolienne** Dépôt sur le sol de matériel transporté en suspension par le vent.	P123	
1300	**Gravité libre ou assistée**		
1311	Gravité libre Action directe de la pesanteur : éboulis secs, éboulements.	gris	
1321	Reptation (creeping) Migration lente et saccadée des débris sur une pente par déplacement et réarrangement relatif des particules sous l'influence de la gravité, des changements de volume et d'humidité du sol, de la croissance des végétaux, du fouissage des animaux,...	P583	
1331	Fauchage Incurvation en crochet, sur une pente, des têtes de couches sédimentaires tronquées, fragmentées et prises dans un mouvement de reptation.	P583	
1341	Solifluxion Déplacement lent, en masse, sur une pente, d'une couche de sol ou de formation superficielle sablo-limoneuse ou argileuse saturée d'eau.	P583	
1400	**Biointerventions** La chaleur et l'humidité des régions tropicales favorisent l'expansion d'une vie végétale et animale qui participe activement à l'altération chimique des roches et au remaniement des formations superficielles. Le tapis végétal, notamment, intervient par ses apports en matière organique et par l'aération des sols qu'il protège, en revanche, contre l'érosion en surface. D'une manière générale, la densité d'occupation par la végétation est un facteur de stabilité ("biostasie") *Des cas se présentent, en cartographie géomorphologique, où la représentation graphique d'un facteur biologique est utile.*	P576	

Code	Taxons	Descripteurs	Figuré
1413	**Forêt tropicale dense** C'est la forêt "pluviale" (regenwald, rain forest), sombre, étagée, couvrante, constamment humide et chaude (effet de serre), sur un sol ferrallitique épais, (cf.ci-dessous 2111).	P576	
1423	**Mangrove** Variété littorale, intertidale, de la forêt tropicale. Formée d'arbres halophiles et submersibles (palétuviers), la mangrove fixe la vase et le limon venus du continent et étalés par la marée.	P576	
1433	**Forêt tropicale claire** Avec l'intervention d'une saison sèche, la forêt tropicale s'éclaircit. Les arbres perdent périodiquement leurs feuilles et les frondaisons ne se touchent plus. Dans les vides pénétrés par la lumière apparaisent des formations non forestières (buissonnantes ou herbacées) et même du sol nu, vulnérables à l'attaque des agents d'érosion ("rhexistasie").	P576	
1442	**Limite de la forêt**	P576	
1453	**Savane** Formation fermée herbacée (savane herbeuse) piquetée d'arbres (savane arborée) ou d'arbustes (savane arbustive) dispersés ; couvrante et protectrice en saison humide, plus claire et vulnérable en saison sèche. Très anthropisée et soumise aux feux de brousse, naturels ou provoqués, discontinue dans l'espace et variable dans le temps, la savane est sans doute la formation la plus fragile de tout le domaine tropical.	P576	
1463	**Brûlis** Zone affectée par les feux de brousse.	noir	
1472	**Limite de la savane**	P576	
1483	**Steppe (ou pseudo-steppe)** Formation basse, ligneuse ou herbacée, discontinue et correspondant aux conditions les plus arides du domaine tropical (très longue saison sèche). Formation ouverte, moins couvrante même en saison humide, elle est plus exposée que la savane aux processus mécaniques de l'érosion.	P576	

Code	Taxons	Descripteurs	Figuré
1493	Termitières	P576	
	Les animaux fouisseurs ou constructeurs de galeries sont des agents actifs de l'ameublissement et de l'altération des sols et formations superficielles. Parmi eux, les termites (et à un moindre degré les fourmis et les vers) jouent un rôle capital en milieu tropical par les bioturbations qu'ils provoquent. Leurs galeries profondes accroissent la porosité et donc l'infiltration, le lessivage des sols et leur aération (oxydation et fixation des sesquioxydes). Leurs constructions extérieures, parfois monumentales, génèrent, par leur nombre et leur allure, une microtopographie et un modelé originaux.		
2000	**FORMATIONS SUPERFICIELLES ET SOLS**	P583	
2013	**Altérites**	G E M	
	Formations superficielles résultant de l'altération chimique et biochimique des roches. Elles se différencient en fonction de la nature des roches originelles et des discontinuités lithologiques, mais aussi en fonction de critères non géochimiques tels que les pentes, la végétation, la qualité du drainage, le rythme saisonnier des précipitations. En domaine tropical humide, elles peuvent atteindre des épaisseurs considérables (plusieurs dizaines de m). Elles constituent surtout une couverture quasi-continue, épaisse et peu résistante qui témoigne du passé et dans laquelle s'exerce l'actuelle érosion de surface.		
2023	Altérites en place, indifférenciées	P583	
	Figuré granulométrique en quinconce.	G E M	
2033	Altérites déplacées	G M	
	Figuré granulométrique en vrac, éventuellement surchargé par un signe dynamique de transfert.		
2041	Arène	G E	AR
	Formation résiduelle limono-sableuse et plus ou moins argileuse (d'où un certain degré de plasticité) provenant de l'altération des roches cristallines. Dans les régions de socle, elle constitue l'essentiel du manteau détritique.		

Code	Taxons	Descripteurs	Figuré
2051	**Arkose** Grès plus ou moins cohérent formé par cimentation des grains d'une arène granitique ou gneissique.	G	AK
2063	**Argiles** Silicates d'alumine hydratés (cf. LIT 5003), les argiles sont les produits résiduels ou néoformés de l'altération géochimique des roches. Leur nature diffère en fonction de la quantité de silice qui, échappée au drainage, participe aux néoformations.	E M	
2071	**Kaolinite** Argile d'altération des formations bien lessivées, stable, peu plastique, pauvre en cations basiques et en silice, et généralement colorée ou bariolée par des oxydes de fer.	E	k
2081	**Smectites** Argiles d'altération des formations mal drainées et des bas-fonds humides, riches en SiO_2 et en cations basiques mais instables et gonflantes en fonction de la teneur en eau.	E M	as
2100	**Profils pédologiques** Les sols du domaine tropical, longtemps connus sous le vocable aujourd'hui officiellement abandonné de "latérites", sont des formations superficielles autochtones qui présentent plusieurs caractères communs : une altération géochimique très poussée, une grande épaisseur (métrique à décamétrique), une coloration ocre ou rouge due aux oxydes de fer. Leur différenciation dépend principalement du degré d'altération, de l'évacuation plus ou moins totale des cations basiques et de la silice, et de la nature des argiles de néoformation. A la base des profils (ou en affleurement sur des profils tronqués), on trouve encore de nombreux restes de roche saine ou en voie d'altération ("isaltérites"). La partie supérieure, complètement déstructurée, se compose essentiellement d'arènes et d'argiles néoformées ("allotérites"). Le tout est fréquemment couronné par des indurations riches en silice ("silcretes") ou en hydroxydes de Fe et d'Al ("carapace" ou "cuirasse"), résistantes à l'érosion différentielle.	P583	

Code	Taxons	Descripteurs	Figuré
2101	**Localisation des profils** *Les profils décrits sur les fiches de station sont localisés sur les cartes par une croix accompagnée par l'indication de l'épaisseur en cm. En implantation zonale, ils sont représentés par le figuré granulométrique des altérites, surchargé par un indice alphabétique se référant à la nomenclature pédologique.*	P583	+ *550*
2111	Sols ferrallitiques Ce sont les sols des forêts denses humides, profonds, résultant (allitisation) d'un lessivage quasi total des cations basiques et de la silice, avec néoformation de kaolinite, concentration et cristallisation des hydroxydes de fer (goethite) et d'alumine (gibbsite).	G E	*F*
2121	Sols fersiallitiques Ce sont les sols des zones de forêts ou de savanes à saisons altérnées dont une saison sèche accentuée. Moins profonds que les précédents, ils résultent d'un lessivage moins poussé et d'une moindre évacuation de la silice avec néoformation de kaolinite ("monosiallitisation") ou de smectites et montmorillonite ("bisiallitisation") et rubéfaction par les oxydes de fer (hématite).	G E	*Fs*
2131	Sols ferrugineux tropicaux Sols des savanes et pseudo-steppes à très longue saison sèche. Proches des sols fersiallitiques, ils sont généralement moins rubéfiés, beiges ou ocres, avec kaolinite dominante, illite et montmorillonite et concrétions ferrugineuses (pseudo-sables).	G E	*Ft*
2200	**Indurations** Les altérites et sols tropicaux sont très souvent couverts par des indurations dues à un enrichissement en fer, en silice ou en calcaire. Quel que soit l'élément considéré, il s'agit de consolidations produites dans ces formations meubles par la pédogénèse ou/et par des apports verticaux ou latéraux liés à la circulation de l'eau en surface ou dans les vides de ces milieux filtrants, et plus ou moins fixés par des organismes biologiques. Le phénomène est d'autant plus marqué que le climat est plus contrasté entre une saison humide à percolation active (éluviation et concentrations résiduelles) et une saison sèche à circulation lente ou nulle (illuviation et néoformations).	P583	

Code	Taxons	Descripteurs	Figuré
	Le rôle géomorphologique principal de ces indurations est d'interposer des planchers imperméables dans les profils, et surtout d'établir un différentiel de résistance avec les formations enveloppantes, donc de favoriser l'apparition d'escarpements d'érosion sur les versants et de surfaces structurales sur les interfluves. *Les indurations sont figurées par des hachures en P583, couleur de l'action diffuse de l'eau.*		
2213	Croûte (...crete) Formation sédimentaire ou biosédimentaire indurée (duricrust), d'épaisseur centimétrique à métrique, plus ou moins continue, couronnant une formation superficielle, une altérite ou un profil pédologique.	P583	
2221	Croûte calcaire (calcrete, caliche) Revêtement solide à ciment calcaire, produit par redistribution chimique ou biochimique des carbonates à l'intérieur ou en surface d'une roche ou d'une altérite. La migration des carbonates implique la présence proche de formations carbonatées et une abondante circulation d'eau.	E	*ca*
2231	Silcrete Induration siliceuse composée principalement de fragments de quartz cimentés par une matrice quartzeuse amorphe ou cryptocristalline dans des conditions climatiques à saison humide abondante (mobilisation de la silice) et longue saison sèche (confinement).	E	*si*
2241	Ferricrete Induration ferrugineuse par les oxydes de fer, soit par hydromorphie (bas-fonds, alluvions de rivières), soit par concentration résiduelle d'altération.	E	*fe*
2253	Carapace Altérite ferrugineuse faiblement indurée par des oxydes de Fe ou Al. Friable sous les doigts, la carapace ferrugineuse se brise facilement.	E M	
2260	Cuirasse Induration ferrugineuse compacte provenant du durcissement par cimentation en masse d'une altérite ferrallitique ou d'alluvions par un enrichissement en sesquioxydes de Fe et/ou d'Al (parfois de Mn) résiduels ou importés. La cuirasse ne se brise qu'au marteau.	E M	

Code	Taxons	Descripteurs	Figuré
2273	Cuirasse de plateau, ou d'interfluve Cuirasse massive résultant du lessivage complet des cations basiques et de la silice, et d'une concentration-recristallisation des oxydes de Fe et d'Al ("cuirasse d'accumulation relative") ou de la fixation des oxydes véhiculés par les eaux ("cuirasse de nappe" ou "cuirasse d'accumulation absolue").	E G	
2283	Cuirasse conglomératique Cimentation sur un versant de fragments grossiers (rudites) provenant du démantèlement d'une cuirasse de plateau.	E G	
2293	Cuirasse gravillonnaire Accumulation plus ou moins friable ou consolidée, sur un glacis, de fragments de cuirasse de petite taille (gravillons ou granules) ou de concrétions ferrugineuses.	E G	
2303	**Clastites** Formations meubles de la classe des rudites résultant de la fragmentation mécanique des roches cohérentes. Les clastites conservent la même composition que celle de la roche dont elles proviennent.	P583	
2313	Clastites en place, indifférenciées *Figuré granulométrique en quinconce.*	G E M	
2323	Clastites déplacées *Figuré granulométrique en vrac, éventuellement surchargé par un signe dynamique de transfert.*	G M	
2332	Stone line Nappe de gravats encore énigmatique présente dans certaines coupes de sols. Constituée de clastites grossières (des graviers aux blocs) et souvent allochtones, elle détermine parfois une rupture de pente ou un petit escarpement dans le profil multiconvexe des versants tropicaux.	G E LIT	
3000	**FORMES ELEMENTAIRES** La généralité et l'épaisseur du manteau d'altérites, actuelles ou héritées, réduisent la part d'action directe des eaux météoriques sur les roches à nu, mais favorisent en revanche le développement rapide du modelé d'érosion dans le matériel meuble de couverture.	P583 sur LIT	

Code	Taxons	Descripteurs	Figuré
3100	**Sur les versants nus ou dénudés**		
3103	Desquamation Décollement superficiel de minces écailles rocheuses (millimétriques à centimétriques) provoqué, le long de microfissures altérées, par les variations diurnes de température (thermoclastie) et d'humectation (hygroclastie) de la roche.	P583	
3113	Cupules et vasques Altérations biochimiques (lichens et mousses). Les cupules (centimétriques) s'élargissent et, par coalescence, donnent des vasques (métriques).		
3123	Cannelures (pseudo-lapiés) Sillons peu profonds (centimétriques) semblables à des lapiés, à section semi-circulaire et séparés par des arêtes émoussées, creusés sur une paroi rocheuse en forte pente par ruissellement des eaux de surface.	P583	
3133	Taffonis Cavités centimétriques à métriques creusées par altération physico-chimique et désagrégation granulaire sur une paroi de roche grenue (cristalline ou gréseuse).		
3200	**Sur versants couverts**		
3212	Rigole (rill) Entaille de ruissellement linéaire < 1m.	P339	
3222	Ravin (gully) Entaille de ruissellement linéaire à profil en V et de profondeur > 1m, vive ou stabilisée par la végétation, peu ou pas ramifiée.		
3233	Ravinement généralisé (badland) Groupe de ravins élémentaires séparés par des crêtes d'interfluve aigües.		
3243	Lavaka Terme d'origine malgache désignant une forme d'érosion régressive, métrique à décamétrique, incisée dans les altérites meubles. Les lavaka sont surtout fréquents en domaine découvert (limite forêt/savane). Ils se développent à partir d'un creux naturel (trou de suffosion, cicatrice de solifluxion)	P583 D L α	

Code	Taxons	Descripteurs	Figuré
	ou anthropique et s'agrandissent rapidement par soutirage, éboulement et ravinement. Un lavaka comprend : en amont, une niche de tête évasée, aux versants raides affectés de mouvements de masse ; en aval, un goulet resserré en pente forte prolongé par un cône d'atterrissement.		
3253	**Lavaka stabilisé** Généralement de grande dimension, émoussé et colonisé par la végétation.	P583	
3263	**Lavaka emboîtés** Par reprise d'érosion aux dépens d'un lavaka antérieur stabilisé.		
3271	**Creux ou cuvette de suffosion** Dépression évoluant par soutirage du fond et éboulement des versants. Les creux de suffosion sont nombreux dans les formations sableuses sous climat humide, où ils peuvent atteindre par coalescence une dimension déca- à hectométrique.	D	
3281	**Chablis** Arrachement de sol créé par la chute d'un arbre basculé par le vent. Collecteurs d'eau, les chablis évoluent fréquemment en cuvettes de suffosion.		
3303	**Glissements** Formes de déplacement en masse, fréquentes dans les terrains argileux ou limono-argileux soumis à la solifluxion en climat tropical humide.	P583	
3313	**Glissements "en planche"** Glissements de lames de sol le long de plans de discontinuité inclinés vers l'aval.		
3323	**Glissements "rotationnels"** Glissements le long de surfaces de cisaillement concaves, avec niche de décollement en amont et redressement en bourrelet, langue ou loupe en aval.		
3333	**Coulée boueuse** Ecoulement limono-sableux gorgé d'eau sur pente forte (15 à 25°), étroit et allongé, hecto- à kilométrique, limité en amont par une niche de décollement et en aval par un léger renflement.		

Code	Taxons	Descripteurs	Figuré
3343	Coulée de blocs Coulée boueuse suffisamment dense pour entraîner des blocs de toute taille. Par lavage de la phase fine, la coulée peut devenir un simple amas amorphe ("rivière de blocs", "pierrier", "chiraz").	G	
3353	Niche de décollement Dépression semi-circulaire creusée au pied d'une cicatrice de solifluxion par le départ d'un glissement ou d'une coulée.	P583	
3363	Pavage Résultat d'un écoulement hypodermique sur une pente tronquant une formation hétérométrique, par soutirage de la fraction fine, concentration et reptation des éléments grossiers.		
4000	**FORMES SPECIFIQUES OU FREQUENTES EN DOMAINE TROPICAL** Formes identifiables sur les cartes à l'échelle de 1:50 000 à 1:250 000.		
4100	**Formes d'incision**	P339	
4113	Vallon en V		
4123	Vallon en berceau		
4133	Vallon à fond plat		
4200	**Formes liées à l'écoulement fluvial** L'extension et l'épaisseur des altérites font que, malgré leur débit (favorisé par l'abondance pluviale mais contrarié par l'infiltration et l'évaporation), les rivières et fleuves tropicaux ne véhiculent que des matériaux fins (argiles et limons) et des produits dissous. Cette pénurie de charge grossière limite le rôle de l'érosion mécanique et le creusement vertical au profit de l'alluvionnement et de l'élargissement du lit fluvial. Ces caractères, cependant, s'atténuent, se modifient et tendent même à s'inverser avec l'allongement de la saison sèche (et aussi en montagne).	cf.SYS1	
4212	Cours d'eau à écoulement pérenne	P306	

Code	Taxons	Decripteurs	Figuré
4222	**Cours d'eau à écoulement intermittent** Cours d'eau au lit mal marqué, transformé après les pluies en un chapelet de mares ("marigot").	P306	
4233	**Lit majeur, ou champ d'inondation** Espace occupé par les eaux au maximum des crues. Les débordements des grands fleuves tropicaux peuvent atteindre des dimensions considérables (kilométriques et même décakilométriques), créant ainsi d'immenses plaines d'épandage, de décantation et d'alluvionnement.	P339 l	
4243	**Lit fluvial à chenaux multiples** Lit fluvial d'un cours d'eau abondamment chargé, parcouru par des chenaux divagants séparés par des bancs alluviaux instables et changeants.	berges P339 chenaux P306	
4252	**Sous-écoulement** Ecoulement de l'eau infiltrée dans les alluvions. Il participe, en saison des pluies, à l'écrêtement des crues et maintient, en saison sèche, une humidité favorable à la survie de la végétation.	P306	
4262	**Rapides** Section en pente forte d'un cours d'eau, où la vitesse du courant s'accélère sur un lit rocheux.	P306 sur LIT	
4272	**Bief** Section en pente régulière et relativement faible entre deux parties plus déclives d'un cours d'eau.	P306	
4281	**Chute** Rupture de pente brutale et fortement dénivelée où l'eau tombe au lieu de s'écouler. Selon le débit, la chute est une "cascade" ou une "cataracte".	P306 D	
4303	**Terrasse (ou replat) d'érosion** Terrasse taillée dans la roche en place et dépourvue de couverture alluviale.	P339 D LIT	

Code	Taxons	Descripteurs	Figuré
4313	**Terrasse alluviale** Le matériel constitutif est celui de la nappe alluviale du lit fluvial antérieur (cf. SYS 1, 4300). L'étude de ce matériel permet notamment de déceler d'éventuelles paléovariations climatiques. C'est ainsi qu'on observe souvent, en milieu tropical humide, en soubassement des terrasses d'alluvions fines, des lits d'alluvions plus grossières (sables ou cailloutis), témoins d'une période de fragmentation mécanique plus intense (plus sèche ?) et parfois riches en minéraux exploitables	P339 D G	
4323	**Plaine alluviale** Fond de vallée entièrement recouvert par les alluvions du lit de débordement d'une rivière et par les épandages des cours d'eau affluents. Dans les régions à saisons bien tranchées, les plaines alluviales sont accidentées par des levées sableuses édifiées par les crues, et parsemées de creux ou cuvettes argilo-limoneuses de décantation et d'évaporation.	P339 G	
4400	**Pédiments, glacis et inselberge** Pédiment et glacis sont deux termes qui, topographiquement, sont équivalents (cf. GEO 5, 4400). L'usage s'est établi cependant, chez la plupart des géomorphologues, de parler de "pédiment" pour un glacis en roche "dure" (cristalline notamment) et de "glacis" pour un pédiment en roche "tendre". Un pédiment (ou glacis) est un long versant concave et régulier, dominé en amont par un relief ou par une simple crête de recoupement, et formé par un plan incliné en pente faible (1 à 10°) servant de surface de transit des produits d'érosion. La coalescence de pédiments (en milieu tropical sec) crée une surface d'aplanissement ("pédiplaine") accidentée de reliefs résiduels.	P583	
4413	**Pédiment (ou glacis) rocheux (rocky pediment)** Surface d'ablation et/ou de dénudation, nue (roche en place) ou pourvue d'une mince couverture résiduelle (matériel autochtone)	L α LIT	
4423	**Pédiment (ou glacis) de transit (colluvial)** Surface couverte par un manteau de faible épaisseur (décimétrique à métrique) de matériel subautochtone étalé par le ruissellement.	L α G E	

Code	Taxons	Descripteurs	Figuré
4433	**Pédiment (ou glacis) d'ennoyage (alluvial)** Surface formée par le toit d'une couverture épaisse de matériel allogène masquant toutes les irrégularités du substratum.	L α G E	
4442	**Knick** Rupture de pente concave à angle vif, nette, d'origine dynamique ou/et lithologique, entre un pédiment et le relief qui le domine en amont.	P583	
4450	**Inselberg** Relief résiduel, ponctuel ou massif, hecto-à kilométrique, isolé au-dessus d'une plaine d'érosion (pédiplaine).		
4453	**Inselberg d'interfluve, ou de position (fernling)** Relief épargné dans le développement de la surface environnante en raison de son éloignement par rapport aux niveaux de base des écoulements.	P583 z D	
4463	**Inselberg de résistance structurale (hartling)** Relief épargné en raison de sa constitution lithologique relativement résistante, ou limité par des accidents tectoniques discriminants.	P470 z D	
4500	**Formes structurales** Formes directes ou dérivées résultant de l'exploitation différentielle de la structure par l'érosion. Les formes structurales ne sont pas spécifiques du domaine tropical (cf. FST et GEO 2). Leur "tropicalité" se manifeste dans le modelé "par l'intensité des processus morphogéniques et par l'ampleur des formes dégagées" (M. Petit).		
4503	**Surface structurale** Surface correspondant au toit d'une couche résistante (cf. FST).		

Code	Taxons	Descripteurs	Figuré
4510	**Formes propres aux roches cristallines** L'extension des structures de socles dans le domaine tropical offre au modelé en roches cristallines une place privilégiée. Très sensibles aux agents d'altération chimique, ces roches sont d'autant plus fragiles que l'eau circule plus aisément dans les fissures et diaclases.		
4513	Alvéole Dépression de dimension hecto-à kilométrique (pour un diamètre plurikilométrique, on parle plutôt de "bassin") évidée en roche cristalline par l'altération chimique différentielle (parfois contrôlée par la tectonique), avec évacuation des produits par soutirage ou ruissellement (ou déflation en zone aride).	P583 D Ø	
4523	Cuvette structurale Dépression limitée par une discontinuité litho-logique ou tectonique.	P470 D Ø	
4533	Dos de baleine Relief résiduel dénudé en forme de croupe rocheuse basse, convexe et allongée.	P470 D	
4543	Demi-orange Colline aux flancs convexes, de forme hémi-sphérique formée d'un noyau de roche saine en voie de dégagement des altérites enveloppantes.	P470 D Ø	
4553	Exfoliation Débitage d'un versant rocheux en grandes dalles (d'épaisseur centimétrique à métrique), courbes (en pelure d'oignon), par décompression le long de diaclases ou de surfaces d'altération convexes.	P470 sur LIT	
4563	Dôme (morne, pain de sucre) Relief monolithique d'exfoliation, résiduel ou révélé par dégagement des altérites enveloppantes, aux formes lourdes et aux flancs raides, curvilignes et dénudés.	P470 z D Ø	

Code	Taxons	Descripteurs	Figuré
4600	**Formes propres aux roches gréseuses** L'extension des roches gréseuses en domaine tropical est loin d'être négligeable. Ces roches s'intègrent fréquemment dans la structure des socles ou dans les formations de couverture hori-zontales, inclinées ou plissées, souvent épaisses. Roches grenues, comme les roches cristallines, elles sont d'autant plus résistantes qu'elles sont plus homogènes (le maximum de résistance étant atteint dans les grès quartzeux et quartzitiques ; cf.LIT). L'altération se localise surtout le long des diaclases, d'où de nombreuses formes telles que blocs éboulés, chaos, pinacles isolés, vastes plateaux, crêtes rigides, vallées étroites, qui sont des formes azonales. Leur originalité en domaine tropical réside dans l'existence fréquente de formes pseudo-karstiques du type dolines, cavités et canyons , et de formes d'érosion différentielle très marquées comme les corniches ou les escarpements monoclinaux.		
4700	**Formes propres aux roches carbonatées** Les formes propres aux roches carbonatées (cal-caires, dolomies et marbres) tiennent à la solubilité de ces roches, d'autant plus accentuée que l'abondance de l'eau est grande, sa circulation plus aisée et son agressivité plus intense. C'est dans la zone tropicale humide à couvert végétal dense que ces conditions sont le mieux remplies et que ces formes sont le plus remarquables. Elles affectent principalement les calcaires épais et fissurés (à circulation vadose) et les dolomies poreuses (à accumulation phréatique). Il se réalise alors un relief karstique original, accidenté et hyper-développé. *Pour la représentation de ces formes, cf GEO 1 .*		
4701	Puits de suffosion Puits formé par soutirage en fonction d'un écou-lement ou d'une nappe souterrains peu profonds.	P569 D	
4711	Cockpit Doline étoilée très creuse, à section conique et fond en nid de poule.	P569 D	

Code	Taxons	Descripteurs	Figuré
4721	Hum en piton (mogote ; kegel) Relief en forme de cône étroit et pointu.	P569 z D	
4731	Hum à sommet plat (tourelle ; turm) Relief à versants raides et sommet plat.	P569 z D	
4743	Coupole (kuppen) Relief à base large et sommet convexe.	P569 D Ø	
4753	Karst à coupoles (kuppenkarst) Karst collinaire aux formes multiconvexes, fréquent dans les terrains poreux.	P569	
4763	Karst à pitons ou tourelles (kegelkarst ou turmkarst) Modelé généralisé en pitons et/ou tourelles, avec grottes et tunnels, formé par la coalescence de dolines très creuses (cockpits).	P569	
4773	Encoche basale Rainure d'altération hydrochimique ou de sapement latéral par une rivière, une nappe d'inondation ou la mer à la base d'un relief.	P569	
4781	Grotte ou caverne Cavité souterraine de grande taille, ouverte dans une paroi ou au flanc d'un versant.	P569	
4782	Galerie souterraine, tunnel Conduit subhorizontal, sec ou en charge, élargi par dissolution et aménagé par l'érosion d'une rivière souterraine.	P569 L Ø	
4793	Plaine de corrosion latérale fluvio-karstique (karstrandebene) Plaine inondée par l'émergence permanente ou périodique de la nappe phréatique et élargie par l'érosion latérale des bas de versants due à la dissolution ou/et au sapement par un cours d'eau divagant.	P569	

DOMAINE LITTORAL

Avec la participation de B.Hallégouet, professeur à l'Université de Bretagne occidentale (Brest)
et de H. Regnauld, professeur à l'Université de Haute Bretagne (Rennes II)

Le domaine littoral est un domaine original par sa situation géographique en marge des continents et des océans, et par sa mobilité sensible même à l'échelle humaine. Domaine frontalier caractérisé par une triple interface (air, terre, mer), le domaine littoral est soumis à l'action conjuguée des agents géodynamiques atmosphériques, continentaux et marins. Il déborde à la fois sur terre jusqu'à l'extrême pénétration des influences marines, et sur ou plutôt sous la mer tant que se manifestent les effets de la dynamique continentale, actuelle ou héritée. Sur cette frange relativement étroite mais fortement diversifiée s'exercent des processus variés, actifs, souvent spectaculaires et de haute énergie comme l'action mécanique des vagues de tempête, ou plus discrets mais tout aussi efficaces comme l'altération chimique par les embruns, ou comme les constructions biologiques. Du point de vue géomorphologique, le domaine littoral se manifeste différemment selon l'échelle. A petite ou moyenne échelle, ce sont les forces tectoniques et les structures lithologiques et topographiques qui règlent la position et les contours généraux du "rivage", matérialisé sur les cartes par une ligne, le "trait de côte" séparant la terre de la mer. A grande échelle, le trait de côte devient "estran", espace couvert et découvert par la marée et variable à vue dans une journée. L'estran borde la "côte", espace continental soumis aux vicissitudes plus lentes du climat et du modelé (héritages et familles de formes). Il se prolonge sous la mer par la "plate-forme continentale" au relief ennoyé et milieu de sédimentation façonné par les vagues et les courants. Morphologiquement très différencié et biologiquement très riche mais écologiquement menacé, convoité, exploité et souvent dégradé par l'homme, le domaine littoral, à la fois changeant et fragile, est au même titre que la haute montagne un domaine singulier à gérer avec soin.

L'abondance des taxons décrits dans ce chapitre reflète la variété des formes et des formations dans les différentes parties du littoral et aux différentes échelles. Tous les systèmes morphostructuraux et morphogéniques peuvent y être représentés, avec leurs couleurs spécifiques. Le domaine maritime se distingue du domaine continental par une trame fine et transparente en bleu outremer P285. Les formes et formations proprement littorales impliquant l'action de processus marins sont également traitées en bleu P285.

DESCRIPTEURS

D. dénivellation topographique (en altitude ou en profondeur), en mètres
L. dimension linéaire (L = longueur ; l = largeur) en kilomètres
α. pente topographique, en degrés
O. orientation, ou direction, en degrés / NG
G. granulométrie
C. chronologie

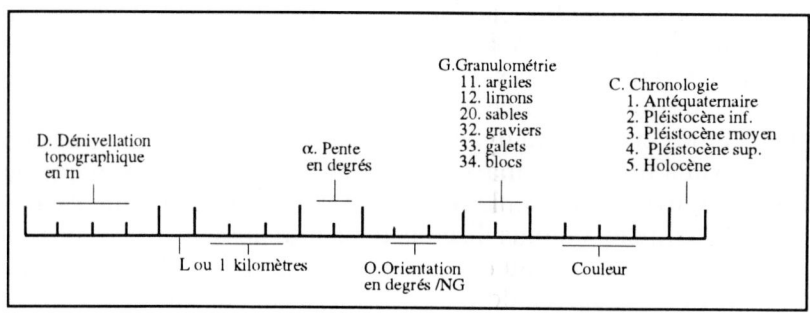

DOMAINE LITTORAL

Code	Taxons	Descripteurs	Figuré

1000 — **ESPACE LITTORAL**

C'est la zone de contact entre la terre et la mer. Réduit, sur les cartes à petite échelle, à une ligne sinueuse ou "trait de côte", l'espace littoral se subdivise en réalité et à plus grande échelle en étages différenciés par leur altitude et par l'importance relative prise, dans chacun d'eux, par les agents géodynamiques terrestres ou marins.

1003 — Eaux marines

Le domaine marin est individualisé sur les cartes par une trame bleue (P285) fine (10%) et suffisamment transparente pour permettre d'entrevoir les figurés des formes et formations du modelé sous-marin.

Descripteurs: P285 teinte faible

Figuré: P285 10%

1100 — Etagement

Etage infralittoral — Etage mésolittoral — Etage supralittoral

Estran — Trait de côte — Laisse de basse mer

1110 — Etage mésolittoral (intertidal)

C'est le "rivage" s.s. partie du littoral alternativement couverte et découverte par la mer et où interfèrent les actions dynamiques atmosphériques marines et continentales.

1122 — Niveau des plus hautes mers (trait de côte)

Ligne correspondant au niveau maximum d'avancée de la mer sur le continent.

Descripteurs: P285

1132 — *Sur les cartes à petite échelle, le trait de côte est représenté par une ligne continue sur les rivages d'érosion et par un pointillé (granulométrique) sur les rivages d'accumulation.*

Code	Taxon	Descripteurs	Figuré
1142	**Niveau des plus basses mers (zéro hydrographique)** C'est le niveau en-dessous duquel les fonds marins ne découvrent jamais. C'est aussi le niveau de référence ("zéro hydrographique") des cartes marines françaises auquel sont rapportées les profondeurs ("sondes") mesurées.	P285	
1152	**Niveau de la mer (niveau moyen des mers ; zéro géographique)** C'est théoriquement la surface de référence du géoïde, obtenue par le calcul ou, désormais, par l'observation satellitaire. Localement, c'est le niveau de mi-marée, ou le niveau moyen des hauteurs de marées établi en un point (en France, le marégraphe de Marseille) au cours d'un assez long temps (10 ou 12 ans) d'observation. *Le niveau moyen de la mer est rarement représenté en tant que tel. C'est la courbe de niveau 0 des cartes topographiques.*	P470	
1163	**Estran** Espace littoral compris entre le trait de côte et la ligne de plus basse mer. Synonyme d' "étage intertidal" ou "mésolittoral".	P285	
1170	**Etage supralittoral (arrière-côte)** Partie du littoral qui n'est jamais recouverte par la mer, sauf événements exceptionnels (débordements de tempête, tsunamis,...). Vu du large, c'est "la côte" proprement dite, bande de terre qui confine à la mer. Vu du rivage, c'est "l'arrière-côte" ou "arrière-plage", qui subit directement les effets des agents géodynamiques atmosphériques et continentaux, et indirectement l'influence du voisinage marin (humidité, vagues, embruns,...).		
1180	**Etage infralittoral (avant-côte)** Partie du littoral submergée en permanence. C'est "l'avant-côte" ou "avant-plage" dominée par l'action des agents géodynamiques marins (houle, vagues, courants,...).		

Code	Taxons	Descripteurs	Figuré
1200	**Tracé du rivage** *Le rivage est figuré sur les cartes à petite échelle par les sinuosités du trait de côte qui déterminent différentes unités physiographiques.*	P285	
1203	Golfe Rentrant du littoral de grande dimension (de 10^2 à 10^3 km^2 et davantage), ouvert vers le large ou étranglé par un goulet. Le terme s'applique aussi à certaines échancrures de la côte d'ampleur régionale (ex.: golfe du Lion, golfe de Gascogne). Une "rade" est un golfe dont le plan d'eau est suffisamment vaste et abrité pour permettre le mouillage de plusieurs navires (ex.: rade de Brest).		
1213	Baie Rentrant du littoral, évasé vers le large et plus petit qu'un golfe. Une "anse" est une petite baie aux contours arrondis.		
1223	Crique Rentrant du littoral de petite dimension, enfoncé dans une côte rocheuse et pouvant servir d'abri à quelques embarcations.		
1233	Estuaire Profonde indentation du rivage correspondant à l'embouchure d'un fleuve, soumise à la marée et balayée par les courants.		
1243	Cap Pointe de terre saillante dans la mer. Elevé et escarpé, c'est un "promontoire".		
1253	Péninsule Avancée dans la mer d'une masse continentale (10^3 à 10^5 km^2) entourée d'eau de tous côtés sauf un.		
1263	Presqu'île Avancée de terre dans la mer reliée au continent par un pédoncule étroit.		
	Isthme Langue de terre étroite reliant entre elles deux terres émergées.		
1283	Ile Terre émergée isolée dans la mer, entourée d'eau de tous côtés. Les îles de petite dimension sont des "îlots".		

Code	Taxons	Descripteurs	Figuré
2000	**FACTEURS ET AGENTS GEODYNAMIQUES** Les uns appartiennent au domaine continental, les autres au domaine maritime, et ils s'influencent réciproquement. Tous sont plus ou moins directement sous le contrôle des agents atmosphériques intégrés par le climat.		
2100	**Domaine continental** Les littoraux sont soumis aux divers systèmes morphogéniques continentaux (SYS) qui s'exercent dans le domaine géomorphologique (GEO) auquel ils appartiennent. Certains processus prennent toutefois sur les côtes une importance particulière.		
2103	Fragmentation mécanique (Cf. FSU 1003, 5003) On notera le rôle plus remarquable qu'ailleurs de l'haloclastie en raison des embruns, et de la percussion à cause des vagues de tempête.	P285	
2113	Altération chimique (Cf. FSU 1013). Elle est très active en raison des nombreux éléments véhiculés par l'eau de mer et dispersés par les embruns. Mais, au moins au voisinage du rivage, le balayage par les vagues entrave l'accumulation des altérites.	P285	
2120	Gravité		
2121	Gravité libre (éboulis ; éboulements) Active sur les falaises escarpées sapées par la mer à leur base.	gris	
2123	Gravité assistée Par reptation (creeping), soli (ou géli) fluxion.	P583 ou P252	
2130	Eaux courantes (cf. HYD)		
2133	Ruissellement diffus Principalement sur l'estran, au retrait des vagues et à l'émergence des eaux infiltrées dans la plage.	P583	
2143	Ruissellement concentré Cours inférieur et débouché des fleuves sur la mer. Ravinement des falaises. Chenaux de vidange de l'estran.	P306	

Code	Taxons	Descripteurs	Figuré
2150	<u>Vent à la côte</u> Il s'agit du vent régional modifié par le relief du littoral, et des vents alternés dus aux inégalités thermiques entre la mer et le continent (brise de mer le jour et brise de terre la nuit). Le rôle morphologique du vent (cf.SYS 4) dépend de sa direction, de sa vitesse et de sa turbulence : il pousse les vagues, comprime l'air dans les fissures, disperse les embruns et prend en charge le matériel fin (sable) sur les plages.	P123	
2151	Direction du vent efficace Le vent efficace est celui qui est directement capable d'une action géodynamique et géomorphologique sur la côte.	O	
2161	Déflation Prise en charge par le vent de matériel fin sur les plages.	G	
2171	Corrasion Erosion par usure ou percussion des surfaces rocheuses exposées au vent chargé de sable.		
2181	Accumulation éolienne Dépôt localisé ou généralisé de matériel transporté en suspension par le vent.	G	
2200	**Domaine maritime**		
2201	Sonde Cote de profondeur (en mètres) rapportée au zéro hydrographique (niveau des plus basses mers).	P285	• 30
2203	Courbes bathymétriques (isobathes) Courbes de niveau d'égale profondeur.	P285	
2210	<u>Marée</u> Onde d'oscillation d'origine cosmique qui abaisse et soulève périodiquement le niveau de la mer. Cette onde est modifiée près de la côte par la topographie des fonds et transformée en onde de translation sur le rivage.	P285	

Code	Taxons	Descripteurs	Figuré
2212	**Laisse (de basse mer ; de haute mer ; de tempête)** Ligne de niveau sur l'estran, jalonnée de débris (algues, coquilles, déchets) abandonnés par la mer.		
2221	Marnage Hauteur (en mètres) de la dénivellation entre la haute et la basse mer mesurée en un lieu donné. Le marnage découvre sur le littoral un espace intertidal : l' "estran" (cf.ci-dessus 1163).	D	+5
2233	Lignes cotidales Lignes joignant, sur une carte, les points où la marée se produit à la même heure.	gris	12
2241	Flot (ou flux) Marée montante et courant de marée correspondant.	P285	
2251	Jusant (ou reflux) Marée descendante et courant de marée correspondant.	P285	
2261	Mascaret Vague déferlante provoquée dans un estuaire par la rencontre du courant d'eau salée de flot avec le courant d'eau douce du fleuve.	P285	
2300	Houle et vagues Les vagues sont une agitation de la mer engendrée par le vent. La houle est une oscillation régulière résultant de la propagation des vagues hors de leur lieu d'origine. Ces ondulations se caractérisent par : - leur longueur d'onde λ, distance entre deux crêtes ou deux creux ; - leur hauteur h, dénivellation entre une crête et un creux ; - leur cambrure, rapport entre h et λ ; -leur période ou temps écoulé entre les passages en un même point de deux crêtes ou deux creux successifs ; - leur vitesse de propagation dans un sens donné.		

Code	Taxons	Descripteurs	Figuré
2311	Sens de propagation de la houle au large	P285	
2323	Ligne de crête Lieu des points d'élévation maximale de la houle en un instant donné.	P285	
2333	Orthogonales de houle Lignes tracées perpendiculairement aux lignes de crêtes de la houle. Elles permettent de matérialiser le sens de propagation de la houle au rivage.	gris	
2341	Sens de propagation de la houle au rivage	P285	
2353	Réfraction Variation de la vitesse de propagation de la houle en fonction de la profondeur et de la topographie du fond. Elle tend à aligner les lignes de crêtes sur les isobathes.		
2363	Diffraction Déviation du sens de propagation de la houle par la topographie du fond et de la côte. Les orthogonales de houle convergent vers les pointes et divergent dans les baies.		
2373	Réflexion Renvoi de la houle par un obstacle. L'interférence avec la houle mère donne le "clapotis" ou la "houle gaufrée".		
2383	Déferlement ; vagues déferlantes Le déferlement est un basculement de la crête des vagues suivi d'un écroulement accompagné de jets d'écume. Au large, il est causé par la force du vent. A l'approche du rivage, il se produit quand la profondeur d'eau est inférieure à une demie longueur d'onde : la vitesse de propagation de la houle diminue, la cambrure de la vague augmente et la crête se brise. Les vagues déferlantes peuvent être plongeantes ("volutes") ou seulement déversées ("rouleaux").	P285	
2400	Vagues au rivage Les vagues au rivage contribuent au modelé de l'estran et à l'érosion des falaises.	P285	

Code	Taxons	Descripteurs	Figuré
2401	Jet de rive (uprush) Mouvement ascendant de l'eau sur l'estran en avant du front de déferlement.	P285	
2411	Retrait (back wash) Mouvement descendant de l'eau apportée sur l'estran par le jet de rive.		
2421	Courant d'arrachement (rip current) Courant de retrait portant vers le large et entraînant une charge importante de matériel enlevé à la plage.		
2431	Percussion Projection de matériaux solides par les vagues de tempête contre une paroi rocheuse qu'elle contribue à déstructurer.	G	
2441	Onde de choc Effet de compression de l'air poussé par une vague dans l'étroiture d'une fissure ou la profondeur d'une grotte. Cet effet contribue à l'ébranlement et à la fragmentation des roches.		
2453	Embruns (zone d'extension des...) Gouttes d'eau de mer projetées par les vagues et dispersées par le vent. Ils contribuent à l'altération géochimique des falaises.		
2500	<u>Dérive littorale et sous-marine</u> Transfert d'eau marine parallèlement au rivage sous l'influence des vagues ou du vent.	P285	
2502	Dérive littorale (longshore current) Résultante du va-et-vient des vagues sur un estran oblique à la direction de la houle. L'ensemble des retraits et des courants d'arrachement génère un déplacement d'eau et de charge sédimentaire le long du littoral.	P285 O	
2511	Courant de dérive Courant consécutif à l'action du vent sur la couche superficielle de la mer. Sa direction est déviée par rapport à celle du vent par la force de Coriolis, vers la droite dans l'hémisphère nord, vers la gauche dans l'hémisphère sud.	P285 O	

286

Code	Taxons	Descripteurs	Figuré
2521	**Dérive sous-marine** Courant de compensation tendant à rétablir le bilan d'eau superficiel perturbé par la fuite de l'eau sous un vent parallèle ou oblique au rivage.	P285	
2533	**Upwelling** Remontée d'eau profonde vers la surface, à proximité du rivage, sous l'effet d'une dérive divergente vers le large. Ces remontées d'eau froide sont un des facteurs déterminants des déserts littoraux.	P285	
2600	<u>Glaces au rivage</u> (Cf. HYD 5200) pour les glaces de mer. Seules importent, du point de vue géomorphologique, les glaces à la côte.	blanc	
2613	Pied de glace Banquette littorale formée au pied d'une falaise par l'accumulation de la glace de mer, de la neige tassée et de la glace d'eau douce. Sa présence accentue les effets de la gélifraction sur les roches voisines.	P252	
2621	Radeau de glace Bloc de glace flottant provenant de la dislocation du pied de glace, du démantèlement d'un front de glacier continental (iceberg) ou de la banquise (floe), et mobilisé le long du rivage par la marée et les courants.	P285 (floe) ou P265 (iceberg)	
2631	Bloc glaciel Bloc isolé transporté et déposé par des glaces flottantes échouées sur le rivage.	P252	
2700	**Variations exceptionnelles du niveau marin** Le niveau moyen de la mer a varié plusieurs fois au cours des temps géologiques, déplaçant le rivage tantôt vers l'intérieur ("transgressions"), tantôt vers le large ("régressions"). Certaines de ces variations ont affecté l'ensemble des côtes de la planète, d'autres des secteurs de côtes localisés. Les uns s'étendent sur des périodes de temps considérables (millions d'années), les autres pendant un temps très court (quelques jours ou même quelques heures). *Ces variations du niveau marin s'expriment sur les cartes par les formes et formations conséquentes. Mais il peut être quelquefois utile de signaler le sens de cette mobilité du rivage.*		

Code	Taxons	Descripteurs	Figuré
2710	Eustasie (eustatisme) Variation planétaire du niveau de la mer due à une modification lente du volume des cuvettes océaniques (tectonique globale) ou du volume des eaux (variations climatiques, rétention glaciaire, déglaciation). L'"eustatisme" est la théorie qui attribue à l'eustasie l'emboîtement de nombreuses formes continentales (surfaces d'aplanissement, terrasses fluviales et marines,...).		
2711	Transgression	gris	
2721	Régression	gris	
2730	Variations d'origine tectonique Variations régionales ou locales du niveau relatif de la mer sous l'effet de la géodynamique interne : - "isostasie", déséquilibre hydrostatique d'un bloc continental par surcharge (sédimentaire ou glaciaire) et enfoncement (submersion), ou par allègement (érosion, déglaciation) et soulèvement (émersion) de la côte ; - "diastrophisme", déformation régionale ou locale de l'écorce terrestre (failles, plis) modifiant le tracé du rivage.		
2731	Submersion	gris	
2741	Emersion	gris	
2751	Tsunami Onde de choc engendrée par un séisme ou une éruption volcanique en mer. Elle provoque à la côte une lame ou vague de fond très rapide, de grande hauteur, déferlante et destructrice.	P285	
2760	Variations d'origine atmosphérique Variations locales et brèves du niveau relatif de la mer dues à des phénomènes météo-marins de courte durée.	P285	
2761	Seiche Oscillation du niveau de la mer créée par un afflux de vagues déferlantes poussées par le vent, ou par une variation positive ou négative de la pression atmosphérique.	P285	

Code	Taxons	Descripteurs	Figuré
2771	Débordement de tempête (storm surge) Elévation momentanée, parfois catastrophique, du niveau de la mer engendrée par un vent de tempête conjugué avec une forte marée et une baisse de la pression atmosphérique.	P285	
3000	**FORMES D'EROSION ET D'ABLATION** Les reliefs littoraux, soumis aux processus géo-dynamiques continentaux fournissent à la mer du matériel détritique progressivement évacué par les courants (ablation) et repris par les vagues dans l'attaque des falaises (érosion s.s.). *Les formations lithologiques sont traitées dans la couleur des domaines morphostructuraux auxquels elles appartiennent (cf. DOM). Les formes structurales sont traitées en P470, et les formes et formations marines en P285.*		
3100	**Falaises**	P285 sur DOM D α	
3110	Falaise vive Escarpement topographique en forte pente directement dû à l'action érosive de la mer (sapement, usure, percussion) et modelé par la dynamique continentale.		
3113	D < 5m		
3123	5m < D < 25m		
3133	D > 25m		
3143	Falaise dégradée à convexité estompée		

Code	Taxons	Decripteurs	Figuré
3200	**Types de falaises** D'après le mode d'évolution géodynamique de l'escarpement et de la couverture détritique.	P285 sur DOM D α	
3203	Falaise à éboulis		
3213	Falaise à éboulements Avec ou sans cicatrices d'éboulement et masse éboulée.		
3223	Falaise à solifluxion Affectant des formations sablo-limoneuses ou argileuses.		
3233	Falaise à foirage par paquets Avec ou sans niches de foirage.		
3243	Falaise à glissements en planches Glissements parallèles à la pente.		
3253	Falaise à glissements "rotationnels" Glissements le long de surfaces de cisaillement concaves, avec niches de décollement et basculement de la masse affaissée.		
3263	Falaise à coulées boueuses		
3273	Falaise à ravins		
3283	Falaise à valleuses Une "valleuse" est un vallon perché (non raccordé au niveau de la mer), le plus souvent sec, tronqué par le recul rapide d'une falaise.		
3293	Falaise à calanques Une "calanque" est une crique étroite, allongée (d'ordre kilométrique), aux versants escarpés, d'origine fluvio-karstique, ouverte dans des calcaires. Par extension : indentation littorale de même aspect en milieu non calcaire (ex : les "calanchi" des granites corses).		

Code	Taxons	Descripteurs	Figuré
3300	<u>Formes mineures dans les falaises</u> Formes affectant la zone d'attaque maximum par les vagues chargées de débris (sapement, percussion, mitraillage) ou par les embruns (altération chimique).	P285	
3303	Encoche Entaille horizontale à la base d'une falaise ("encoche basale"). Des encoches verticales ou obliques se produisent également par évidement d'affleurements de moindre résistance.		
3311	Grotte Excavation (d'origine généralement continentale, karstique notamment) évidée ou créée par l'action érosive des vagues.		
3322	Tunnel Couloir souterrain aménagé et entretenu par les effets de flux et de reflux des vagues.		
3333	Cannelures Stries ou sillons peu profonds dus à la corrasion marine ou éolienne.		
3343	Taffonis Cavités décimétriques à métriques dues à la désagrégation granulaire et au balayage par les vagues sur une paroi de roche grenue (gréseuse ou cristalline).		
3353	Lapiés littoraux Réseau d'arêtes et de pinacles aux formes très aigües, découpés par l'altération chimique due aux embruns dans des formations calcaires de l'arrière-côte.		
3400	**Platiers** Un "platier" est un estran rocheux faiblement incliné, taillé par l'érosion marine au pied d'une falaise en recul ("surface d'abrasion marine").	P285 sur DOM α	
3403	Platier uni Platier à surface lisse recoupant l'ensemble des affleurements rocheux de la zone intertidale.		

Code	Taxons	Descripteurs	Figuré
3413	**Platier à barres et sillons structuraux** Platier accidenté par des barres résiduelles de roche dure alternant avec des sillons en roche tendre.		
3420	**Ecueils** Têtes de roches émergées ou à fleur d'eau.		
3421	**Ecueil structural** Ecueil épargné par sa constitution lithologique ou par le jeu d'un accident tectonique.	Couleur DOM	
3431	**Ecueil non structural** Ecueil épargné par l'érosion dans le façonnement du platier.	P285 sur DOM	
3443	**Mares à encorbellement** Cuvettes fermées vaguement circulaires, circonscrites par des rebords vermiculés ou lapiasés en surplomb sur le haut estran.	P285	
3453	**Vasques** Mares à fond plat séparées par des crêtes sinueuses protégées par des organismes biologiques et étagées en escaliers sur l'estran.		
3463	**Visor** Encorbellement de la ligne de haute mer, de dimension métrique, intercalé, sur les littoraux des mers chaudes, entre la zone des lapiés et la zone des vasques.		
3471	**Marmite** Excavation circulaire creusée par le mouvement tourbillonnaire des galets entraînés par les vagues ou les courants turbulents.		
3481	**Trou souffleur (soufflard)** Orifice percé entre la voûte et la surface d'un encorbellement, par lequel l'air comprimé par les vagues et les vagues elles-mêmes jaillissent vers l'extérieur.		
3493	**Plage d'érosion en roche meuble** Surface d'abrasion taillée par la mer dans une plage de sable ou de galets et limitée en amont par une microfalaise ébouleuse et changeante.	G α	

Code	Taxons	Descripteurs	Figuré
4000	**FORMES ET FORMATIONS D'ACCUMULATION ET DE CONSTRUCTION**		
4100	**Plages** Une "plage" est une accumulation de matériaux meubles formant un estran en plan incliné. *Le matériel meuble des plages est représenté par un figuré granulométrique en bleu P285.*	P285	
4103	Plage de sable Matériaux entre 50μ et 2mm.	G α	
4113	Plage de graviers et de galets (grève) Matériaux grossiers de 4 à 200 mm (les "galets" sont des rudites polies, émoussées et aplaties par la mer). Parfois accompagnés de blocs de plus de 200 mm (blocs éboulés ou blocs glaciels).	P285 G α	
4123	Cordon littoral Partie supérieure de la plage, appuyée ou non aux reliefs de la côte. C'est un remblai dissymétrique construit par les vagues, avec une "crête de plage", un versant abrupt vers l'intérieur et un versant doux vers la mer. Le cordon littoral est souvent prolongé par un "épandage de tempête", étalement de galets projetés par les vagues de gros temps.	D G	
4133	Gradins de plage Ressauts éphémères (microfalaises centi- à décimétriques) taillés sur la face maritime d'un cordon littoral par les vagues de tempête ou par les états successifs du niveau de haute mer.	P285	
4143	Croissants de plage (beach cusps) Accumulations de sable ou de galets en forme de croissants (de largeur métrique à décamétrique) aux pointes effilées enserrant une légère dépression ouverte vers le bas, édifiées sur la plage par le va-et-vient des vagues.	P285	
4153	Grès de plage (beach rock) Banc de sable de plage cimenté par du calcaire. Sa formation est souvent très rapide.	G P285	
4163	Cuvette de décantation Dépression fermée retenant l'eau du reflux et dans laquelle se dépose la charge solide apportée par la marée.	G P285	

Code	Taxons	Descripteurs	Figuré
4171	**Rides de plage (ripple-marks)** Rides centimétriques à décimétriques créées par l'ondulation de l'eau sur le sable.	P285	
4183	**Bancs et sillons prélittoraux** Crêtes et dépressions parallèles ou obliques au rivage, édifiées au niveau des basses mers par l'oscillation des vagues et de la houle.	D P285	
4193	**Epandage de tempête** Etalement de matériaux grossiers (graviers et galets) projetés au-delà du cordon littoral par les vagues ou déposés par les débordements de tempêtes (storm surges, cf. ci-dessus, 2771).	G P285	
4200	**Constructions littorales** Il s'agit de dépôts sédimentaires effectués le long ou à proximité du rivage par la dérive littorale (cf. ci-dessus 2502) redistribuant des matériaux détritiques continentaux et/ou marins.	P285	
4203	**Flèche littorale** Cordon littoral à pointe libre, grossièrement parallèle au rivage et plus ou moins recourbé en crochet.	G	
4213	**Poulier** Flèche littorale allongée en travers d'un estuaire ou d'une baie (P).		
4223	**Musoir** Rive opposée au poulier, érodée par la houle et les courants de marée (M).		
4233	**Lagune** Etendue d'eau marine (ou saumâtre) isolée par un cordon littoral perméable ou échancré. Un "liman" est une lagune formée par un estuaire barré. Un "lido" est un cordon littoral de grande dimension (kilométrique) isolant une lagune en avant d'une côte plate (ex. le lido de Venise).		
4241	**Grau** Passe ouverte dans un cordon littoral, entretenue par la marée et mettant en communication une lagune avec la mer.		

Code	Taxons	Descripteurs	Figuré
4253	Queue de comète Flèche(s) littorale(s) attachée(s) à une île ou à un écueil.	G	
4263	Tombolo Flèche simple, double ou triple, formant un isthme reliant une île.	G	
4273	Delta Cône de déjection fluvio-marin au débouché en mer d'un fleuve très chargé d'alluvions et divisé en plusieurs bras.	G P285	
4300	**Constructions biologiques**	P576	
4303	Trottoir Banquette saillante au niveau des hautes mers, au pied d'une falaise, construite par des algues calcaires (Lithothamniées) dans les mers tièdes à faible marnage.		
4310	Récif corallien Construction infratidale constituée par des colonies de Polypiers (Madrépores ou "Coraux") associées à d'autres organismes calcaires (Bryozoaires, Mollusques, Lithothamniées). Ne se rencontre que dans les eaux agitées et chaudes (>18°) des océans tropicaux.		
4313	Récif frangeant Récif bordant directement la côte dont il n'est séparé que par une plage ou/et par un étroit chenal peu profond ("chenal des embarcations").		
4323	Récif barrière Récif isolé sur l'avant-côte ou au large, autour d'une terre ou d'une île.		
4333	Atoll Récif annulaire en forme d'île basse, étroite et circulaire, entourant un lagon.		
4343	Lagon Etendue d'eau marine isolée du large par un édifice corallien, atoll ou récif barrière.	P285 entouré P576	
4351	Passe Ouverture dans un récif, entretenue par les courants de marée et faisant communiquer un lagon avec le large.	P285	

Code	Taxons	Descripteurs	Figuré
4363	**Sable corallien** Formation détritique composée de sable blanc calcaire et de débris d'organismes provenant de l'altération et de la destruction des récifs par les embruns et par les vagues. Les plages de sable corallien sont souvent localement consolidées en beach rocks (cf. ci-dessus 4151).	P285	
4373	Herbier Colonisation de l'étage infralittoral par une prairie de graminées (Zostères) ou/et d'algues (Fucus, Laminaires) marines qui piège les sédiments transportés par les courants.	P576	
4383	Mangrove Variété littorale, intertidale, de la forêt tropicale. Formée d'arbres halophiles et submersibles (Palétuviers), la mangrove fixe la vase et le limon venus du continent et étalés par la marée.	P576	
4400	**Marais littoraux**	P285	
4403	Marais maritime (wadden, marsh) Formation intertidale composée de sédiments fins (vase, cf. LIT 4341) marins et/ou fluvio-marins, inondable par la marée et partiellement envahie par la végétation, située en bordure d'une côte plate, d'une baie ou d'un estuaire.		
4413	Slikke Partie basse d'un marais maritime, formée de vase molle, inondée à chaque marée et colonisée dans sa partie supérieure ("haute slikke") par une végétation halophile (ou par une mangrove).		
4423	Schorre Partie haute d'un marais maritime, argilo-limoneuse ou sableuse, séparée de la slikke par une microfalaise, et recouverte seulement par les marées de vive-eau. La présence d'une végétation halophile (Salsolacées) plus dense ("prés-salés") sur un sol plus sec permet l'ébauche d'une pédogénèse et la formation de tourbières.	P576	
4432	Etier Chenal de marée plus ou moins ramifié et aménagé permettant à la mer d'irriguer l'intérieur d'un schorre et d'évacuer les eaux vers le large.	P285 noir si artificiel	

Code	Taxons	Descripteurs	Figuré
4443	**Buttes gazonnées (motturaux)** Champ de microreliefs de taille décimétrique, couverts d'herbe et formés sur un sol meuble argileux soumis à une alternance d'hydratation (gonflement) et de dessication (retrait).	P583	
4500	**Formes éoliennes** Formes de remaniement des sables de plages par le vent marin (cf.SYS 4).	P123	
4503	Champ de dunes (indifférenciées)	D G	
4513	Dunes de crête de plage Dunes édifiées sur le haut de plage ou sur un cordon littoral.	D G	
4523	Dunes bordières Dunes installées parallèlement au rivage sur l'arrière-côte, à la limite de l'estran.	D G	
4533	Dunes perchées Dunes grimpant à l'assaut d'un relief d'arrière-côte ou juchées sur une surface dominante.	D G	
4543	Dunes vêtues Dunes recouvertes par une végétation psammophile.	P576 sur P123	
4551	Cuvette de déflation (caoudeyre) Dépression creusée dans un massif de dunes (surtout sur dunes vêtues à couverture végétale dégradée) par déflation et exportation du sable sous l'effet d'un vent turbulent.	P123 D	
4561	Dune parabolique Dune en U, à concavité tournée au vent. Forme de déflation-construction à partir du démantèlement de dunes vêtues et accumulation du sable excavé en bourrelet allongé sous le vent.	D G O	
4573	Dunes en râteau Cordon de dunes transversales formé par l'accolement de dunes paraboliques soudées latéralement.		
4581	Brèche (passe) éolienne (siffle-vent, windgap) Echancrure ou passage déblayé et aménagé par le vent à travers un alignement dunaire.		

Code	Taxons	Descripteurs	Figuré
4593	**Dunes consolidées** Dunes indurées (parfois avec concrétions ou lits de croûte) au sable cimenté par les carbonates véhiculés par l'eau d'infiltration ou des embruns dans les vides de la formation.	hachures P285 sur P123	
5000	**FORMES HERITEES** Formes d'origine marine actuellement exclues du champ d'activité des processus marins.	P285 chronologie	
5100	**Falaise morte** Falaise ancienne située en retrait du rivage actuel et soustraite à l'influence directe de la mer.	D α	
5103	$D\ <\ 5\,m$		
5113	$5\,m\ <\ D\ < 25\,m$		
5123	$D\ >\ 25\,m$		
5133	Cordon littoral abandonné Crête de plage ancienne, actuellement hors de portée des vagues de haute mer.	négatif sur P285	
5143	Dunes anciennes Dunes héritées d'un système littoral inactuel, perchées sur un relief d'arrière-côte, juchées sur une crête de plage ou bordières d'un rivage abandonné.	négatif sur P123	
5151	Ecueil résiduel Ancien écueil perché sur un platier "soulevé" au-dessus du niveau marin actuel (cf. l'arabe "skhirat", plur. "skhour") et souvent enterré dans des formations marines anciennes ou continentales plus récentes.	P285	
5200	Terrasses marines Une terrasse marine est un ancien estran, plate-forme rocheuse ou ancienne plage, abandonné et perché au-dessus de l'estran actuel ou d'une autre terrasse plus récente. Les terrasses marines jalonnent les positions successives des anciens rivages au cours d'un mouvement discontinu d'émersion du continent ("plages soulevées") ou de retrait de l'océan (cf. ci-dessus 2700 ; terrasses eustatiques ou terrasses tectoniques).	P285 D chronologie	

Code	Taxons	Descripteurs	Figuré
5202	Rebord de terrasse net, abrupt	D	
5212	Rebord de terrasse estompé, dégradé	D	
5223	Terrasse d'abrasion (rocheuse) Terrasse directement taillée dans la roche en place et dépourvue de couverture détritique.	P285 sur LIT D	
5233	Terrasse d'accumulation Le matériel de la terrasse est celui de la plage ancienne, plus ou moins recouvert par des apports détritiques continentaux.	P285 D G	
5243	Terrasses étagées Terrasses disposées en gradins entaillés dans la roche en place. Les plages sont séparées par des talus laissant apparaître le substratum rocheux.	P285 D G LIT	
6000	**TYPES DE CÔTES** Les types de côtes se définissent en fonction de leur origine, de leur structure tectonique et lithologique et de leur évolution géodynamique, facteurs qui interviennent à des degrés divers selon l'échelle : - A petite échelle jouent d'abord les facteurs tectoniques globaux (tectonique des plaques et des marges continentales ; mouvements verticaux) qui ordonnent la répartition générale des terres et des mers. - A moyenne échelle, la côte dépend surtout de la structure régionale (nature du matériel rocheux et de ses déformations) et des caractères morphologiques du relief continental qui conditionnent les sinuosités du tracé. - A grande échelle enfin, la côte est soumise aux agents géodynamiques continentaux et marins responsables du modelé de détail et largement influencés par les conditions climatiques actuelles et passées.		
6100	**Côtes influencées par la tectonique globale** Tantôt en surrection (émersion), tantôt en subsidence (submersion), ces côtes caractérisent les contacts océans-continents sur des milliers de kilomètres.	gris	

Code	Taxons	Descripteurs	Figuré
6103	**Marge continentale active (Cf. DOM 2133)** Rebord continental en contact avec une plaque océanique en subduction. Existence d'une fosse profonde à peu de distance du rivage et présence de volcans sur le continent. Séismicité importante. Tracé général du littoral courbe et peu sinueux.	gris	
6113	**Marge continentale passive (Cf. DOM 2123)** Rebord continental immergé bordé par un plateau continental incliné vers le large jusqu'à une profondeur de - 200m. Séismicité faible et absence de volcanisme. Le tracé des rivages est très subordonné aux conditions locales du relief continental.		
6121	**Côte d'émersion** L'abaissement relatif du niveau marin fait émerger les dépôts sédimentaires et les reliefs qui couvrent la plate-forme littorale exondée.	gris	
6131	**Côte de submersion** La mer pénètre dans les creux du relief continental. Le tracé de la côte est très sinueux et les formes littorales sont très variées.		
6200	**Côtes influencées par la structure régionale** Le tracé est en relation avec le dispositif tectonique acquis (tectostatique) et avec la nature des terrains (lithologie).	Trait de côte en P285	
6203	**Côte à structure longitudinale** Type "dalmate", ou "pacifique". L'orientation du rivage est parallèle à la direction des accidents tectoniques. La côte est escarpée et peu échancrée le long des accidents, mais la mer pénètre dans les creux du relief par les ensellements périclinaux ou par les coupures d'érosion. Aux creux correspondent des golfes allongés, et aux crêtes des promontoires ou des îles séparées par des cluses ou des seuils ennoyés.	O O'	
6213	**Côte à structure transversale** Type "atlantique". L'orientation du rivage est perpendiculaire (ex. Finistère) ou oblique (ex. Charente) par rapport à celle des accidents tectoniques (plis ou failles). La côte est partagée	O O'	

Code	Taxons	Descripteurs	Figuré
	entre des baies ou anses en voie de comblement correspondant aux creux du relief, et en caps, promontoires ou îles correspondant aux crêtes ou aux horsts.		
6220	**Côte à structure volcanique** Le tracé est très influencé par les formes de construction ou de destruction liées à l'activité volcanique elle-même (cf. GEO 3) : contours circulaires des cônes émergés, alignements d'îles en chapelets sur des fissures ou des points chauds, golfes dus à l'invasion par la mer de cratères d'explosion, etc... Dans le détail, les formes dépendent surtout du matériel : érosion rapide dans les formations pyroclastiques, lente dans les laves en coulées.	GEO 3 P285 et LIT	
6230	**Côte à structure calcaire** Qu'il s'agisse de calcaires sédimentaires ou de calcaires bioconstruits (récifaux), les côtes calcaires reflètent les propriétés géomorphologiques de ce matériel rocheux. Dans les calcaires massifs, homogènes, les falaises sont escarpées et le trait de côte généralement rectiligne. Le recul est sensiblement plus rapide dans les calcaires friables (craie) et les calcaires marneux. Le relief karstique (cf. GEO 1) s'y développe sous l'effet des agents continentaux, mais le déploiement des formes karstiques profondes (endokarst) dépend de l'épaisseur de la formation calcaire au-dessus du niveau de la mer (sauf dans le cas d'un paléokarst ennoyé).	GEO 3 P285 et LIT	
6300	**Côtes basses, de plaines** Il s'agit de côtes plates bordant une plaine continentale. Les formations continentales, alluviales ou colluviales, remaniées par les vagues et les courants côtiers, participent à l'édification de diverses formes d'accumulation littorales (cf. ci-dessus 4200) : - cordons littoraux ou flèches plus ou moins avancés au large ("lidos", cf. Venise), ou barrant des estuaires ("limans", cf. mer Noire), ou isolant des lagunes ou étangs (cf. Languedoc) ; - saillies de deltas en éventail (cf. Nil) ou aux bras multiples enserrant des étangs aux eaux saumâtres (cf. Rhône, Mississipi) ;	P285	

Code	Taxons	Descripteurs	Figuré
	- comblement par la vase des pièces d'eau littorales, progressivement transformées en marais plus ou moins envahis par la végétation. Dans ces conditions de sédimentation, les seuls ancrages solides sont des îles rocheuses formant des caps ou des tombolos.		
6400	**Côtes d'ennoyage** Elles résultent d'une remontée relative du niveau de la mer (transgression marine ou subsidence continentale) qui pénètre dans les creux du relief littoral. La physionomie de ces côtes est très variable en fonction des caractéristiques morphologiques propres au relief submergé et au système géodynamique auquel il appartient (ou a appartenu).		
6410	<u>Modelé fluvial ennoyé</u> Submersion des basses vallées d'un réseau fluvial exoréïque. L'avancée de la mer crée des golfes allongés, plus ou moins encaissés selon la topographie des vallées continentales submergées. Les basses vallées se comportent alors comme des estuaires (cf. ci-dessus 1233) dont les rentrants s'envasent progressivement ("vasières") en encadrant un chenal entretenu par les courants de marée.	P285	
6413	Ria Terme générique d'origine espagnole (cf. Galice). Désigne une baie profonde aux versants raides, largement évasée vers l'aval, inscrite dans un relief massif ou montagneux accidenté de vallées encaissées héritées de périodes antérieures à la transgression.	D L 1	
6423	Aber Nom breton d'une ria de petit fleuve côtier aux flancs raides, sinueuse (méandres) et ramifiée (affluents), entaillée dans un bas plateau cristallin bordé de falaises peu élevées.		
6433	Ria en bouteille Ria fermée sur la mer par un étranglement traversé par un goulet.		

Code	Taxons	Descripteurs	Figuré
6443	**Chem (plur. churoum)** Terme arabe désignant une sorte de ria prolongeant généralement un oued (ou waddi), allongée et étroite, peu ramifiée, inscrite dans une basse plaine littorale et bordée par des formations coralliennes (cf.mer Rouge).	P285 et P576	
6450	<u>Modelé glaciaire ennoyé</u> Les littoraux des régions glaciaires sont complexes du fait que leur tracé résulte d'un compromis entre des phénomènes eustatiques (déglaciation = transgression) et des phénomènes isostatiques (déglaciation = compensation par soulèvement), avec un décalage plus ou moins grand dans le temps. Les littoraux bordant des glaciers actuels et des glaces de mer ne se rencontrent que dans les régions polaires (cf.HYD 5200 et ci-dessus 2600). En revanche, ceux des régions englacées puis déglacées sont très différenciés.	côte P285 formes P265	
6453	**Front de glacier flottant** Les glaciers qui arrivent au rivage flottent sur la mer et sont soumis au mouvement des vagues et des marées qui disloquent leur front et en détachent des blocs flottants de toutes tailles (icebergs, cf. HYD 5261)	côte P285 glacier P306	
6463	**Fjord** Terme d'origine scandinave. Désigne une auge glaciaire (GEO 4, 1500) ennoyée, encadrée par des versants très raides et très encaissants (>100m de dénivellation), avec parfois des épaulements (GEO 4, 1533). Certains fjords s'enfoncent très loin à l'intérieur des terres (jusqu'à plus de 100 km) et présentent des ramifications latérales, ennoyées ou suspendues (GEO 4, 1543). Le profil longitudinal du lit du fjord conserve les irrégularités originelles du lit glaciaire (SYS 3, 3002) ennoyé, avec ses ombilics de surcreusement (SYS 3, 3033 ; certains profonds de plus de 1000m) séparés par des verrous (SYS 3, 3043) submergés. Le remblaiement d'un tel volume est lent et difficile ; il se borne à l'édification de cônes de déjection au pied des versants ravinés, et à quelques deltas et vasières relégués au fond des vallées affluentes.	P285 et P265 D L l	

Code	Taxons	Descripteurs	Figuré
6470	**Côte à skjärs** Côte basse de plaine glaciaire ennoyée par la déglaciation, mais en voie d'émersion. Des eaux peu profondes entourent un semis d'îlots et d'écueils ("skjärs"). Cet archipel ("skjärgaard" ou "jardin d'écueils") est l'émergence d'une topographie proglaciaire ou sous-glaciaire révélée par le retrait des glaces (SYS 3, 6000) et remodelée et régularisée par l'érosion marine. Les crêtes morainiques (SYS 3, 6113) abandonnées se transforment en cordons littoraux isolant des lagunes (cf. les "haffen" de la côte sud Baltique); les champs de drumlins (SYS 3,6063) en un fouillis de petites îles ; les eskers (SYS 3, 6043) en digues ou en épis ; les kettles (SYS 3, 6033) en marmites ou en baies semi-circulaires ; les chenaux proglaciaires ("fjärds") et sous-glaciaires ("förden", "vallées-tunnels") en rias.	P285 et P265	
6483	**Plaine maritime fluvio-glaciaire** Côte basse formée de skjärgaards plus ou moins enterrés, de cônes fluvio-glaciaires ("sandrs", SYS 3, 5253), de plages et cordons littoraux.	P285 et P265	
6490	<u>**Côte contraposée**</u> Côte établie originellement sur la couverture meuble (ex. head, lœss, colluvions diverses) d'un substratum rocheux, puis installée dans ce substratum après dégagement de la couverture par l'érosion marine.	P285	
7000	**FORMES ET FORMATIONS SOUS-MARINES** Ce sont les formes et formations situées sur la plate-forme continentale (ci-dessous 7103) et plus spécialement sur sa partie interne, la plus proche de la côte (proximale), la plus riche en apports continentaux et biologiques (néritiques) et la plus agitée par les vagues, les marées et les courants côtiers. Elles comportent des dépôts et des reliefs continentaux submergés, et aussi des formes et des sédiments proprement océaniques, actuels ou hérités. *Quelle que soit leur origine, définie par une couleur spécifique, les formes et formations sous-marines sont, cartographiquement, recouvertes par un voile transparent obtenu par une trame faible (10%) de bleu P285.*	sous trame faible P285	

Code	Taxons	Descripteurs	Figuré
7100	**Plate-forme continentale (plateau continental ; continental shelf)** C'est la partie de la marge continentale comprise entre le 0 hydrographique et le sommet du talus continental situé à une profondeur moyenne de 200m. Disposée en plan incliné, elle est d'autant plus large et en pente d'autant plus faible que le relief côtier est moins élevé. En fait, elle est génénéralement accidentée par des reliefs continentaux (héritages) plus ou moins retouchés par les processus géodynamiques marins et plus ou moins enrobés par une sédimentation d'origine continentale (terrigène) ou biologique (organogène).	1 α côte P285 talus P470	
7110	**Formes structurales** Formes liées à la constitution tectonique et lithologique du relief : formes continentales noyées ou formes engendrées sur la plate-forme continentale elle-même. *Les formes structurales ont été décrites au chapitre FST (failles et fossés, reliefs monoclinaux ou plissés,...). Les symboles sont les mêmes que pour les formes continentales, dans la couleur du domaine structural (DOM) concerné.*		
7113	Surface rocheuse (hard ground) Surface nue ou dénudée, accidentée ou non par des récifs ou écueils (ci-dessus 3420) :"chaussée". *Caractérisée par son symbole lithologique.*		
7123	Pente continentale (talus continental ; continental slope) Grand escarpement en forte pente tourné vers le large et reliant la plate-forme continentale aux fonds océaniques moyens (de 2000 à 4000 m). Contact entre la croûte continentale et la croûte océanique, elle est généralement masquée par une épaisse sédimentation plus ou moins remaniée par des mouvements tectoniques (failles) ou dynamiques (éboulements, glissements). Son tracé est le plus souvent sinueux et échancré par des tranchées profondes (cf. ci-dessous 7613 et 7623).		

Code	Taxons	Descripteurs	Figuré
7200	**Formes continentales ennoyées** Formes engendrées par la dynamique subaérienne puis submergées.	P339	
7300	<u>Formes fluviatiles</u> (Cf. SYS 1)		
7301	Ancien tracé fluvial		
7310	Vallée fluviale ennoyée		
7313	vallée en V		
7323	vallée en berceau		
7333	vallée à fond plat		
7342	Berge ou rebord de terrasse ennoyés	D	
7353	Nappe d'alluvions fluviatiles *Représentation granulométrique en quinconce*	G	
7363	Delta profluvial Cône de déjection au débouché d'un fleuve.		
7400	<u>Formes karstiques</u> (Cf.GEO 1) Il s'agit essentiellement de formes de surface (exokarst) rarement bien conservées et plus ou moins colmatées.	P569	
7403	Champ de lapiés		
7413	Dépression karstique Doline ou poljé.		
7423	Canyon karstique		
7433	Karst bosselé Ruiniforme ; à coupoles ; à tourelles.		

Code	Taxons	Descripteurs	Figuré
7500	Formes glaciaires (Cf. SYS 3 et ci-dessus 6450).	P265	
7503	Ombilic de surcreusement		
7513	Verrou		
7523	Collines morainiques		
7533	Strandflat Banquette rocheuse littorale proche du niveau marin, caractéristique de certaines côtes à fjords héritières des grands inlandsis quaternaires (ex.: Norvège, Groenland). Des chenaux encaissés la traversent dans le prolongement des fjords. Elle est attribuée au modelé glaciomarin d'une surface d'aplanissement continentale travaillée par l'érosion glaciaire (moutonnement) et périglaciaire (géli-fraction, pied de glace).	P265 côte P285	
7600	**Formes et formations marines** Formes et formations liées plus ou moins directement à l'action des processus géodynami-ques marins ou remaniées par eux.	P285	
7610	Formes	P285	
7613	Falaise plongeante Escarpement prolongeant sous la mer la base d'une falaise, sans l'intermédiaire d'une plate-forme ou banquette littorale (côte "accore") et soumis à l'action des agents sous-marins.	D α	
7623	Canyon sous-marin Entaille profonde et encaissée dans le talus conti-nental, plus ou moins sinueuse et ramifiée, caractérisée par des versants raides et un profil en long très incliné parcouru par des courants de gravité très chargés ("courants de turbidité"). C'est une forme très complexe et souvent composite : certains prolongent une vallée continentale (fluviale ou glaciaire), mais d'autres en sont indépendants (dépressions tectoniques ou ravinement du talus).	D	

Code	Taxons	Descripteurs	Figuré
	"Gouf" désigne un canyon profond, étroit, fermé en amphithéâtre en amont et proche du littoral d'une côte basse bien fournie en sédiments facilement mobilisables (cf. le Gouf du cap Breton dans le golfe de Gascogne).		
7632	Ravin de la pente continentale Sillon d'érosion de petite dimension, couloir d'éboulement ou d'avalanche de turbidité.	α	
7643	Fossé ou sillon sous-marin Dépression allongée d'ordre kilométrique ou déca-kilométrique, plus ou moins continue, d'origine tectonique ou continentale ou sous-marine, évidée et entretenue par des courants de fond.	D L	
7652	Tracé d'ancien rivage	chronologie	
7710	<u>Formations</u>	P285	
7712	Transit sédimentaire Sens du déplacement résultant des sédiments à la côte ou au large sous l'influence d'ensemble des courants.	G O	
7723	Delta de marée Cône alluvial construit par la marée au débouché d'un chenal ou goulet de marée. On distingue souvent un "delta de flot" vers l'intérieur du goulet, et un "delta de jusant" vers l'extérieur.	P285 G	
7733	Banc Haut fond sous-marin produit par une accumulation de sédiments (sable, graviers, coquilles)	D G	
7743	Barre Banc plus ou moins mobile et continu, construit sur les fonds d'avant-côte en avant des estuaires ou/et étiré parallèlement au littoral.	D G	
7753	Dunes hydrauliques Bancs de sable plus ou moins parallèles et dissymétriques construits sur le fond marin par l'oscillation des vagues et de la houle.	D G O	

Code	Taxons	Descripteurs	Figuré
7763	Rubans Bancs ou taches de sable disposés en chapelets alignés et plus ou moins continus.	G	
7773	Ridins Barres ou bancs de sable allongés en ondes parallèles.	G	
7783	Maërl Formation infralittorale meuble (sables et graviers) principalement composée de débris organiques calcaires (Lithothamniées notamment).	G	
7793	Tangue Sédiment pélitique argilo-limoneux et calcaire.	G	
7803	Vasière Surface couverte de vase (cf. LIT 4341), sédiment riche en particules d'un diamètre < 50 μ (limons et argile + débris organiques plus grossiers).	G	

INDEX DES TAXONS

A

Aa (GÉO 3-3223, p.221) - *cheire, lave à gratons, surface rugueuse -*
Aber (GÉO 7-6423, p.300)
Ablation (GÉO 5-4413, p.251) - *dénudation, glacis d'érosion -*
Abri sous roche (GÉO 1-3751, p.195)
Accidents siliceux dans les roches (LIT-3300, p.65)
Accumulation éolienne (SYS 2-5101, p.153 ; SYS 4-2041, p.174 ; GÉO 5-1341, p.248 ; GÉO 6-1241, p.261; GÉO 7-2181, p.283)
Actions anthropiques (FSU-1100, p.117)
Affluent (HYD-2103, p.27)
Agents géodynamiques (GÉO 5-1000, p.247)
Agents et processus géodynamiques (GÉO 6-1000, p.259)
Aiguille (GÉO 4-2011, p.240 ; GÉO 5-4731, p.254) *- chicot, clocheton, gendarme, monument, pic, sommet aigu, chicot, tour -*
Aiguille de protrusion (GÉO 3-3421, p.222)
Aiguille ruiniforme (GÉO 1-3731, p.195) - *pinacle, chicot -*
Aklé (SYS 4-5063, p.179 ; GÉO 5-4643 , p.254)
Alas (SYS 2-6133, p.154)
Aleurites (LIT-4303, p.75) -*limons, poudres, silts -*
Alios (FSU-5221, p.121)
Alluvions (FSU-7003, p.123)
Alluvions fluvio-glaciaires (SYS 3-5233, p.168)
Alluvionnement de rive convexe (SYS 1-3003, p.134)
Almou (GÉO 4-3033, p.243) - *pelouse humide -*
Altération chimique (FSU- 1013, p.117 ; GÉO 2-4103, p.212, GÉO 5-1033, p.247 ; GÉO 6-1013, p.259 ; GÉO 7-2113, p.280)
Altérites (FSU-5103, p.120 ; GÉO 6-2013, p.263)
Altérites déplacées (GÉO 2-4223, p.213 ; GÉO 6-2033, p.263)
Altérites déplacées avec litage (GÉO 2-4233, p.213)
Altérites déplacées en lobes superposés (GÉO 2-4243, p.213)
Altérites en place (profil pédologique) (4203-GÉO2, p.212 ; GÉO 6-2023, p.263)
Altérites indifférenciées (GÉO 6-2023, p.263)
Alvéole (GÉO 6-4513, p.274)
Alvéole d'altération (GÉO 2-3503, p.210)
Alvéole d'altération dénudée par récurage (GÉO2-3523, p.210)
Alvéole d'altération empâtée d'altérites (GÉO 2-3513, p.210)
Amphibolite (LIT-1311, p.58 ; GÉO 2-1091, p.202)
Ancien tracé fluvial (GÉO 7-7301 p.306)
Andésites (LIT-6201, p.78 ; GÉO 2-1441, p.205)
Anneau de tuf (GÉO 3-3611, p.223)
Antéclise (TEC-4063, p.50)
Anticlinal évidé (FST-3203, p.101)
Anticlinal exhumé (FST-3133, p.99) -*mont dérivé -*
Anticlinorium (TEC-3433, p.49)
Antidunes (GÉO 3-3813, p.224)
Aplite (LIT-1421, p.59 ; GÉO 2-1231, p.203)
Arche (GÉO1-3761, p.195)
Arène (SYS-5151, p.121 ; GÉO 6-2043, p.263)
Arête (TOP-3022, p.14) -*crête aigue -*
Argile (LIT-4331, p.75 ; LIT- 5003 et 5001, p.76 ; FSU-3303, p.119 ; GÉO 6-2043, p.264)
Argile à chailles (FSU-5121, p.120)
Argile à meulière (FSU-5131, p.121)
Argile à silex (FSU-5111, p.120)
Argile blanche (LIT-5041, p.77)
Argile calcaire (LIT-5061, p.77)
Argile de décarbonatation (FSU-5141, p.121) - *terra rossa, terre de causse -*
Argile plastique (LIT-5011, p.76) - *terre glaise -*
Argile verte (LIT-5051, p.77)

Argiles smectiques (LIT-5031, p.77 ; GÉO 6-2081, p.264) *- smectites-*
Argilites (LIT-3141, p.64 ; GÉO 2-1511, p.206) - *shales -*
Arkose (LIT-3231, p.65 ; GÉO 2-1601, p.206 ; GÉO 6-2051, p.264)
Arrachement (SYS 3-3061, p.164)
Arres (GÉO 1-3233, p.190) - *champ de lapiés, karren, rascles -*
Arrière-côte (GÉO 7-1170, p. 280) - *étage supralittoral , arrière plage -*
Astroblème (GÉO 3-7001, p.233) - *cratère météorique -*
Atoll (GÉO 7-4333, p.293)
Auge glaciaire (SYS 3-3013, p.164 ; GÉO 4-1500, p.239)
Auréole de métamorphisme (LIT-1513, p.60 ; DOM-1033, p.85 ; GÉO 2-1273, p.204)
Avalanche (SYS 2 -3061, p.150 ; GÉO 4-1301, p.238)
Avalanche de fond (GÉO 4-1321, p.238)
Avalanche de glace et de neige (GÉO 4-1311, p.238)
Avalanche de neige poudreuse (GÉO 4-1331, p.228)
Avant-butte (FST-1133, p.96 ; FST-2153, p.97)
Avant-côte (GÉO 7-1180, p. 280) - *étage infralittoral , avant-plage -*
Aven (GÉO 1-2001, p.187)
Aven ouvert sur un réseau souterrain (GÉO 1-2021, p.187)
Axe (TEC-3050, p.45)
Axe anticlinal (TEC-3062, p.45)
Axe synclinal (TEC-3072, p.45)

B

Back wash (GÉO 7-2411, p.286) - *retrait -*
Badlands (HYD-1313, p. 25 ; GÉO 5-2033, p.253 ; GÉO 6-3233, p.268) - *chebkas , ravinement généralisé , roubines -*
Bahada (GÉO 5-4573, p.252)
Baie (GÉO 7-1213, p. 281)
Ballon (TOP-3111, p.15) - *dôme, sommet arrondi -*
Banc (GÉO 7-7733, p.308)
Bancs et sillons prélittoraux (GÉO 7-4183, p.292)
Banquette de gélifluxion (SYS 2-2083, p.149) - *bourrelet de gélifluxion -*
Banquise (HYD-5213, p.35) - *pack-*
Barkhane (SYS 4-4331, p.177)
Barranco (GÉO 3-4502, p.228)
Barranco de mouvement de masse (GÉO 3-4522, p.228)
Barranco de ravinement (GÉO 3-4512, p.228
Barre (GÉO 7-7743, p.308)
Barre appalachienne (FST-3403, p.103 ; FST-3413, p.104) - *crête appalachienne -*
Basalte alcalin (LIT-6111, p.78)
Basaltes (LIT-6101, p.78 ; GÉO 2-1451, p.205)
Bassin de piémont (DOM-2143, p.88)
Bassin de remplissage (DOM-2103, p.87)
Bassin sédimentaire (TEC-4073, p.50 ; DOM-2000, p.87)
Bassin-versant (HYD-1303, p.24 ; SYS 1-4013, p.135)
Batholite (DOM-1022, p.85) - *intrusion, massif circonscrit -*
Bayou (SYS 1-4233, p.138) - *lobe de méandre abandonné -*
Beach cusps (GÉO 7-4143, p.293) - *croissants de plage -*
Beach rock (GÉO 7-4153, p.293) - *grès de plage -*
Bédière (HYD-3202, p.30, SYS 3-2002, p.162)
Beine (HYD-2073, p.27)
Berges (HYD-1112, p.23 ; SYS 1-2023, p.134)
Berge dégradée (SYS 1-2042, p.134) - *berge estompée -*
Berge nette (SYS 1-2032, p.134) - *berge abrupte -*
Berge ou rebord de terrasse ennoyés (GÉO 7-7342, p.306)
Bief (HYD-1202, p.24 ; GÉO 6- 4272, p.271)
Bief à silex (FSU-6021, p.122)
Biointervention (GÉO 6-1400, p.261)
Blocailles (LIT-4113, p.73 ; LIT- 4111, p.74 ; FSU-3003, p.118) - *cailloutis -*
Bloc basculé (TEC-2253, p.43)
Bloc en équilibre (GÉO 4-2061, p.241)
Bloc erratique (SYS 3-6121, p.169 ; GÉO 4-2351, p.242)
Bloc glaciel (SYS 2-7301, p.156 ; GÉO 7-2631, p.287)
Bloc perché (GÉO 1-3291, p.191)

311

Blocs (LIT-4103, p.73 ; LIT- 6513 , p.80 ; FSU-3003, p.118 ; GÉO 3-1613, p.218)
Blocs éboulés ou affaissés (GÉO 5-4303, p.251)
Blocs "laboureurs" (SYS 2-2103, p.149)
Blocs pyroclastiques (1213-GÉO 3, p.3)
Bogaz (GÉO 1-3713, p.195) - couloir -
Bolson (GÉO 5-4563 , p.253)
Bombement crevassé (GÉO 3-3301, p.221)
Bombes volcaniques (LIT-6521, p.80 ; GÉO 3-1663, p.219)
Bouclier (TEC-4063, p.50)
Bouclier dunaire (SYS 4-4321, p.177)
Bourrelet et loupes de gélifluxion (GÉO 4-2423, p.243)
Bourrelet de rive (HYD-1132, p.23 ; SYS 1-3012, p.134) - levée de rive -
Boutonnière (FST-3173, p. 100) - bray -
Bras (SYS 4-5053, p.179) - draa -
Bras mort (HYD-1082, p.22 ; SYS 1-1132, p.132) - chenal abandonné -
Brèche (LIT-3941, p.71)
Brèche (TOP-3031, p.14) - col, gap, pas, port -
Brèche dans une moraine terminale (SYS 3-5211, p.167)
Brèche de faille (FST-5033, p.107) - zone de broyage -
Brèche éolienne (GÉO 7-4581, p.297) - siffle-vent, windgap -
Brèche tectonique (LIT-1471, p.59 ; GÉO 2-1261, p.203.) - mylonite -
Brèche volcanique (LIT-6611, p.81 ; GÉO3-1703, p.219)
Brûlis (GÉO 6-1463, p.262)
Butte-témoin (FST-1123, p.95 ; FST-2143, p.97 ; GÉO 2-3333, p.209) - gara -
Butte-témoin de voussoir (GÉO 2-3233, p.209)
Buttes de cryergie (SYS 2-1400, p.147)
Buttes gazonnées (GÉO 7-4443, p.295) - motturaux -

C

Cailloutis (LIT-4113, p.73, LIT-4111, p.74) - blocailles -
Cailloux à facettes (SYS 2-5073, p.152 ; SYS 4-3033, p.175) - dreikanters -
Cailloux éolisés (SYS 2-5063, p.152, SYS 4-3023, p.175) - ventifacts -
Cailloux karstifiés (GÉO 1-3150, p.190)
Calanque (GÉO 7-3293, p.288)
Calcaires (LIT-3410,3413, 3411, p.66 ; GÉO 2-1661, p.206)
Calcaire à entroques (LIT-3471, p.67)
Calcaire coquillier (LIT-3451, p.67)
Calcaire en plaquettes (LIT-3441, p.67)
Calcaire gréseux (LIT-3491, p.67)
Calcaire lité (LIT-3431, p.66)
Calcaire marneux (LIT-3831, p.69)
Calcaire massif (LIT-3421, p.66)
Calcaire siliceux (LIT-3801, p.69)
Calcaires dolomitiques (LIT-3811-, p.69 ; GÉO 2 , p.207)
Calcaires lacustres (LIT-3511, p.67)
Calcaires oolitiques (LIT-3481, p.67)
Calcrete (FSU-8101, p.124, GÉO 6-2221, p.266) - caliche, croûte calcaire -
Caldera (GÉO 3-4201, p.227)
Caldera d'avalanche (GÉO 3-4261, p.227)
Caldera d'effondrement avec dôme résurgent (GÉO 3-4241, p.227)
Caldera d'effondrement lavique (GÉO 3-4221, p.227
Caldera d'effondrement prépondérant (GÉO 3-4231, p.227)
Caldera d'explosion et d'effondrement (GÉO 3-4211, p.227)
Caldera sur strato-cône (GÉO 3-4251, p.227)
Caliche (FSU-8101, p.124 ; GÉO 6-2221, p.266) - calcrete, croûte calcaire -
Calcschistes (LIT-2311, p.62 ; GÉO 2-1371, p.204)
Calotte glaciaire (HYD-3103, p.29 ; SYS 3-1203, p.160) - ice cap, inlandsis -
Cannelures (SYS 3-3073 p.164 ; SYS 4-3013, p.174 ; GÉO 1-3111, p.189, GÉO 2-4313, p.213 ; GÉO 6-3123, p.268; GÉO 7-3333, p.289) - stries , pseudo-lapiés -
Canyon (GÉO 1-4060, p.197)
Canyon karstique (GÉO 7-7423, p.306)

Canyon sous-marin (GÉO 7-7633, p.307)
Caoudeyre (GÉO 7-4551, p.297) - cuvette de déflation -
Cap (GÉO 7-1243, p. 281)
Capture (HYD-1341, p.25 ; SYS 1-4500, p.140)
Capture par déversement (SYS 1-4521, p.140)
Capture par érosion régressive (SYS 1-4511, p.140)
Carapace de nappe (FST-3363, p.102)
Carapace ferrugineuse (FSU-8203, p.125 ; GÉO 6-2253, p.266)
Cargneule (LIT-3821, p.69)
Cascade ou cataracte (HYD-1221, p.24 ; SYS 1-2071, p.134 ; GÉO 6-4281, p.271) - chute -
Cauldron (GÉO 3-4301, p.227)
Cauldron déchaussé (GÉO 3-4653, p.229)
Caverne (GÉO 1-2101, p.187 ; GÉO 6-4781, p.276)
Cendres (LIT-6563, p.81; GÉO 3- 1633, p.218)
Cercle de pierres (SYS 2-1321, p.146)
Chablis (SYS 4-3091, p.175 ; GÉO 6-3281, p.269)
Chailles (LIT-3321, p.65)
Chaîne allochtone (DOM-3103, p.89)
Chaîne autochtone ou subautochtone (DOM-3003, p.88)
Chaîne de surrection (DOM-3013, p.89) - pli de fond -
Chaînes actives (DOM-3000, p.88)
Chaînes anciennes (DOM-1323, p.86)
Champ d'inondation (HYD-1123, p.23 ; SYS 1- 1143, p.132 ; GÉO 6-4233, p.271) - lit majeur -
Champ de barkhanes (SYS 4-4343, p.177)
Champ de blocs (SYS 2-7213, p.156)
Champ de boules dispersées (GÉO 2-4443, p.214)
Champ de cercles (SYS 2-1323, p.146)
Champ de diaclases (TEC-2203, p.43)
Champ de dolines (GÉO 1-3403, p.192)
Champ de drumlins (SYS 3-6063, p.169)
Champ de dunes (non différenciées) (SYS 2-5123, p.153 ; SYS 4- 5003, p.178 ; GÉO 5-4613, p.2543; GÉO 7-4503, p.297)
Champ de failles (TEC-2213, p.43)
Champ de formations pyroclastiques (DOM-4013, p.89)
Champ de lapiés (GÉO 1-3233, p.190 ; GÉO 7-7403, p.306) - arres, karren, rascles -
Champ de nebkas ou de rebdous (SYS 4-4243, p.177)
Champ de polygones (SYS 2-1340, p.147)
Champ de thufurs (SYS 2-1413, p.147)
Champ d'inondation (SYS 1-1143, p.132 ; GÉO6-4233, p.271) - lit majeur -
Chaos de boules (GÉO 2-4431, p.214) - compayré -
Charge transportée (SYS 1-1020, p.131)
Charnière (TEC-3020, p.45)
Charriage (TEC-4122, p.51 ;FST- 6223, p.109)
Chaudron (SYS 4-4381, p.178) - ghorfa -
Chaussée (GÉO 3-4673, p.15 ; GÉO 7-7113, p.303)
Chebkas (GÉO 5-2033, p.249) - badlands, roubines-
Cheire (GÉO 3-3223, p.221) - aa, lave à gratons, surface rugueuse -
Chem (pl.churoum) (GÉO 7-6443, p.303)
Cheminées de fées (GÉO 3-4683, p.15, GÉO 4-2443, p.243)
Chenal abandonné (HYD-1082, p.22 ; SYS 1-1132, p.132 ; GÉO 1-1022, p.185) - bras mort -
Chenal avec levées (GÉO 3-3343, p.221, GÉO 3-3803, p.224)
Chenal d'écoulement (HYD-1052, p.22)
Chenal d'écoulement intermittent (HYD-1072-, p.22)
Chenal d'écoulement pérenne (HYD-1062, p.22)
Chenal de débordement (SYS 1-1152, p.132)
Chenal de draînage sous-glaciaire (HYD-3222, p.30)
Chenal de vidange (SYS 1-1162, p.132)
Chenal souterrain (GÉO 3-3353, p.221)
Chenal souterrain effondré (GÉO 3-3363, p.222)
Chenaux proglaciaires (HYD-3243; p. 30 ; SYS 3-2103, p.163)
Chevauchement (FST-6213, p.109)
Chevrons (FST-3193, p.100 ; GÉO 1-3741, p.195)
Chicot (GÉO 1-3731, p.195; GÉO 4-2011, p.238 ; GÉO 5-4731, p.254) - aiguille -

Chiraz (SYS 2-7053, p.155) - *clapier pierrier* -
Chott (GÉO 5-4533, p.253)
Chute (HYD-1221, p.24 ; SYS 1-2071, p.134 ; GÉO 6-4281, p.271) - *cascade*, cataracte -
Chute de bloc isolé (GÉO 4-2071, p.241)
Chutes fréquentes de glace ou de séracs (GÉO 4-1261, p.238)
Cicatrice de gélifluxion (SYS 2-2063, p.149)
Cicatrice de palse (SYS 2-1431, p.147)
Cicatrice de pingo (SYS 2-1461; p.148)
Cinérite (LIT-6631, p.81 ; GÉO 3-1723, p.219) - *tuf volcanique* -
Cinérite lacustre ou palustre (GÉO 3-3983, p.225)
Cipolins (LIT-2331-, p.62, GÉO 2-1381, p.205)
Cirque de nivation (SYS 2-3103, p.151) - *névé, niche de nivation* -
Cirque glaciaire (SYS 3-3113, p.165 ; GÉO 4-1410, p.236)
Cirques emboîtés (GÉO 4-1433, p.236)
Clairière (HYD-5243, p.36) - *couloir d'eau libre, polynie* -
Clapier (SYS 2-7053, p.155) - *chiraz, pierrier* -
Classe des arénites (LIT-4200, p.74) -*sables* -
Classe des lutites (LIT-4300, p.75)
Classe des rudites (LIT-4100, p.73)
Clastites (FSU-5003, p.120 ; GÉO 6-2303, p.267)
Clastites déplacées (GÉO 6-2323, p.267)
Clastites en place, indifférenciées (GÉO 6-2313, p.267)
Clocheton (GÉO 4-2011, p.238)
Cluse (FST-3153, p.100)
Cockpit (GÉO 1-3391, p.192 ; GÉO 6-4711, p.275)
Coin de glace (SYS 2-1231, p.146) -*ice wedge* -
Coin de sable (SYS 2-, p.146) - *sandwedge* -
Col (TOP-3031, p.14) - *brèche, gap, pas, port* -
Col de diffluence (SYS 3-3053, p.164 ; GÉO 4-1593, p.240) - *seuil de diffluence* -
Collines morainiques (SYS 3-6103, p.169 ; GÉO 4-2333, p.242 ; GÉO 7-7523, p.305)
Colluvions non différenciées (FSU-6003, p.122)
Colluvions volcaniques (GÉO 3-6003, p.232)
Colmatage karstique (GÉO 1-3823, p.196) - *terre de causse,terra rossa* -
Colonnettes (GÉO 1-3161, p.190)
Combe (FST-3173, p.100)
Combe de flanc (FST-3173, p.100)
Compartiments de faille (TEC-2010, p.40)
Compayré (GÉO 2-4431, p.214) - *chaos de boules* -
Concrétions (FSU-8003, p.123)
Cône construit par des lahars (GÉO 3-3973, p.225)
Cône d'avalanche (SYS É-3073, p.150 ; .GÉO 3-6043, p.232; GÉO 4-2223, p.241)
Cône d'éboulis (SYS 2-7043, p.155 ; GÉO 4-2133, p.241)
Cône d'épandage (SYS 1-3033, p.135 ; GÉO 5-2133, p.249)
Cône de déjection (SYS 1-3023, p.135 ; GÉO 4-2243, p.242 ; GÉO 5-2123, p.249)
Cône de déjection proglaciaire(SYS 3-5223, p.167)
Cône de lave (GÉO 3-3401, p.222)
Cône de scories ou de lapillis ponceux (GÉO 3-3601, p.223)
Cône de scories soudées (GÉO 3-3311, p.221) - *hornito, spatter-cône* -
Cône de tuf (GÉO 3-3601, p.223)
Cône évidé (GÉO 3-4741, p.230)
Cône pyroclastique (GÉO 3-5021, p.231)
Cône rocheux (GÉO 1-4103, p.197 ; GÉO 5-4423, p.252) - *rock fan* -
Congère (SYS 2-3081 p.151)
Conglomérats (LIT-3911, p.71 ; GÉO 2-1653, p.206)
Conglomérats à clastes anguleux non triés et hétérométriques (GÉO 3-3913, p.225)
Conglomérats à clastes émoussés plus ou moins triés et homométriques (GÉO 3-3923, p.225)
Consolidations (FSU-8000, p.123) - *indurations* -
Constructions biologiques (GÉO 7-4300, p.295)
Constructions de lave (GÉO 3-3000, p.220)
Constructions de pyroclastites (GÉO 3-3500, p.223)
Constructions littorales (GÉO 7-4200, p.294)

Constructions polygéniques (FST-7300, p.111 ; GÉO 3-5000, p.231)
Contact anormal (TEC-4130, p.51 ; FST-6202, p.109)
Contact en glacis (FST-6343, p.110)
Contact entre un massif ancien et sa bordure sédimentaire (FST-6300, p.110)
Contact par dépression périphérique (FST-6323, p.110)
Contact par faille (FST-6333, p.110)
Continental shelf (GÉO 7-7710, p.305) - *plate-forme continentale, plateau continental* -
Continental slope (GÉO 7-7123, p.305) - *pente continentale , talus continental* -
Contour de batholite (DOM-1022, p.85) - *intrusion, massif circonscrit, massif intrusif* -
Contour de nappe de lave (GÉO 3- 3132, p.220)
Cordon, vagues de dunes transversales (SYS 4-5043, p.178)
Cordon littoral (GÉO 7-4123, p.293)
Cordon littoral abandonné (GÉO 7-5133, p.298)
Cornéennes (LIT-1521, p.60 ; GÉO 2-1291, p.204)
Corniche (TOP-2173,p.14 ; FST-1003, p.95)
Corniche de glace (SYS 3-1442, p.162)
Corrasion (SYS 2-5031, p.152 ; SYS 4-2031, p.174 ; GÉO 5-1331, p.248 ; GÉO 6-1231, p.260 ; GÉO 7-2171, p.283)
Coteau (FST-1103 et 1113, p.95)
Cote d'altitude (TOP-0001, p.11)
Cote de profondeur (HYD-2011, p.27) - *sonde* -
Côte (FST-2123 et 2133, p.97) - *cuesta* -
Côte (littoral) (GÉO 7-1170, p.280)
Côte à skjärs (GÉO 7-6470, p.302) - *skjärgaard* -
Côte à structure calcaire (GÉO 7-6230, p.301)
Côte à structure longitudinale (GÉO 7-6203, p.300)
Côte à structure transversale (GÉO 7-6213, p.300)
Côte à structure volcanique (GÉO 7-6220, p.301)
Côte contraposée (GÉO 7-6490, p.304)
Côte d'émersion (GÉO 7-6121, p.300)
Côte de submersion (GÉO 7-6131, p.300)
Côtes basses, de plaines (GÉO 7-6300, p.301)
Côtes d'ennoyage (GÉO 7-6400, p.302)
Couche active (SYS 2-1151, p.145) - *frange de dégel, mollisol* -
Coulée à relief surbaissé ou indécis (GÉO 3-3123, p.220)
Coulée de blocs (GÉO 6-3343, p.270)
Coulée de boue (GÉO 3-3943, p.225 ; GÉO 6-3333, p.269)
Coulée de débris (GÉO 3-3953, p.225)
Coulée de gélifluxion (SYS 2-2053, p.149) - *langue de gélifluxion* -
Coulée de lave (GÉO 3-3103, p.220)
Coulée de lave à relief marqué (GÉO 3-3113, p.220)
Coulée en inversion de relief (GÉO 3-4553, p.229)
Couloir (SYS 4-5053, p.179) - *feidj, gassi* - (GÉO 1-3713) - *bogaz* -
Couloir d'avalanche (SYS 2-3073, p.150 ; GÉO 3-6032 ; p.17, GÉO 4-2203-, p.241)
Couloir d'eau libre (HYD-5243, p.36) - *clairière, polynie* -
Couloir d'érosion polygénique (SYS 2-6003, p.153)
Couloir de pierres actif (GÉO 4-2083, p.241)
Couloir karstique (GÉO 1-3713, p.195) - *bogaz* -
Couloir mixte avalanches-ruissellement (GÉO 4-2253, p.242)
Coupole (GÉO 1-3653, p.194 ; GÉO 6-4743, p.276) - *kuppen* -
Coupole à encoche basale (GÉO 1-3663, p.194)
Coupole surbaissée (GÉO 3-3431, p.222)
Courant d'arrachement (GÉO 7-2421, p.286) - *rip current* -
Courant de dérive (GÉO 7-2511, p.286)
Courant de surface ou de rive (HYD-2131, p.28)
Courant éolien continental (SYS 4-1011, p.173) - *courant synoptique* -
Courant éolien local (SYS 4-1031, p.173)
Courant éolien régional (SYS 4-1021, p.173)
Courbes bathymétriques (HYD-2023, p.27 ; HYD-5023, p.33 ; GÉO 7-2203, p.283) - *isobathes* -
Courbes de niveau (TOP-0003,p.11)
Courbes figuratives (HYD-3023, p.29 ; SYS 3-1123, p.159)
Cours d'eau à chenaux multiples (SYS 2-4003, p.151)

Cours d'eau à écoulement saisonnier ou occasionnel (GÉO 1-1012, p.185 ; GÉO 5-1222, 1232, p.248 ; GÉO 6-4222, p.270)
Cours d'eau pérenne (GÉO 1-1002-, p.185 ; GÉO 5-1212, p.248 ; GÉO 6-4212, p.270)
Couverture discordante (TEC-4043, p.50)
Couverture éolienne (SYS 4-4100, p.176)
Couverture éolienne en nappe (SYS 4-4123, p.176 ; GÉO 5-3023, p.250)
Craie blanche (LIT-3503, p.67)
Cratère de cône (GÉO 3-4111, p.226)
Cratère de maar (GÉO 3-4121, p.226) - *maar* -
Cratère éguelé (GÉO 3-4151, p.226)
Cratère en puits (GÉO 3-4131, p.226) - *pit-crater* -
Cratère-lac (GÉO 3-4161, p.226)
Cratère météorique (GÉO 3-7001, p.233) - *astroblème* -
Cratère non différencié (GÉO 3-4101, p.226)
Cratère phréatique ou cratère sans racine (GÉO 3-4141, p.226)
Creeping (GÉO 6-1321, p.261) - *reptation* -
Crêt (FST-3163, p.100 ; GÉO 2-3403, p.209)
Crêt à gradins (GÉO 2-3413, p.209)
Crête aigüe (TOP-3022, p.14) -*arête* -
Crête appalachienne (FST-3403, p.103 ; FST-3413, p.104 ; GÉO 2-3423, p.210) - *barre appalachienne* -
Crête appalachienne monoclinale (GÉO 2-3443, p.210)
Crête appalachienne subverticale (GÉO 2-3433, p.210)
Crête arrondie (TOP-3012,p.14 ; GÉO 2-2062, p.207) - *croupe* -
Crête de pression sur coulée (GÉO 3-3301, p.221) - *bombement crevassé, tumulus* -
Crête de recoupement aigüe (GÉO 2-2052, p.207 ; GÉO 4-2002, p. 238)
Crête de roche dure (FST-3223, p.101)
Crête d'intersection aigüe (GÉO 4-2002, p.240)
Crête filonnienne (GÉO 2-4452, p.214)
Crête indifférenciée (TOP-3002, p.14)
Crêtes morainiques (SYS 3-6113, p.169 ; GÉO 4-2343, p.242)
Crevasses (HYD-3153, p.30 ; SYS 3-1403, p.162 ; GÉO 4-1253, p.238)
Crique (GÉO 7-1223, p. 281)
Croissant de projections (GÉO 3-3621, p.223)
Croissants de plage (GÉO 7-4143, p.293) - *beach cusps* -
Croupe (TOP-3012, p.14 ; GÉO 2-2062, p.207) - *crête arrondie* -
Croûte (FSU-8103, p.124 ; GÉO 6-2213, p.266) - *...crete* -
Croûte calcaire (FSU-8101, p.1124 ; GÉO 6-2221 p.266) - *calcrete, caliche* -
Croûte ferrugineuse (FSU-8121, p.125 ; GÉO 6-2241, p.266) - *ferricrete* -
Croûte siliceuse (FSU-8111, p.124 ; GÉO 6-2231, p.266) - *silcrete* -
Cryergie (SYS 2-1000, p.145)
Cryoclastie (SYS 2-1213, p.146) - *gélifraction* -
Cryoclastites (FSU-5031, p.120) - *gélifracts* -
Cryokarst (SYS 2-6103, p.154) - *thermokarst* -
Cryoplanation (SYS 2-1503, p.148)
Cryoturbation (SYS 2-1303, p.146)
Crypto-dôme (GÉO 3-3461, p.222)
Crypto-lapiés (GÉO 1-3253, p.191) - *lapiès couverts* -
Cuesta (FST-2123 , p.97 ; GÉO 2-3323, p.209) - *côte* -
Cuesta découpée (FST-2233, p.98)
Cuesta dédoublée (FST-2203, p.98)
Cuesta double (FST-2213, p.98)
Cuesta massive (FST-2223, p.98)
Cuirasse (FSU-8213, p.125 ; GÉO 2-4213, p.213 ; GÉO 6-2260, p.266)
Cuirasse conglomératique (GÉO 6-2283, p.267)
Cuirasse de plateau ou d'interfluve (GÉO 6-2273, p.267)
Cuirasse gravillonnaire (GÉO 6-2293, p.267)
Culot (GÉO 3-4621, p.229) - *neck* -
Culot de glace morte (SYS 3-6033, p.168)
Culot lavique (GÉO 3-4641, p.229)
Cumulo-dôme péléen (GÉO 3-3451, p.222)

Cumulo-volcan (GÉO 3-5031, p.231)
Cupules (GÉO 2-4303, p.213 ; GÉO 6-3113, p.268)
Cuvette (TOP-4203, p.16) - *dépression fermée* -
Cuvette avec surface structurale dérivée (GÉO 2-3543, p.210)
Cuvette de décantation (GÉO 7-4163, p.293)
Cuvette de déflation (SYS 4-3113, p.175 ; GÉO 5-3043, p.250 ; GÉO 7-4551, p.295) - *caoudeyre* -
Cuvette de dégel (SYS 2-6111, p.154)
Cuvette de suffosion (GÉO 6-3271, p.269)
Cuvette glaciokarstique (GÉO 1-3481, p.193) - *niche glaciokarstique* -
Cuvette hydroéolienne (GÉO 5-4543, p.253)
Cuvette nivokarstique (GÉO 1-3471, p.193) - *niche nivokarstique* -
Cuvette ou creux de suffosion (GÉO 6-3271, p.269)
Cuvette structurale (GÉO 2-3533, p.210 ; GÉO 6-4523, p.274)

D

Dacite (LIT-6311, p.79)
Dalles (GÉO 1-3243, p.190) - *pavements, schichttreppenkarst* -
Dalles déchaussées (GÉO 2-4401, p.214) - *exfoliation* -
Daya (GÉO 5-4513 , p.253)
Débordement de crue (GÉO 5-1143, p.248) - *épandage, sheet flood* -
Débordement de tempête (GÉO 7-2771, p.289) - *storm surge* -
Décapage sans pavage (SYS 2-3033, p.150)
Décapage avec pavage (SYS 2-3043, p.150)
Décollement (TEC-4101, p.51)
Décrochement (TEC-2122, p.42)
Décrochement dextre (TEC-2133, p.42)
Décrochement senestre (TEC-2143, p.42)
Déferlement (GÉO 7-2383, p.285) - *vagues déferlantes* -
Déflation (SYS 2-5021, p.152 ; SYS 4-2001, p.174 ; GÉO 5-1321, p.2478; GÉO 6-1221, p.260 ; GÉO 7-2161, p.283)
Déformations cassantes (TEC-2000, p.40)
Déformations mixtes ou complexes (TEC-4000, p.49)
Déformations souples (TEC-3000, p.44)
Degré de dissection (HYD-1350, p.25)
Delta (HYD-2113, p.27 ; HYD-5133, p.34 ; SYS1-4600, p.140 ; GÉO 7-4273, p.293)
Delta de marée (GÉO 7-7723, p.308)
Delta profluvial (GÉO 7-7363, p.306)
Demi-graben (TEC-2273, p.44)
Demi-orange (GÉO 2-3633, p.211, GÉO 6-4543, p.274)
Dent (TOP-3121, p.15)
Densité du drainage (HYD-135, p.25)
Dépôt d'avalanche (GÉO 3-6043, p.232)
Dépôt de coulée de ponces (GÉO 3-3773, p.224)
Dépôt de kame (SYS 3-5023, p.166)
Dépôt de kame deltaïque (SYS 3-5133, p.167)
Dépôt de pente amorphe (GÉO 5-4323, p.251)
Dépôt de source (GÉO 1-4121, p.197) - *dépôt ponctuel de travertin* -
Dépôt de travertin en balcon (GÉO 1-4133, p.197)
Dépôt d'écoulement pyroclastique canalisé (GÉO 3-3743, p.224)
Dépôt hydrothermal (GÉO 3-2073, p.220)
Dépôt lacustre deltaïque (SYS 3-5123, p.167)
Dépôt lacustre d'obturation (SYS 3-5103, p.167)
Dépôt lacustre varvé (SYS 3-5113, p.167)
Dépôt morainique indifférencié (GÉO 4-2303, p.242)
Dépôt non canalisé d'explosion dirigée (GÉO 3-3783, p.224)
Dépôt ponctuel de travertin : de source (GÉO 1-4121, p.197), de cascade (GÉO 1-4141, p.197)
Dépôt torrentiel chargé (GÉO 3-3963, p.225) - *lahar dilué-*
Dépression d'altération (GÉO 3-4733, p.230)
Dépressions et culots de glace morte (SYS 3-6033, p.168)
Dépression fermée (TOP-4203, p.16) -*cuvette* -
Dépression fermée à contours incertains (TOP-4213, p.16)

Dépression karstique (GÉO 7-7423, p.306)
Dépression hydroéolienne (GÉO 5-4543 , p.253)
Dépression orthoclinale (FST-2163, p.97) - *dépression subséquente* -
Dépression subséquente (FST-2163, p.97) - *dépression orthoclinale* -
Dépressions (TOP-4200, p.16)
Dérive éolienne (SYS 4-2000, p.173)
Dérive littorale (HYD-5071, p.34 ; GÉO 7-2502, p.286) - *longshore current* -
Dérive sous-marine (GÉO 7-2521, p.287)
Désagrégation granulaire (FSU-1023, p.117 ; GÉO 2-4123, p.212 ; GÉO 5-1023, p.247; GÉO 6-1033, p.260)
Desquamation (GÉO 2-4323, p.213 ; GÉO 6-3103, p.268)
Diaclase corrodée (GÉO 1-3832, p.196)
Diaclases (TEC-2003, p.40)
Diapir (TEC-4183, p.52)
Diastrophisme (GÉO 7-2730, p.288)
Dièdre (GÉO 4-2023, p.238)
Diffluence (HYD-3143, p.30 ; SYS 1-1253, p.133 ; SYS 3-1313, p.161)
Diffraction (GÉO 7-2363, p.285)
Diorite (LIT-1211, p.58 ; GÉO 2-1061, p.201)
Direction (TEC-1052, p.39)
Direction du vent efficace (SYS 2-5011, p.152 ; SYS 4-1041, p.173 ; GÉO 5-1311, p.248 ; GÉO 6-1211, p.260 ; GÉO 7-2151, p.283)
Discontinuité révélée (GÉO 2-3122, p.208)
Discordance angulaire (FST-6120, p.109)
Discordance sédimentaire (FST-6100, p.109)
Dislocation (HYD-5261, p.36) - *vêlage* -
Dolérite (LIT-1231, p.58)
Doline (GÉO 1-3311, p.191)
Doline à contour incertain (GÉO 1-3381, p.192)
Doline à fond couvert (GÉO 1-3331, p.191)
Doline à fond rocheux (GÉO 1- 3311, p.191)
Doline dissymétrique (GÉO 1-3361, p.192)
Doline en baquet (GÉO 1-3351, p.192)
Doline en entonnoir (GÉO 1-3371, p.192)
Doline évasée (GÉO 1-3341, p.192)
Doline-lac (GÉO 1-3410, p.192)
Doline-lac pérenne (GÉO 1-3413, p.192)
Doline-lac temporaire (GÉO 1-3423, p.192)
Doline ouverte (GÉO 1-4083, p.196)
Dolomie litée (LIT-3621, p.68)
Dolomie massive (LIT-3611, p.68)
Dolomie sableuse (LIT-3631, p.68)
Dolomies (LIT-3600, p.68 ; p.15, GÉO 2-1681, p.207)
Domaines volcaniques (DOM-4000, p.89)
Dôme (TOP-3111, p.15 ; GÉO 6-4563, p.274) - *ballon, morne, pain de sucre , sommet arrondi*-
Dôme-coulée (GÉO 3-3443, p.222)
Dôme de lave (GÉO 3-3411, p.222)
Dôme de position (GÉO 2-3663, p.211) - *fernling, monadnock* -
Dôme de protrusion (GÉO 3-3421, p.222)
Dôme de résistance (GÉO 2-3653, p.211) - *hartling* -
Dôme éventré (GÉO 2-3143, p.209 ; GÉO 2-3673, p.211)
Dôme surbaissé (GÉO 3-3431, p.222)
Dôme structural (GÉO 2-3133, p.209)
Dos de baleine (GÉO 1-3723, p.195 ; GÉO 2-3623, p.210, GÉO 6-4533, p.274)
Draa (SYS 4-5053, p.179)
Drainage sous-glaciaire reconnu (SYS 3-2022, p.163)
Dreikanters (SYS 2-5073, p.152, SYS 4-3043, p.175) - *cailloux à facettes* -
Drumlin (SYS 3-6053, p.168)
Dune parabolique (SYS 4-4391, p.178 ; GÉO 7-4561, p.297)
Dunes (FSU-7021, p.123 ; SYS 4- 4300, p.177, GÉO 3-3813, p.224)
Dunes anciennes (GÉO 7-5143, p.298)
Dunes bordières (GÉO 7-452, p.297)
Dunes consolidées (GÉO 7-4593, p.298)
Dunes de crête de plage (GÉO 7-4513, p.297)

Dunes en râteau (GÉO 7-4573, p.297)
Dunes hydrauliques (GÉO 7-7753, p.308)
Dunes longitudinales (SYS 4-5013, p.178)
Dunes perchées (GÉO 7-4533, p.297)
Dunes réticulées (SYS 4-5033, p.178)
Dunes transversales (SYS 4-5023, p.178)
Dunes vêtues (GÉO 7-4543, p.297)
Dyke (GÉO 3-4603, p.229)
Dyke évidé (GÉO 3-4753, p.230)
Dynamique (FSU-2000, p.117)
Dynamique des formations superficielles (FSU-2000, p.117)
Dynamique de gélifluxion (SYS 2-2000, p.148)
Dynamique éolienne (SYS 2-5000, p.152 ; 2000-SYS 4, p.39)
Dynamique fluviale (SYS 2-4000, p.151)
Dynamique nivale (SYS 2-3000, p.150)

E

Eaux courantes (GÉO 7-2130, p.282)
Eaux glaciaires (HYD-3200, p.30 ; SYS 3-2000, p.162)
Eaux marines (HYD-5003, p.33 ; GÉO 7-1003, p.279)
Eaux souterraines (HYD-4000, p.12)
Eboulement (GÉO 7-2121, p.282)
Eboulis assisté par gélifluxion (SYS 2-7013, p.155 ; GÉO 4-2113, p.241)
Eboulis de gravité (GÉO 4-2103, p.241 ; GÉO 5-4313, p.250) - *éboulis sec* -
Eboulis fluent (GÉO 4-2123, p.241)
Eboulis ordonné (SYS 2-7023, p.155) - *éboulis stratifié* -
Eboulis périglaciaire (SYS 2-7003, p.155)
Eboulis sec (GÉO 4-2103, p.241; GÉO 5-4313, p.251) - *éboulis de gravité* -
Eboulis stratifié (SYS 2-7023, p.155) - *éboulis ordonné* -
Eboulisation (GÉO 4-2053, p.240)
Ecaille (TEC-2293, p.44)
Ecoulement karstique souterrain (GÉO 1-1100, p.185)
Ecoulement laminaire (HYD-1031, p.21)
Ecoulement souterrain reconnu (HYD-4142, p.32 ; GÉO 1-1112, p.185)
Ecoulement souterrain supposé (HYD-4152, p.32 ; GÉO 1-1122-, p.185)
Ecoulement turbulent (HYD-1041, p.21)
Ecoulements (HYD-1000-, p.21)
Ecroulement (GÉO 4-2143, p.241)
Ecueil non structural (GÉO 7-3431, p.292)
Ecueil résiduel (GÉO 7-5151, p.298)
Ecueil structural (GÉO 7-3421, p.292)
Ecueils (GÉO 7-3420, p.292)
Edeyen (SYS 4-5073, p.179 ; GÉO 5-4653, p.254) - *erg, koum, nefoud* -
Effluent (HYD-2123, p.28) - *émissaire*-
Eléments de la taille des rudites (LIT-3913, p.71)
Eléments de la taille des arénites (LIT-3953, p.72)
Embouchure (SYS1-4600, p.140)
Embruns (zone d'extension des ..) (GÉO 7-2453, p.286)
Emergence (HYD-1001, p.21) - *source* -
Emersion (GÉO 7-2741, p.288)
Emissaire (HYD-2123, p.28) - *effluent*-
Emissions volcaniques (GÉO 3-2001, p.219)
Empilement de plis (TEC-3353, p.48)
Encoche basale (GÉO 5-4703, p.254 ; GÉO 6-4773, p.276 ; GÉO 7-3303, p.291)
Encoche de verrou (GÉO 4-1573, p.239
Encoche latérale (GÉO 4-1583, p.239)
Encroûtement (FSU-8013, p.124 ; GÉO 3-6013, p.232)
Endokarst (GEO 1-2000, p.187)
Endoréique (bassin, drainage) (SYS 1-4020, p.135)
Entonnoirs coalescents (GÉO 1-3463, p.193)
Eolisation (SYS 4-3000, p.174)
Epaisseur d'une formation superficielle (FSU-4000, p.119) - *profondeur du substratum* -
Epandage (GÉO 5-1143, p.248) - *débordement, sheet flood* -
Epandage de tempête (GÉO 7-4193, p.294)

315

Epaulement (SYS 3-3023, p.164 ; GÉO 4-1533, p.239)
Epigénie (SYS 1-4400, p.140)
Epigénie par antécédence (SYS 1-4423, p.140)
Epigénie par surimposition (SYS 1-4413, p.140)
Erg (SYS 4-5073, p.179 ; GÉO 5-4653, p.254) - *edeyen, koum, nefoud* -
Escarpement (TOP-2153, p.14)
Escarpement aclinal (GÉO 2-3303, p.209) - *corniche* -
Escarpement cyclique (GÉO 2-2043, p.207)
Escarpement d'érosion différentielle (GÉO 2-3203, p.209)
Escarpement de faille direct (FST-5003, p.107 ; GÉO 2-3103, p.208 ; GÉO 3-4323, p.228)
Escarpement de front de nappe (FST-3343p.102)
Escarpement de ligne de faille (FST-5103, p.107 ; GÉO 2-3113, p.208)
Escarpement de ligne de faille directe (FST-5123, p.108)
Escarpement de ligne de faille inverse (FST-5133, p.108)
Escarpement monoclinal (FST-2103, p.97 ; GÉO 2-3313, p.209) - *front* -
Escarpement monoclinal cristallin en structure foliée (GÉO 2-3213, p.209)
Esker (SYS 3-6043, p.168) - *ôs (pl.ôsar)* -
Espace littoral (GÉO 7-1000, p.279)
Estavelle (GÉO 1-2041, p.187) - *inversac* -
Estran (GÉO 7-1163, p.280)
Estuaire (HYD-5143, p.34 ; GÉO 7-1233 p. 281)
Etage infralittoral (GÉO 7-1180, p. 280) - *avant-côte* -
Etage mésolittoral (GÉO 7-1110, p. 279) - *étage intertidal* -
Etage supralittoral (GÉO 7-1170, p. 280) - *arrière-côte* -
Etang (HYD-2303, p.28)
Etang littoral (HYD-5173, p.35)
Etats de surface (SYS 3-1400, p.162 ; GÉO 3-3200, p.221 ; GÉO 5-4200, p.250)
Etier (HYD-5182, p.35 ; GÉO 7-4432, p.296)
Eustasie (GÉO 7-2710, p.288) - *eustatisme* -
Evaporites (LIT-3853, p.70) - *roches salines* -
Eventail de plis (TEC-3413, p.48)
Exfoliation (GÉO 2-4401, p.214 ; GÉO 6-4553, p.274) - *dalles déchaussées* -
Exokarst (GÉO 1-3000, p.189)
Explosions (GÉO 3-2021, p.219)
Exoréïque (bassin, drainage) (SYS 1-4020, p.135)
Exportation éolienne (SYS 4-2021, p.174)
Exportation des débris fins par le ruissellement (GÉO 5-4263, p.251)
Exportation des débris fins par le vent (GÉO 5-4263, p.251)
Exsurgence (HYD-4111, p.32 ; GÉO 1-1241, p.186)
Extension des glaciers (SYS 3-1100, p.159)

F

Facettes (FST-5023, p.107)
Faciès cristallophylliens (DOM-1123, p.86)
Faciès grenus (LIT-3203, p.64)
Faciès massifs (DOM-1113, p.86)
Faciès mixtes (LIT-3803, p.69)
Faciès schisteux (LIT-3103, p.64)
Faille (TEC-2012, p.40)
Faille active (TEC-2102, p.4)
Faille chevauchante (TEC-2072, p.41) - *faille inverse* -
Faille conforme (TEC-2080, p.41)
Faille contraire (TEC-2090, p.42)
Faille coulissante (TEC-4013, p.49)
Faille directe (TEC-2062, p.41) - *faille normale* -
Faille ou fissure éruptive (GÉO 3-4303, p.228)
Faille inverse(TEC-2072, p.41) - *faille chevauchante*-
Faille nivelée (FST-5143, p.108)
Faille normale (TEC-2062, p.41) - *faille directe*-
Faille reconnue (TEC-2102, p.42)
Faille supposée (TEC-2112--, p.42) - *faille probable* -
Faille transformante (TEC-4023, p.49)
Failles panaméennes (TEC-2253, p.43)
Faisceau de failles (TEC-2233, p.43)
Faisceau de plis (TEC-3403, p.48)
Falaise à calanques (GÉO 7-3293, p.290)

Falaise à coulées boueuses (GÉO 7-3263, p.290)
Falaise à éboulement (GÉO 7-3213, p.2890)
Falaise à éboulis (GÉO 7-3203, p.290)
Falaise à foirage par paquets (GÉO 7-3233, p.290)
Falaise à glissements en planche (GÉO 7-3243, p.290)
Falaise à glissements "rotationnels" (GÉO 7-3253, p.290)
Falaise à ravins (GÉO 7-3273, p.290)
Falaise à solifluxion (GÉO 7-3223, p.290)
Falaise à valleuses (GÉO 7-3283, p.290)
Falaise dégradée à convexité estompée (GÉO 7-3143, p.289)
Falaise morte (GÉO 7-5100, p.298)
Falaise plongeante (GÉO 7-7613, p.305)
Falaise vive (GÉO 7-3110, p.289)
Faluns (LIT-3971, p.72)
Fauchage (GÉO 2-4151, p.212 ; GÉO 6-1331, p.261)
Feidj (SYS4-5053, p.179) - *couloirs, gassi* -
Fenêtre de nappe (FST-3373, p.102)
Fente de gel (SYS 2-, p.146)
Fente béante (GÉO1-3702, p.195) - *faille ouverte* -
Fente corrodée (GÉO1-3832, p.196)
Fernling (GÉO 2-3663, p.211 ; GÉO 5-4773, p.253 ; GÉO 6-4453, p.271) - *dôme ou inselberg de position,ou d'interfluve, monadnock* -
Ferricrete (FSU-8121, p.125 ; GÉO 6-2241, p.266) - *croûte ferrugineuse* -
Filon (LIT-1402, p.59 ; GÉO2-1202, p.203
Fissure bouchée (par la terra rossa) (GÉO 1-3843, p.196)
Fissure éruptive (GÉO 3-4303, p.228)
Fjell (ou fjeld) (SYS 3-3123, p.165) - *plateau glaciaire* -
Fjord (GÉO 7-6463, p.303)
Flancs (TEC-3040, p.45)
Flèche (TEC-4160, p.51)
Flèche de sable (SYS 4-4311, p.177)
Flèche littorale (GÉO 7-4203, p.294)
Fléchette (SYS 4-4211, p.176)
Flexure (TEC-3003, p.44) - *pli monoclinal* -
Flœs (HYD-5243, p. 36)
Flot (GÉO 7-2241, p.284) - flux -
Flysch (LIT-3981, p.72)
Forêt tropicale claire (GÉO 6-1433, p.262)
Forêt tropicale dense (GÉO 6-1413, p.262)
Formation nivéo-éolienne (SYS 2-5143, p.153)
Formations de couverture (DOM-1313, p.86)
Formations hétérogènes (LIT-3983, p.72)
Formations laviques (DOM-1213, p.86) - *laves* -
Formations polygéniques ou composites (LIT-3900, p.71)
Formations superficielles allochtones (FSU-7000, p.123)
Formations superficielles autochtones (FSU-5000, p.119)
Formations superficielles subautochtones (FSU-6000, p.122)
Formes bio-éoliennes (SYS 4-4200, p.176)
Formes d'accumulation (SYS 1-3000, p.134 ; SYS 2-7000, p.154 ; SYS 4-4000, p.176)
Formes d'érosion (SYS 1-2000, p.133 ; SYS 3-3000, p.163)
Formes de retrait glaciaire (SYS 3-6000, p.168)
Formes tropicales élémentaires (GÉO 6-3000, p.267)
Formes fluviales polyphasées (SYS 1-4000, p.135)
Formes fluviales de surface (GÉO 1-3000, p.189 ; GÉO 7-7400, p.304)) - *exokarst* -
Formes karstiques profondes (GÉO 1-2000, p.187) - *endokarst* -
Formes liées à l'écoulement fluvial tropical (GÉO 6-4200, p.270)
Formes mixtes fluvio-karstiques (GÉO 1-4000, p.196)
Formes structurales dans les socles (GÉO 2- 3100, p.208)
Formes structurales tropicales (GÉO 6-4500, p.273)
Formes tropicales propres aux roches carbonatées (GÉO 6-4700, p.275)
Formes tropicales propres aux roches cristallines (GÉO 6-4510, p.274)
Formes tropicales propres aux roches gréseuses (GÉO 6-4600, p.275)
Fossé ou sillon appalachien (FST-3423, p.104) - *sillon appalachien* -
Fossé ou sillon sous-marin (GÉO 7-7643, p.308)

Fragmentation mécanique (FST-1003, p.117 ; GÉO 2-4113, p.212 ; GÉO 5-1013, p.247; GÉO 6-1023, p.259 ; GÉO 7-2103, p.280)
Frange de dégel (SYS 2,-1151, p.145) - *couche active, mollisol* -
Front (TEC-4170, p.51 ; FST- 2103, p.97) - *escarpement monoclinal* -
Front de chevauchement (FST-3303, p.101)
Front de glacier (SYS 3-1240, p.160 ; GÉO 4-1243, p.238 ; GÉO 7-6453, p.301)
Front de nappe (FST-3333, p.102)
Front en biseau (SYS 3-1243, p.160)
Front en "queue de renard" (SYS 3-1263, p.160)
Front tronqué (SYS 3-1253, p.160)
Fumerolles (GÉO 3-2041, p.220) - *solfatare* -

G

Gabbro (LIT-1221, p.58 ; GÉO 2-1071, p.202)
Gaize (LIT-3271-, p.65)
Galerie souterraine (GÉO 1-2202, p.188 ; GÉO 6-4782, p.276)
Galets (LIT-4113, p.73)
Gap (TOP-3031, p.14) -*col, brèche, pas, port* -
Gara (FST-1123, p.95 ; GÉO 5-4753, p.255) - *butte-témoin* -
Gassi (SYS 4-5053, p.179) - *couloirs, feidj* -
Géliflexion (SYS 2-2003, p.148)
Gélifluxion en lobes (SYS 2-2043, p.149)
Gélifluxion en loupes ou en bourrelets (SYS 2-2033, p.148)
Gélifluxion entravée (SYS 2-2021, p.148)
Gélifluxion libre (SYS 2-2011, p.148)
Gélifraction (SYS 2-1213, p.46) - *cryoclastie* -
Gélifracts (FSU-5031, p.120)
Gélivation (SYS 2-1203, p.146)
Gendarme (GÉO 4-2011, p.238)
Genèse des formations superficielles (FSU-1000, p.117)
Geyser (GÉO 3-2051, p.220)
Ghorfa (SYS 4-4383, p.178) - *chaudron* -
Ghourd (pl.oghroud) (SYS 4-4371, p.178)
Glace continentale (HYD-3003, p.29, SYS 3-1103, p.159)
Glace d'exsudation (SYS 2-1171, p.145) -*pipkrakes* -
Glace de glacier (GÉO 4-1103, p.237) - *glace continentale* -
Glace de mer (HYD-5200-5203, p.35)
Glace de ségrégation (SYS 2-1181, p.145)
Glace d'injection (SYS 2-1191, p.146)
Glacier blanc (SYS 3-4000, p.165)
Glacier de cirque (SYS 3-1223, p.160 ; GÉO 4-1213, p.237) - *névé pérenne* -
Glacier de paroi (SYS 3-1273, p.161 ; GÉO 4-1143, p.237)
Glacier de piémont (SYS 3-1283, p.161)
Glacier de plateau ou de fjell (SYS 3-1213, p.160)
Glacier de vallée (SYS 3-1233, p.160)
Glacier noir ou glacier enterré (GÉO 4-2033, p.240)
Glacier rocheux (SYS 3-6023, p.168 ; GÉO 4-2043, p.240) - *rock glacier* -
Glacier souterrain (GÉO 1-1311, p.186)
Glaciers (SYS 3-1000, p.159)
Glacio-isostasie (SYS 3-1381, p.162)
Glacis (TOP-2193, p.14 ; SYS 2-6023, p.153 ; GÉO 2-4043, p.212 ; GÉO 5-4400- p.2452 GÉO 6-4400, p.270)
Glacis alluvial (SYS 1-4373, p.139) - *terrasse polygénique* -
Glacis couvert (SYS 2-6043, p.154)
Glacis d'accumulation (SYS 2-6053, p.154 ; GÉO 5-4443, p.252) - *glacis d'ennoyage* -
Glacis d'ennoyage (GÉO 6-4433, p.273)
Glacis d'érosion (SYS 2-6033, p.153, GÉO 5-4413, p.252) - *glacis d'ablation, glacis de dénudation* -
Glacis de transit (GÉO 5-4433, p.252 ; GÉO 6-4423, p.272) - *glacis colluvial* -
Glacis rocheux (GÉO 6-4413, p.272) - *rocky pediment* -
Glacitectonique (SYS 3-1350, p.161)
Glacitectonique d'affaissement (SYS 3-1371-, p.161)
Glacitectonique d'arrachement (SYS 3-1361-, p.161)

Glacitectonique de poussée (SYS 3-1351-, p.161)
Glint (FST-6313, p.110)
Glissement en fer à cheval (GÉO 3-4353, p.228)
Glissement en fossé (GÉO 3-4343, p.228) - *sector graben* -
Glissements (GÉO 3-4331, p.228 ; GÉO 6-3303, p.269)
Glissements en "planche " (GÉO 6-3313, p.269)
Glissements "rotationnels" (GÉO 6-3323, p.269)
Gneiss (LIT-2411, p.63 ; GÉO 2-1123, p.202)
Gneiss granitoïde (LIT-1611, p.60 ; GÉO 2-1151, p.202)
Gneiss lité (LIT-2421, p.63 ; GÉO 2- 1131, p.202)
Gneiss œillé (LIT-2431, p.63 ; GÉO 2-1141, p.202)
Golfe (GÉO 7-1203, p. 281)
Gorge (SYS1-4173, p.137)
Gorge juxtaglaciaire (SYS 3-5013, p.166)
Gouf (GÉO 7-7623, p.307) - *canyon sous-marin* -
Gouffre (GÉO 1-2011, p.187)
Gouffre ouvert sur un réseau souterrain (GÉO 1-2021, p.187)
Goulet de marée (HYD-5171, p.34) - *grau, passe* -
Gours (GÉO 1-2213, p.188)
Graben (TEC-2263 , p.43)
Gradins de plage (GÉO 7-4133, p.291)
Granite (LIT-1101, p.57 ; GÉO 2-1011, p.201)
Granite à deux micas (LIT-1121, p.57 ; GÉO 2-1031, p.201)
Granite d'anatexie (LIT-1623 , p.61 ; GÉO 2-1163 , p.202)
Granite porphyroïde (LIT-1111, p.57 ; GÉO 2-1021, p.201)
Granodiorite (LIT-1131, p.58 ; GÉO 2-1041, p.201)
Granules (LIT-4131, p.74 ; FSU-3013, p.118)
Granulométrie (FSU-3000, p.118) - *texture* -
Grau (GÉO 7-4241, p.292) - *goulet de marée, passe* -
Grauwake (LIT-3241, p.65 ; GÉO 2-1611, p.206)
Graviers (LIT-4121, p.74 ; FSU-3013, p.118)
Gravité (GÉO 2, p.212 ; GÉO 5-1041, p.247 ; GÉO 7-2120, p.282)
Gravité assistée (GÉO 7-2123, p.282)
Gravité libre (GÉO 7-2121, p.282) - *éboulis, éboulement* -
Gravité libre ou assistée (GÉO 6-1300, p.260)
Grès (LIT-3201, p.64 ; GÉO 2-1621, p.206)
Grès à dragées (LIT-3931, p.71 ; GÉO 2-1641, p.206)
Grès calcaires (LIT-3951, p.72)
Grès de plage (GÉO 7-4153, p.293) - *beach rock* -
Grès quartzeux (LIT-3211, p.64 ; GÉO 2-1631, p.206)
Grès quartzitique (LIT-3221, p.65 ; GÉO 2-1351, p.204)
Grève (GÉO 7-4113, p. 293) - *plage de graviers et de galets* -
Grèze (FSU-6033 , p.122 ; SYS 2-7103, p.155)
Grèze litée (FSU-6041, p.122 ; SYS 2-7113, p.155)
Groize (SYS 2-7063, p.155)
Groize volcanique (GÉO 3-6023, p.232)
Grotte (GÉO 1-2101, p.187 ; GÉO 3-3371, p.222 ; GÉO 6-4781, p.276 ; GÉO 7-3311, p.291) - *caverne* -
Grotte-émergence (GÉO 1-2141,p.188)
Grotte émergence permanente (GÉO 1-2151, p.188)
Grotte émergence temporaire (GÉO 1-2111, p.188)
Grotte-perte (GÉO 1-2171, p.188)
Grotte ornée (GÉO 1-2111, p.187)
Groupements de plis (TEC-3000, p.47)
Gué (HYD-1203, p.23)
Guillochages (GÉO 1-3161, p.190)
Gully (GÉO 5-2022, p.247 ; GÉO 6-3222, p.268) - *ravin* -
Gypse (LIT-3851, p.70)

H

Halite (LIT-3861-, p.71) - *sel gemme* -
Haloclastites (FSU-5041, p.120)
Hamada (GÉO 5-4743, p.255)
Hard ground (GÉO 7-7113, p.305) - *surface rocheuse sous-marine* -
Hartling (GÉO 2- 3653, p.211 ; GÉO 5-4783, p.253 ; GÉO 6-4463, p.271) - *dôme ou inselberg de résistance* -
Head (FSU-6013, p.122 ; SYS 2-7203, p.156, GÉO 2-4263, p.213)
Herbier (GÉO 7-4373, p.296)

Hog-back (FST-3183, p.100)
Hole (SYS 3-6033, p.168) - *cavité , culot de glace morte, dépression de glace morte* -
Horn (TOP-3121, p.15 ; GÉO 4-1441, p.239) - *dent* -
Hornito (GÉO 3-3311, p.221) - *cône de scories soudées, spatter-cône* -
Hornito enraciné (GÉO 3-3321, p.221)
Hornito sans racine (GÉO 3-3331, p.221)
Horst (TEC-2243, p.282)
Houles et vagues (GÉO 7-2300, p.284)
Hum (GÉO 1-3601, p.194)
Hum à arêtes (GÉO 1-3631, p.194)
Hum à degrés (GÉO 1-3641, p.194)
Hum à sommet plat (GÉO 1-3621, p.194 ; GÉO 6-4731, p.276) - *tourelle, turm* -
Hum en piton (GÉO 1-3611, p.194 ; GÉO 6-4721, p.276) - *kegel, mogote* -
Hummocks (HYD-5253, p.36)
Hydrographie fluviale (HYD-1000, p.21)
Hydrographie glaciaire (HYD-3000, p.29)
Hydrographie lacustre (HYD-2000, p.26)
Hydrographie marine (HYD-5000, p.33)
Hydrolaccolite (SYS 2-1451, p.148)
Hydrologie karstique (GÉO 1-1000, p.185)
Hygroclastites (FSU-5021, p.120)

I

Iceberg (HYD-5261, p.36)
Ice cap (HYD-3103, p.29 ; SYS 3-1203, p.160) - *calotte glaciaire, inlandsis* -
Ice wedge (SYS 2-1231, p.146) - *coin de glace* -
Ignimbrite (LIT-6621, p.81)
Ile (GÉO 7-1283, p. 279)
Indurations (GÉO 6-2200, p.265) - *consolidations* -
Inlandsis (HYD-3103, p.29 ; SYS 3-1203, p.160) - *calotte glaciaire, ice cap* -
Inselberg (e) (GÉO 5-4760, p.255 ; GÉO 6-4400, p.270, GÉO 6-4450, p.273)
Inselberg de position ou d'interfluve (GÉO 2-2113, p.207 ; GÉO 5-4773, p.255 ; GÉO 6-4453, p.273) - *fernling* -
Inselberg de résistance (GÉO 2-2103, p.207 ; GÉO 5-4783, p.255 ; GÉO 6-4463, p.273) - *hartling* -
Intrusion (DOM-1022, p.85) - *batholite, massif circonscrit, massif intrusif* -
Inversac (GÉO 1-2041, p.187) - *estavelle* -
Isobathes (GÉO 7-2203, p.283)
Isostasie (GÉO 7-2730, p.288)
Isthme (GÉO 7-1273, p. 281)

J

Jet de rive (GÉO 7-2401, p.286) - *uprush* -
Joints de discontinuité (LIT-3000, p.63)
Jusant (GÉO 7-2251, p.284) - *reflux* -

K

Kamenitsas (GÉO 1-3133, p.189)
Kaolin (LIT-5021, p.76)
Kaolinite (GÉO 6-2071, p.264)
Karren (GÉO 1-3233, p.190) - *arres, champ de lapiés, rascles* -
Karst bosselé (GÉO 7-7433, p.306)
Karst couvert (GÉO 1-3813, p.195)
Karst fossile (GÉO 1-3803, p.195) -*paléokarst* -
Karst à coupoles (GÉO 6-4753, p.276) - *kuppenkarst* -
Karst à pitons ou tourelles (GÉO 1-3683, p.194 ; GÉO 6-4763, p.276)- *kegelkarst, turmkarst* -
Karst ruiniforme (GÉO 1-3673, p.194)
Karstrandebene (GÉO6-4793, p.274)
Kegel (GÉO 1-3611, p.194 ; GÉO 6-4721, p.276) - *hum en piton, mogote* -
Kettle (6033-SYS 3, p.36) - *marmite, dépression ou culot de glace morte* -

Klippe (FST-3383, p.103) - *lambeau de recouvrement* -
Knick (GÉO 5-4452, p.253 ; GÉO 6-4442, p.273)
Koum (SYS 4-5073, p.179 ; GÉO 5-4653, p.254) - *edeyen, erg, nefoud* -
Kuppen (GÉO 1-3653, p.194 ; GÉO 6-4743, p.276 - *coupole* -

L

Laccolite (GÉO 3-4613, p.229)
Lac de barrage volcanique (GÉO 3-3143, p.220)
Lac de lave actif (GÉO 3-2013, p.219)
Lac d'obturation glaciaire (SYS 3-2223, p.163 ; GÉO 4-1613, p.240)
Lac de surcreusement glaciaire (SYS 3-2213, p.163 ; GÉO 4-1603, p.240)
Lac de thermokarst (SYS 2-6121, p.154) - *thaw lake* -
Lac glaciaire (SYS 3-2200, p.163)
Lac permanent (HYD-2003, p.27)
Lac salé (HYD-2213, p.28)
Lac temporaire (HYD-2203, p.28)
Lacune (FST-6110, p.109)
Lagon (HYD-5163, p.35 ; GÉO 7-4343, p.295)
Lagune (HYD-5153, p.34 ; GÉO 7-4233, p.294)
Lahar dilué (GÉO 3-3963, p.225) - *dépôt torrentiel chargé-*
Lahars (GÉO 3-3940, p.225)
Laisse (de basse mer, de haute mer, de tempête) (GÉO 7-2212, p.284)
Lambeau de recouvrement (FST-3383, p.103) - *klippe* -
Langue de gélifluxion (SYS 2-2053, p.149) - *coulée de gélifluxion* -
Langue glaciaire (HYD-3123, p.29 ; GÉO 4-1233, p.237)
Lanières résiduelles (GÉO 2-2073, p.207)
Lapiés (GÉO 1-3203, p.190) - *lapiaz , lapiez,-*
Lapiés à crêtes aigües (GÉO 1-3213, p.190)
Lapiés à crêtes arrondies (GÉO 1-3223, p.190)
Lapiés couverts (GÉO 1-3253, p.191) - *crypto-lapiés* -
Lapiés démantelés (GÉO 1-3283, p.191)
Lapiés littoraux (GÉO 7-3353, p.291)
Lapillis (LIT-6533, p.80 ; GÉO 3-1623, p.218)
Lavaka (GÉO 6-3243, p.268)
Lavaka emboîtés (GÉO 6-3263, p.269)
Lavaka stabilisés (GÉO 6-3253, p.269)
Lave à blocs (GÉO 3-3233, p.221)
Lave à gratons (GÉO 3-3223, p.221) - *aa, cheire, surface rugueuse* -
Lave en coussins (GÉO 3-3243, p.221) - *pillow lava* -
Laves (LIT-6100, p.77 ; DOM-1213, p.86) - *roches volcaniques non fragmentées, formations laviques* -
Lavogne (GÉO 1-3491, p.193)
Leptynite (LIT-2221, p.62 ; GÉO 2- 1171, p.202)
Levée de rive (HYD-1132, p.23 ; SYS 1- 3012, p.134)
Levée volcanique (GÉO 3-3243, p.6)
Lèvres (TEC-2020, p.40)
Lido (GÉO 7-4233, p. 294)
Ligne de crête (GÉO 7-2323, p.285)
Lignes cotidales (GÉO 7-2233, p.284)
Liman (GÉO 7-4233, p.294)
Limite de banquise d'hiver (HYD-5232, p.36)
Limite de banquise permanente (HYD-5222, p.36)
Limite de bassin endoréïque (GÉO 5-4112, p.250)
Limite de bassin-versant (SYS1-4042, p.135)
Limite de bassin-versant souterrain (HYD-4162, p.33 ; GÉO1-1133, p.185)
Limite d'extension glaciaire ancienne (SYS 3-1142, p.160)
Limite de glace froide (GÉO 4-1122, p.237)
Limite de glacier actuel (HYD-3012, p.29 ; SYS 3-1112, p.159 ; GÉO 4-1132, p.237)
Limite de la forêt tropicale (GÉO 6-1442, p.262)
Limite de la savane (GÉO 6-1472, p.262)
Limite de l'enneigement persistant (GÉO 4-1112, p.237)
Limite de zone aréïque (GÉO 5-4122, p.250)
Limite des neiges persistantes (HYD-3032, p.29 ; SYS 3-1132, p.159)
Limite supérieure de la forêt (GÉO 4-3002, p.243)

Limite supérieure de la prairie (GÉO 4-3042, p.243)
Limites d'Atterberg (LIT-5000, p.76)
Limon fin (LIT-4321, p.75, FSU-3221, p.118)
Limon grossier (LIT-4311, p.75 ; FSU-3211, p.118) - *sablon-*
Limon non différencié (FSU-3201, p.118)
Limons (LIT-4303, p.75 ; FSU-3203, p.118) - *aleurites, poudres, silts -*
Lit apparent (HYD-1103, p.22 ; SYS 1-1103, p.132) -*lit mineur -*
Lit à chenaux anastomosés (SYS 1-1233, p.133 ; SYS 2-4013, p.151)
Lit à chenaux en chapelet ou en tresse (SYS 1-1243, p.133 ; SYS 2-4023, p.151)
Lit à chenaux multiples et bancs alluviaux (HYD-1153, p.23 ; SYS 1-1223, p.133)
Lit à écoulement intermittent (SYS 1-1122, p.132)
Lit à écoulement pérenne (SYS 1-1112, p.132)
Lit à profil en V (HYD,-1163, p.23 ; SYS 2-4103, p.151 ; GÉO 5-2103, p.249)
Lit d'étiage (HYD-1142, p.23 ; SYS 1-1172, p.133)
Lit fluvial à chenaux multiples (GÉO 6-4243, p.271)
Lit fluvial à fond plat (HYD-1173, p.23 ; SYS 2-4143, p.151, GÉO 5-2113, p.249)
Lit fluvial en berceau (SYS 2-4123, p.151)
Lit glaciaire (SYS 3-3002, p.164)
Lit majeur (HYD-1123, p.23 ; SYS 1-1143, p.132 ; GÉO 6-4233, p.271) - *champ d'inondation -*
Lit mineur (HYD-1103, p.22 ; SYS 1-1103, p.132) - *lit apparent -*
Lit rocheux (SYS 1-2003, p.133)
Lobe de méandre abandonné (SYS 1-4233, p.138) - *bayou-*
Localisation des profils pédologiques(GÉO 6-2101, p.265)
Lœss (SYS 2-5133, p.153 ; SYS 4-3063, p.175)
Longshore current (GÉO 7-2502, p.284) - *dérive littorale -*
Loupes de gélifluxion (GÉO 4-2423, p.243) - *bourrelets de gélifluxion -*
Lumachelle (LIT-3461, p.67)
Lunette (GÉO 5-4553, p.253)

M

Maar (GÉO 3-4121, p.226)
Macroformes d'inversion dans les trapps (GÉO 3-5063, p.232)
Maërl (GÉO 7-7783, p.3079
Mangrove (GÉO 6-1423, p.262 ; GÉO 7-4383, p.296)
Manteau d'arène (GÉO 4-3723, p.230)
Marais (HYD-2323, p.28)
Marais littoral (marais maritime) (HYD-5183, p.35 ; GÉO 7-4403, p.296) - *marsh wadden,-*
Marbres et cipolins (LIT-2331, p.62 ; GÉO 2-1381, p.205)
Mare (HYD-2311, p.28)
Marée (GÉO 7-2210, p.283)
Mares à encorbellement (GÉO 7-3443, p.292)
Marge continentale active (DOM-2133, p.88 ; GÉO 7-6103, p.300)
Marge continentale passive (DOM-2123, p.87 ; GÉO 7-6113, p.300)
Marmites (SYS 1-2013, p.134 ; GÉO 7-3471, p.292) - *marmites de géant, marmites torrentielles -*
Marnage (GÉO 7-2221, p.284)
Marnes (LIT-3700, p.68)
Marsh (GÉO 7-4403 p.296) - *marais maritime, wadden -*
Mascaret (GÉO 7-2261, p.284)
Massif intrusif (DOM-1022, p.85) - *batholite, intrusion, massif circonscrit -*
Massif volcanique lavique (DOM-4003, p.89)
Méandres (HYD-1233, p.24 ; SYS 1-4210, p.137)
Méandres encaissés (SYS-4243, p.138)
Méandres libres ou divagants (SYS 1-4223, p.138)
Merzlota (SYS 2-1110, p.145) - *pergélisol, permafrost, tjäle -*
Mesa (GÉO 3-4563, p.229)
Meulière (LIT-3331, p.66)

Micaschistes (LIT-2151, p.62 ; GÉO 2-1341, p.204)
Microdiorite (LIT-1451, p.59 ; GÉO 2-1211, p.203)
Microformes karstiques (GÉO 1-3100, p.189)
Microgabbro (LIT-1461, p.59 ; GÉO 2-1221, p.203)
Microgranite (LIT-1411, p.59 ; GÉO 2-1201, p.203)
Micromméandres (GÉO 1-3123, p.189)
Miroir (TEC-2040, p.41)
Moberg (GÉO 3-6083, p.233)
Modelé des conglomérats (FST-4320, p.106)
Modelé des grès (FST-4310, p.105 ; GÉO 6-4600, p.273)
Modelé des roches plastiques (FST-4400, p.106)
Modelé des roches sédimentaires en grains (FST-4300, p.105)
Modelé des sables (FST-4330, p.106)
Modelé fluvial ennoyé (GÉO 7-6410, p.300)
Modelé glaciaire ennoyé (GÉO 7-6450, p.301)
Mogote (GÉO1-3611, p.194 ; GÉO 6-4721, p.276) - *hum en piton, kegel -*
Molasse (LIT-3991, p.72)
Mollisol (SYS 2-1151, p.145) - *couche active, frange de dégel -*
Monadnock (SYS 1-4613, p.141 ; GÉO 2-3663, p.211) - *dôme de position , fernling -*
Monoclinal de chevauchement (FST-3313, p.101)
Mont (FST-3103, p.99)
Mont dérivé (FST-3133, p.99) - *anticlinal exhumé -*
Monument (GÉO 5-4731, p.254) - *aiguille, chicot, tour -*
Moraines (FSU-7013, p.123 ; SYS 3-4000, p.165)
Moraine d'ablation (SYS 3-6013, p.168)
Moraine de fond (SYS 3-4003, p.166) - *till -*
Moraine de névé (SYS 2-3113, p.151) - *protalus rempart -*
Moraine de poussée (SYS 3-4053, p.166)
Moraine frontale (SYS 3-4043, p.166 ; GÉO 4-2323, p.242) - *vallum morainique -*
Moraine latérale (SYS 3-4013, p.166 ; GÉO 4-2313, p.242)
Moraine médiane (SYS 34023, p.166)
Morne (GÉO 6-4563, p.274) - *dôme, pain de sucre -*
Motturaux (GÉO 7-4443, p.295) - *buttes gazonnées -*
Mouille (HYD-1183, p.23)
Moulin (HYD-3211, p.30 ; SYS 3-2011, p.163)
Mouvements de la glace (SYS 3-1300, p.161)
Musoir (GÉO 7-4223, p.294)
Mylonite (LIT-1471-, p.59 ; GÉO 2-1261, p.203) - *brèche tectonique -*

N

Nappe déferlante (GÉO 3-3733, p.224)
Nappe de retombées aériennes (GÉO 3-3703, p.223)
Nappe de sandr (GÉO 3-6053, p.233)
Nappe d'alluvions fluviatiles (GÉO 7-7353, p.306)
Nappe d'ignimbrite (GÉO 3-3713, p.223)
Nappe d'ignimbrite en inversion de relief (GÉO 3-3723, p.224)
Nappes de charriage (TEC-4150, p.51 ; FST-3330, p.102)
Nebka (SYS 4-4221, p.177)
Neck (GÉO 3-4621, p.229) - *culot -*
Neck bréchique (GÉO 3-4631, p.229)
Neck évidé (GÉO 3-4741, p.230)
Nefoud (SYS 4-5073, p.179 ; GÉO 5-4653, p.254) - *edeyen, erg, koum -*
Névé (HYD-3113, p.29 ; SYS 2-3103, p.150) - *cirque de nivation, niche de nivation -*
Névé pérenne (GÉO 4-1213, p.237) - *glacier de cirque -*
Niche de nivation (SYS 2-3103, p.150) - *cirque de nivation, névé -*
Niche de décollement (SYS 2-2073, p.149 ; GÉO 6-3353, p.270)
Niche glacio-karstique (GÉO 1-3481, p.193) - *cuvette glacio-karstique -*
Niche nivo-karstique (GÉO 1-3471, p.193) - *cuvette nivo-karstique -*
Nivation (SYS 2-3003, p.150)
Niveau de base (SYS 1-1040, p.131)

Niveau de la mer (GÉO 7-1152, p.280) - *niveau moyen des mers, zéro géographique* -
Niveau des plus basses eaux (HYD-2062, p.27)
Niveau des plus basses mers (HYD-5042, p.33 ; GÉO 7-1142, p.278) - *zéro hydrographique* -
Niveau des plus hautes mers (HYD-5032, p.33 ; GÉO 7-1122, p.277) - *trait de côte* -
Nuée ardente (GÉO 3-3753, p.224)
Nuée retombante (GÉO 3-3763, p.224)
Nunatak (SYS 3-3131, p.165)

O

Ombilic (GÉO 4-1553, p.239)
Ombilic de surcreusement (SYS 3-3033, p.164 ; GÉO 7-7503, p.307)
Onde de choc (GÉO 4-2211, p.241 ; GÉO 7-2441, p.286)
Ophiolites (LIT-1321, p.58)
Orgues volcaniques (GÉO 3-4663, p.230)
Orientation (TEC-1061, p.39)
Orthogonales de houle (GÉO 7-2333, p.285)
Ôs (pl.ôsar) (SYS 3-6043, p.168)
Ostioles (SYS 2-1363, p.147)
Ouvala (GÉO 1-3503, p.193)
Ouvala à dolines emboîtées (GÉO 1-3513, p.193)
Ouvala aux contours peu marqués (GÉO 1-3523, p.193)

P

Pack (HYD-5213, p.35) - *banquise* -
Pahœhœ (GÉO 3,-3203, p.221) - *surface lisse* -
Pain de sucre (GÉO 2-3643, p.211 ; GÉO 6-4563, p.274) - *morne* -
Paléokarst (GÉO 1-3803, p.195)
Palse (SYS 2-1421, p.147)
Panache de dégazage (GÉO 3-2031, p.220)
Parcours abandonné (SYS 3-1322 , p.161)
Paroi (GÉO 4-2023, p.240) - *dièdre, face, surplomb, vire* -
Paroi striée (SYS 2-5043, p.152) - *paroi cannelée* -
Pas (TOP-3031, p.14) - *col, port, brèche, gap* -
Passe (HYD-5171, p.35 ; GÉO 7-4351, p.295) - *goulet de marée, grau* -
Passe (brèche) éolienne (GÉO 7-4581, p.295) - *siffle-vent, windgap* -
Pavage (GÉO 6-3363, p.270)
Pavage dunaire (GÉO 5-4623, p.254)
Pavage éolien (SYS 4-3123, p.176) - *reg* -
Pavage nival (SYS 2-3013, p.150)
Pavage résiduel (GÉO 5-4260, 4263 et 4273, p.251) - *reg* -
Pavements (GÉO 1-3243, p.190) - *dalles, schichttreppenkarst* -
Pédiments, glacis et inselberge (GÉO 2-3613, p.210 ; GÉO 5-4400, p.252 ; GÉO 6-4400, p.272)
Pédiment de transit (GÉO 6-4423, p.272) - *colluvial* -
Pédiment d'ennoyage (GÉO 6-4433, p.273) - *alluvial* -
Pédiment rocheux (GÉO 6-4413, p.272) - *rocky pediment* -
Pédiments et glacis (GÉO 5-4400, p.252)
Pédiplaine (GÉO 5-4793, p.255)
Pegmatite (LIT-1431- p.59 ; GÉO 2-1241, p.203)
Pélite (LIT-3261, p.65) - *siltite* -
Pelouse humide (GÉO 4-3033, p.243) - *almou-*
Pendage (TEC-1001, p. 39)
Pendage faible (TEC-1021, p.39)
Pendage fort (TEC-1031, p.39)
Pendage horizontal (TEC-1011, p.39)
Pendage vertical (TEC-1041, p.39)
Pénéplaine (SYS 1-4623, p.141)
Péninsule (GÉO 7-1253, p. 281)
Pénitent de glace (ou de neige) (SYS 3-1421, p.162)
Pente anaclinale (FST-2011, p.96) - *obséquente* -
Pente cataclinale (FST-2001, p.96) - *conséquente* -
Pente continentale (GÉO 7-7123, p.305) - *talus continental, continental slope* -
Pente orthoclinale (FST-2021, p.9)

Pente (ou rivière) conséquente (FST-2001, p.96) - *cataclinale* -
Pente (ou rivière) obséquente (FST-2011, p.96) - *anaclinale* -
Pente (ou rivière) subséquente (FST-2021, p.96) - *orthoclinale* -
Pentes (TOP-1000 à 1031, p.11-12)
Percée anaclinale (FST-2173, p.98) - *percée obséquente* -
Percée cataclinale (FST-2183, p.98) - *percée conséquente* -
Percussion (GÉO 7-2431, p.286)
Perforations (GÉO 1-3143, p.189)
Pergélisol (SYS 2-1110, p.145) - *merzlota, permafrost, tjäle* -
Pergélisol continu (SYS 2-1123, p.145)
Pergélisol discontinu (SYS 2-1133, p.145)
Pergélisol sporadique (SYS 2-1143, p.145)
Péridotite (LIT-1301, p.58 ; GÉO 2-1081, p.202)
Permafrost (SYS 2-1110, p.145) - *merzlota, pergélisol ,tjäle* -
Perte (HYD-1091, p.22 ; HYD-4001,p.31 ; SYS 1-1201, p.133 ; GÉO 1-1201, p.186)
Petit escarpement karstique (GÉO 1-3782, p.195)
Petit ressaut rocheux (GÉO 2-4442, p.214)
Phonolite (LIT-6231, p.79 ; GÉO 2-1431, p.205 ; GÉO 3-1321, p.217)
Phosphates (LIT-3841, p.70) -*roches phosphatées* -
Phyllades (LIT-2121, p.61 ; GÉO 2-1311, p.204)
Pic (TOP-3121, p.15) - *aiguille, tour, clocheton, chicot, sommet aigu* -
Pied de glace (GÉO 7-2613, p.287)
Piégeage diffus (SYS 4-4113, p.176 ; GÉO 5-3013, p.250)
Pierrier (SYS 2-7053, p.155) - *chiraz, clapier* -
Pillow lava (GÉO 3-3243, p.221) - *lave en coussins* -
Pinacle (GÉO 1-3731, p.195) - *aiguille ruiniforme, chicot* -
Pingo (SYS 2-1451, p.148) - *hydrolaccolite* -
Pipkrakes (SYS 2-1171, p.145) - *glace d'exsudation* -
Pit-crater (GÉO 3-4131, p.226) - *cratère en puits* -
Plage de dénudation (GÉO 5,-4253 p.251)
Plage de graviers et de galets (GÉO 7-4113, p.293) - *grève* -
Plage de sable (GÉO 7-4103, p.293)
Plage d'érosion en roche meuble (GÉO 7-3493, p.292)
Plages (GÉO 7-4100, p.293)
Plaine (TOP-5113, p.17)
Plaine alluviale (SYS 1-3043, p.135 ; GÉO 5-2143, p.249 ; GÉO 6-4323, p.272)
Plaine de corrosion latérale fluvio-karstique (GÉO 6-4793, p.276) - *karstrandebene* -
Plaine maritime fluvio-glaciaire (GÉO 7-6483, p.304)
Plan axial (TEC-3030, p.45)
Plan de charriage (FST-6223, p.109)
Plan de faille (TEC-2030, p.41)
Plan incliné (GÉO 2-4053, p.212)
Planèze (GÉO 3-4543, p.229)
Plateau (TOP-5103, p.17)
Plateau continental (GÉO 7-7710, p.305) - *plate-forme continentale, continental shelf* -
Plateau glaciaire (SYS 3-3123, p.165) -*fjell ou fjeld* -
Plateau palsique (SYS 2-1443, p.148)
Plate-forme (TEC-4053, p.50)
Plate-forme continentale (GÉO 7-7710, p.303) - *plateau continental, continental shelf* -
Plate-forme structurale (FST-1153, p.96)
Platier à barres et sillons structuraux (GÉO 7-3413, p.292)
Platier uni (GÉO 7-3403, p.291) - *surface d'abrasion marin* -
Platiers (GÉO 7-3400, p.291)
Playa (GÉO 5-4583, p.253)
Pli (TEC-3010, p.44)
Pli anisopaque (TEC-3190, p.47) - *pli étiré* -
Pli anticlinal (TEC-3103, p.46)
Pli chevauchant (TEC-3203, p.47) - *pli-faille* -
Pli coffré (TEC-3133, p.46)
Pli couché (TEC-3163, p.46)

Pli de fond (TEC-4093, p.50 ; DOM-3013, p.89) - *chaîne de surrection* -
Pli de fond (TEC-4093, p.50 ; DOM-3013, p.89) - *chaîne de surrection* -
Pli déjeté (TEC-3143, p.46)
Pli déversé (TEC-3153, p.46)
Pli droit (TEC-3123, p.46)
Pli étiré (TEC-3190, p.47) - *pli anisopaque* -
Pli faillé (TEC-3213, p.47)
Pli isopaque (TEC-3180, p.47)
Pli monoclinal (TEC-3003 p.44) - *flexure* -
Pli renversé ou retourné (TEC-3173, p.47) - *pli retourné* -
Pli synclinal (TEC-3113, p.46)
Pli-faille (TEC-3203, p.47) - *pli chevauchant* -
Plis de couverture (TEC-4113, p.51)
Plis de revêtement (TEC-4083, p.50)
Plis en échelons (TEC-3363-, p.48) - *plis en relais* -
Plis en éventail (TEC-3373, p.48)
Plis parallèles (TEC-3303, p.47)
Poche avec sol résiduel (GÉO 3-4711, p.230)
Poche de dissolution (GÉO 3-4701, p.230)
Poche de sol (GÉO 1-3851, p.196)
Podzol (FSU-5211, p.121)
Polissage éolien (SYS 2-5053, p.152, SYS 4-3023, p.174)
Polissage glaciaire (SYS 3-3083, p.165)
Poljé (GÉO 1-3533, p.193)
Poljé avec contour de corrosion (GÉO 1-3543, p.193)
Poljé ouvert (GÉO 1-4093, p.197
Polygone de pierres (SYS 2-1311, p.146 ; SYS 2-1343, p.147)
Polygone de toundra (SYS 2-1353, p.147)
Polynie (HYD-5243, p.36) - *clairière, couloir d'eau libre* -
Ponces (LIT-6551, p.80 ; GÉO 3-1653, p.219)
Ponor (GÉO 1-2031, p.187)
Ponor aménagé (GÉO 1-2051, p.187)
Pont naturel (GÉO 1-3771, p.195)
Porche (HYD-3231, p.30 ; SYS 3-2031, p.163)
Port (TOP-3031, p.14) - *col, pas, brèche, gap* -
Poudingue (LIT-3921, p.71)
Poudres (LIT-4303, p.75) - *aleurites, limons, silts* -
Poulier (GÉO 7-4213, p.294)
Prairie d'altitude continue (GÉO 4-3013, p.243)
Prairie d'altitude écorchée (GÉO 4-3023, p.243)
Présence d'accidents siliceux (LIT-3301, p.65)
Presqu'île (GÉO 7-1263, p. 279)
Prisme d'accrétion (DOM-2133, p.88)
Profil d'équilibre (SYS 1-1050, p.132)
Profil en long (SYS 1-1030, p.131)
Profil en travers (SYS 1-4130, p.136)
Profils pédologiques (FSU-5201, p.121, GÉO 6-2100, p.264)
Profondeur du substratum (FSU-4000, p.119) - *épaisseur d'une formation superficielle* -
Protalus rempart (SYS 2-3113, p.151) - *moraine de névé* -
Psammite (LIT-3251, p.65)
Pseudo-lapiés (GÉO 2-4313, p.213 ; GÉO 6-3123, p.268) - *cannelures* -
Pseudo-steppe (GÉO 6-1433, p.6)
Puissance d'un cours d'eau (SYS 1-1010, p.131)
Puits à neige (GÉO 1-1301, p.186)
Puits d'effondrement (GÉO 1-3451, p.193)
Puits de suffosion (GÉO 1-3441, p.192 ; GÉO 6-4701, p.275)
Pyramide (GÉO 4-1441, p.239) -*horn* -
Pyroclastites (LIT-6500, p.80 ; GÉO 3-1603, p.217) - *roches volcaniques fragmentées , téphras* --

Q

Quartz (LIT-1441, p.59 ; GÉO 2-1251, p.203)
Quartzites (LIT-2211, p.62 ; GÉO 2-1361, p.204)
Queue de comète (GÉO 7-4253, p.295)
Queue de renard (SYS 3-1263, p.160)

R

Racine de nappe(TEC-4140, p.51 ; FST-3393, p.103)
Radeau de glace (GÉO 7-2621, p.287)
Rain wash (GÉO 5-1111, p.245) - *ruissellement pluvial* -
Rapides (HYD-1212, p.24 ; SYS 1-2062, p.134 ; GÉO 6-4262, p.271)
Rascles (GÉO 1-3233, p.190) - *arres, champ de lapiés, karren* -
Ravin (HYD-1312, p.24 ; GÉO 2-4341, p.213 ; GÉO 5-2022, p.249 ; GÉO 6-3222-, p.268) - *gully* -
Ravin de la pente continentale (GÉO 7-7632, p.308)
Ravin de ruissellement (GÉO 4-2232, p.241)
Ravinement (GÉO 2-3003, p.208)
Ravinement généralisé (HYD-1313, p.25 ; GÉO 6-3233, p.268) - *badlands, roubines* -
Rebdou (SYS 4-4231, p.177)
Rebord de caldera (GÉO 3-4583, p.229)
Rebord de cratère (GÉO 3-4573, p.229)
Rebord de rift (GÉO 3-4313, p.228)
Rebord de terrasse (SYS 1-4310, p.139)
Rebord de terrasse ennoyé (GÉO 7-7342, p.306)
Rebord de terrasse estompé (SYS 1-4322, p.139 ; GÉO 7-5212, p.299) - *rebord de terrasse dégradé* -
Rebord de terrasse net (SYS 1-4312, p.139 ; GÉO 7-5202, p.299) - *rebord de terrasse abrupt* -
Récif barrière (GÉO 7-4323, p.295)
Récif corallien (GÉO 7-4310, p.295)
Récif frangeant (GÉO 7-4313, p.295)
Reculée (GÉO 1-4053, p.196)
Réflexion (GÉO 7-2373, p.285)
Reflux (GÉO 7-2251, p.282) - *jusant* -
Réfraction (GÉO 7-2353, p.285)
Reg (SYS 4-3123, p.176 ; GÉO 5-4260, p.249) - *pavage éolien* -
Regard (TEC-2052, p.41)
Région aréïque (HYD-1300, p.24)
Régression (GÉO 7-2721, p.288)
Rejet (TEC-2050, p 41)
Relief karstique (FST-4210, p.105)
Reliefs calcaires (FST-4200, p.105 ; GÉO 6-4700, p.273)
Remontée éolienne (SYS 4-4131, p.176)
Remplissage de fossé (DOM-2113, p.87)
Rendzine (FSU-5231, p.121)
Replat (TOP-2153,p.13)
Replat de cryoplanation (SYS 2-6063, p.154) - *replat goletz* -
Replat d'érosion (GÉO 2-3053, p.208 ; GÉO 6-4303, p.271)
Replat structural (FST-1143, p.96 ; GÉO 2-3043, p.208)
Reptation (GÉO 2-4141, p.212 ; GÉO 6-1321, p.260) - *creeping* -
Réseau arborescent (HYD-1353, p.26)
Réseau centrifuge (HYD-1383, p.26) - *réseau radial* -
Réseau centripète (HYD-1393, p.26) - *réseau neuronal* -
Réseau de failles (TEC-2223, p.43)
Réseau dendritique (HYD-1350, p.25)
Réseau de plis (TEC-3423, p.48)
Réseau endoréïque (HYD-1300, p.24)
Réseau exoréïque (HYD-1300, p.24)
Réseau neuronal (HYD-1393, p.26) - *réseau centripète*--
Réseau orthogonal (HYD-1373, p.26)
Réseau parallèle (HYD-1333, p.25)
Réseau penné (1363-HYD, p.7)
Réseau radial (HYD-1383, p.26) - *réseau centrifuge* -
Réseaux fluviaux (HYD-3000, p.24)
Ressaut topographique (TOP-2143, p.13)
Résurgence (HYD-4121, p.32 ; GÉO 1-1251, p.186)
Retombée de voûte (GÉO 2-3223, p.209) - *voussoir* -
Retombée éolienne (SYS 4-4141, p.176)
Retrait de vague (GÉO 7-2411, p.286) - *backwash* -
Revers (FST-2113, p.97)
Rhyolite (LIT-6321, p.79 ; GÉO 2-1411, p.205 ; GÉO 3-1411, p.217)
Ria (GÉO 7-6413, p.302)

Ria en bouteille (GÉO 7-6433, p.302)
Ride de brèche (GÉO 3-6063, p.233) - *tinda* -
Rides de plage (GÉO 7-4171, p.294) - *ripple-marks* -
Rides éoliennes (SYS 4-3133, p.176) - *wind marks* -
Ridins (GÉO 7-7773, p.309)
Rift (TEC-4003, p.49)
Rigole (GÉO 2-4341, p.213 ; GÉO 5-2012, p.249 ; GÉO 6-3212, p.268) - *rill* -
Rill wash (GÉO 5-1123, p.245) - *ruissellement en filets* -
Rimaye (GÉO 4-1223, p.237)
Rip current (GÉO 7-2421, p.286) - *courant d'arrachement* -
Ripple-marks (GÉO 7-4171, p.294) - *rides de plage* -
Rivage (HYD-5103, p.34)
Rivage d'accumulation (HYD-2052, p.27, HYD-5123, p.34)
Rivage d'érosion (HYD-2042, p.27 ; HYD-5113, p.34)
Rive (SYS 1-4200, p.137)
Rocher-champignon (SYS 4-3081, p.175 ; GÉO 5-4711, p.254)
Roches carbonatées (LIT-3400, p.66)
Roches cohérentes (LIT-1000-3000, p.57)
Roches cristallines massives (LIT-1000, p.57)
Roches cristallophylliennes (LIT-2000, p.61 ; GÉO 2-1303, p.204)
Roches de bordures (LIT-1400, p.59)
Roches de contact et roches intrusives (GÉO 2-1203, p.203)
Roches de filons (LIT-1400, p.59)
Roches d'anatéxie (LIT-1603, p.60)
Roches du métamorphisme de contact (LIT-1503, p.60)
Roches hypovolcaniques (GÉO 3-1503, p.218)
Roches intrusives (GÉO 2-1203, p.203)
Roches massives (GÉO2-1003, p.201)
Roches meubles (LIT-4000, p.73 ; LIT-6510, p.80 ; GÉO 3-1600, p.218)
Roches phosphatées (LIT-3841, p.70) - *phosphates* -
Roches plastiques (LIT-5000, p.76)
Roches plutoniques (LIT-1003, p.57)
Roches salines (LIT-3853, p.70) - *évaporites* -
Roches sédimentaires compactes (LIT-3000, p.63 ; GÉO 2-1503, p.205)
Roches siliceuses (LIT-3100, p.64)
Roches soudées (GÉO3-1700, p.219) - *roches consolidées, roches indurées* -
Roches volcaniques (LIT-6000, p.77)
Roches volcaniques acides (LIT-6303, p.79 ; GÉO 2-1403, p.204 ; GÉO 3-1400, p.271) - *roches d'épanchement* -
Roches volcaniques basiques (LIT-6103, p.78 ; GÉO 3-1453, p.205 ; GÉO 3-1200, p.217)
Roches volcaniques consolidées (LIT-6603, p.81 ; GÉO 3-1700, p.219) - *roches indurées, roches soudées* -
Roches volcaniques d'épanchement (GÉO 2-1403, p.205)
Roches volcaniques fragmentées (LIT-6500, p.80 ; GÉO 3-1600, p.218) - *pyroclastites* -
Roches volcaniques intermédiaires (LIT-6203, p.78 ; GÉO 2-1433, p.205 ; GÉO 3-1300, p.217)
Roches volcaniques non fragmentées (LIT-6100, p.77 ; GÉO 3-1100, p.217) - *laves* -
Rock fan (GÉO 5-4423, p.250) - *cône rocheux* -
Rock glacier (SYS 3-6023, p.168) - *glacier rocheux* -
Rocky pediment (GÉO 6-4413, p.272) - *pédiment rocheux* -
Roubines (HYD-1313, p.25) - *badlands, ravinement généralisé* -
Rubans (GÉO 7-7763, p.307)
Ruissellement concentré (HYD-1023, p.21 ; GÉO 5-1200, p.248 ; GÉO 6-1113, p.260 ; GÉO 7-2143, p.282)
Ruissellement diffus (HYD-1013, p.21 ; SYS 2-3021, p.150 ; GÉO 2-4163, p.212 ; GÉO 5-1100, p.247 ; GÉO 6-1123, p.260 ; GÉO 7-2133, p.282)
Ruissellement en filets (GÉO 5-1123, p.247) - *rill wash* -
Ruissellement en nappe (GÉO 5-1131, p.247) - *sheet wash* -
Ruissellement nival en rigoles (SYS 2-3053, p.150)
Ruissellement pluvial (GÉO 5-1111, p.247) - *rain wash* -
Rundkarren (GÉO1-3273, p.191)
Rupture de pente (TOP-2000, p.12)

Rupture de pente concave (TOP-2032, p.13)
Rupture de pente convexe (TOP-2002, p.13)
Ruz (FST-3143, p.99)

S

Sable corallien (GÉO 7-4363, p.296)
Sable éolien (SYS 2-5113, p.153 ; SYS 4-3053, p.175)
Sable fin (LIT-4231, p.74 ; FSU-3131, p.118)
Sable grossier (LIT-4211, p.74 ; FSU-3111, p.118)
Sable moyen (LIT-4221, p.74 ; FSU-3121, p.118)
Sable non différencié (LIT-4201, p.74 ; FSU-3101, p.118)
Sables (LIT-4200 p.74 ; FSU-3103, 118) - *classe des arénites* -
Sables mouvants (LIT-4341, p.75)
Sablon (LIT-4311, p.75 ; 3211-FSU, p.5) - *limon grossier* -
Sand ridges (GÉO 5-4633, p.254)
Sand wedge (SYS 2-1241, p.146) - *coin de sable* -
Sandr (SYS 3-5253, p.168)
Sapement de rive concave (SYS 1-2052, p.134)
Savane (GÉO 6-1453, p.262)
Schichttreppenkarst (GÉO 1-3243, p.190) - *dalles, pavements* -
Schistes (LIT-3111, p.64 ; GÉO 2-1521, p.206)
Schistes à minéraux (LIT-2141, p.62 ; GÉO 2-1331, p.204)
Schistes ardoisiers (LIT-2131, p.61 ; GÉO 2-1321, p.204 ; GÉO 2-1531, p.206)
Schistes bitumineux (LIT-3131, p.64)
Schistes houillers (LIT-3121, p.64 ; GÉO 2-1541, p.206)
Schistes lustrés (LIT-2321, p.62)
Schistes métamorphiques (LIT-2111, p.61)
Schistes tachetés ou noduleux (LIT-1531, p.60, GÉO 2-1281, p.204)
Schorre (GÉO 7-4423, p.294)
Scories (LIT-6541, p.80 ; GÉO 3-1643, p.218)
Sebkha (GÉO 5-4523, p.253)
Sector graben (GÉO 3-4343, p.228) - *glissement en fossé* -
Seiche (GÉO 7-2761, p.286)
Sel gemme (LIT-3861, p.71) - *halite* -
Sens de déplacement (TEC-1071, p.40)
Sens d'écoulement de la glace (HYD-3131, p.30 ; SYS 3-1301, p.161)
Sens de propagation de la houle au large (GÉO 7-2311, p.285)
Sens de propagation de la houle au rivage (GÉO 7-2333, p.285)
Séracs (HYD-3153, p.30 ; SYS 3-1413, p.162 ; GÉO 4-1253, p.238)
Série arénacée (LIT-2203, p.62 ; GÉO 2-1353, p.204)
Série carbonatée métamorphique (LIT-2303, p.62 ; GÉO 2-1373, p.204)
Série carbonatée sédimentaire (GÉO 2-1663, p.206)
Série détritique (GÉO 2-1603, p.206)
Série feldspathique (LIT-1203, p.5! ; GÉO 2-1053, p.201)
Série granitique (LIT-2403, p.63)
Série migmatitique (GÉO 2-1113, p.202)
Série pélitique métamorphique (LIT-2103, p.61 ; GÉO 2-1313, p.204)
Série pélitique sédimentaire (GÉO 2- 1513, p.206)
Série quartzo-feldspathique (LIT-1103, p.57 ; GÉO 2-1013, p.201)
Série ultrabasique (LIT-1303, p.58 ; GÉO 2-1083, p.202)
Seuil (HYD-1193, p.23)
Seuil de diffluence (SYS 3-3051, p.164 ; GÉO 4-1593, p.240) - *col de diffluence* -
Shales (LIT-3141, p.64 ; GÉO 2-1511, p.206) - *argilites* -
Sheet flood (GÉO 5-1143, p.248) - *débordement, épandage* -
Sheet wash (GÉO 5-1131, p.245) - *ruissellement en nappe* -
Sif (pl.siouf) (SYS 4-4353, p.177)
Siffle-vent (GÉO 7-4581, p.297) -*brèche éolienne, passe éolienne, windgap* -
Silcrete (FSU-8111, p.124 ; GÉO 6-2231, p.266) - *croûte siliceuse* -

Silex (LIT-3311, p.65)
Silk (pl.slouk) (SYS 4-4363, p.178)
Sillon appalachien (FST-3423, p.104)
Sillon sous-marin (GÉO 7-7643, p.308)
Siltite (LIT-3261, p.65) -*pélite* -
Silts (LIT-4303, p.75) - *aleurites, limons,poudres,* -
Siphon (GÉO 1-2221, p.188)
Skjärgaard (GÉO 7, p.304)
Slikke (GÉO 7-4413, p.296)
Smectites (LIT-5031, p.77 ; GÉO 6-2081, p.264) - *argiles smectiques*
Socle (TEC-4033, p.50, DOM-1000, p.85)
Socle métamorphique (DOM-1103, p.85)
Socle non différencié (DOM-1003, p.85)
Socle plutonique (DOM-1013, p.85)
Socle sédimentaire (DOM-1303; p.86)
Socle volcano-sédimentaire (DOM-1203, p.86)
Socles (TEC-4033, p.50 ; DOM-1000, p.85)
Sol à gel saisonnier (SYS 2-1163, p.145)
Sol hydromorphe (FSU-5251, p.121)
Sol lessivé (FSU-5241, p.121)
Sol strié (SYS 2-1373, p.147)
Sols ferrallitiques (GÉO 6-2111, p.265)
Sols fersiallitiques (FSU-5261, p.121 ; GÉO 6-2121, p.265)
Sols ferrugineux tropicaux (GÉO 6-2131, p.265)
Solfatare (GÉO 3-2041, p.220) - *fumerolles* -
Solifluxion (GÉO 2-4173, p.212 ; GÉO 6-1341, p.261)
Sommet aigu (TOP-3121,p.15) - *pic, aiguille* -
Sommet arrondi (TOP-3111, p.15) - -
Sommet indifférencié (TOP-3101, p.14)
Sonde (HYD-2011, p.27 ; HYD-5011, p.33 ; GÉO 7-2201, p.283)
Soufflard (GÉO 7-3481, p.292) - *trou souffleur* -
Source (HYD-1001, p.21) - *émergence*-
Source artésienne (HYD-4041, p.32)
Source captée (GÉO 1-1261, p.186)
Source de déversement (HYD-4041, p.31)
Source d'émergence (HYD-4031, p.31)
Source intermittente (HYD-4021, p.31)
Source karstique (HYD-4101, p.32 ; GÉO 1-1221,p.186)
Source karstique temporaire (GÉO 1-1231, p.186)
Source minérale (HYD-4061, p.32)
Source permanente (HYD-4011, p.31)
Source sous-marine karstique (HYD-5051, p.34)
Source sous-marine thermale (HYD-5061, p.34)
Source thermale (HYD-4071, p.32 ; GÉO 3-2061, p.220)
Source vauclusienne (HYD-4131, p.32 ; GÉO 1-1271, p.186)
Sous-écoulement (HYD-1092, p.22 ; SYS 1-1212, p.133 ; GÉO 5-1242, p.248 ; GÉO 6-4252, p.271)
Spatter-cône (GÉO 3-3311, p.221) - *cône de scories soudées, hornito* -
Stalagmite (GÉO 1-2131, p.188)
Stalagtite (GÉO 1-2121, p.188)
Steppe (ou pseudo-steppe) (GÉO 6-1483, p.262)
Stone line (GÉO 6-2332, p.267)
Storm surge (GÉO 7-2771, p.289) - *débordement de tempête* -
Strandflat (GÉO 7-7533, p.307)
Strato-volcan (GÉO 3-5011, p.231)
Stries (SYS 3-3073, p.164 ; SYS 4-3013, p.174) - *cannelures* -
Structure aclinale (FST-1000, p.95) - *structure horizontale* -
Structure faillée (FST-5000, p.106)
Structure horizontale (FST-1000, p.95) - *structure aclinale* -
Structure massive (FST-4000, p.104)
Structure monoclinale (FST-2000, p.96)
Structure volcanique (FST-7000, p.110 ; GÉO3)
Structures discordantes (FST-6000, p.108)
Structures plissées (FST-3000, p.99)
Style déjectif (TEC-3323, p.48)
Style éjectif (TEC-3233, p.47)
Style en écailles (TEC-3343-, p.48)
Style isoclinal (TEC-3333, p.48)
Submersion (GÉO 7-2731, p.288)

Surface à roches moutonnées (SYS 3-3103, p.165)
Surface axiale (TEC-3030, p.45) - *plan axial* -
Surface cuirassée (GÉO 5-4243, p.251)
Surface de chevauchement (FST-6213, p.109)
Surface de déflation-accumulation (SYS 4-3103, p.175 ; GÉO 5-3033, p.250)
Surface de lave continue (GÉO 3-3103, p.220)
Surface de lave cordée (GÉO 3-3213, p.221)
Surface de lave lisse (GÉO 3-3203, p.221) - *pahœhœ* -
Surface de lave rugueuse (GÉO 3-3223, p.221)
Surface de remblaiement (TOP-5033, p.17)
Surface d'abrasion marine (GÉO 7-3400, p.291)
Surface d'érosion (TOP-5023, p.17)
Surface d'érosion dégradée (GÉO 2,-2033 p.207)
Surface d'érosion exhumée (GÉO 2-2023, p.207)
Surface d'érosion nette (GÉO 2-2013, p.207)
Surface encroûtée (GÉO 5-4233, p.251)
Surface éolisée (SYS 2-5003, p.152,SY S 4- 3003, p.174 ; GÉO 5-3003, p.249)
Surface karstifiée indifférenciée (GÉO 1-3003, p.189)
Surface patinée (GÉO 5-4223, p.250)
Surface polie (GÉO 5-4213, p.250)
Surface raclée à fissures nettoyées (SYS 3-3093, p.165)
Surface remarquable indifférenciée (TOP-5003, p.16)
Surface rocheuse sous-marine (GÉO 7-7113, p.305) - *hard ground* -
Surface rugueuse (GÉO 3-3223, p.221) - *aa, cheire, lave à gratons* -
Surface structurale (TOP-5013, p.16 ; GÉO 2-2003, p.207 ; GÉO 6-4503, p.273)
Surface toujours verglacée (GÉO 4-1203, p.237)
Surface vernissée (GÉO 5-4223, p.250)
Surfaces remarquables (TOP-5000, p.16)
Syénite (LIT-1201, p.58 ; GÉO 2-1051, p.201)
Synclinal perché (FST-3213, p.101)
Synclinorium (TEC-3443, p.49)

T

Table de glace (SYS 3-1431, p.162)
Tablier à blocs (GÉO 2-4253, p.213)
Tablier de brèche d'écoulement syngénétique (GÉO 3473, p.223)
Tablier d'éboulis (SYS 2-7033, p.155)
Tablier d'éboulis de gravité (GÉO 3-3933, p.225)
Taffonis (GÉO 2-4331, p.213 ; GÉO 5-4723, p.254 ; GÉO 6-3133, p.268 ; GÉO 7-3343, p.291)
Talcshistes (LIT-2311, p.62)
Talus (TOP-2183, p.14 ; FST-1013, p.95)
Talus (ou pente) continental (GÉO 7-7123, p.305) - *continental slope*
Talus d'érosion non différencié (GÉO 2-3602, p.210
Talweg à drainage intermittent (TOP-4112, p.16)
Talweg à drainage pérenne (TOP-4102, p.16)
Talwegs (TOP-4100, p.16 ; SYS1-4120 p.136)
Tangue (GÉO 7-7793, p.309)
Téphras (GÉO 3-1603, p.217) - *pyroclastites* -
Téphrite (LIT-6221, p.79)
Terminaison périanticlinale (TEC-3083, p.45)
Terminaison périclinale (TEC-3080, p.45)
Terminaison périsynclinale (TEC-3093, p.45)
Termitières (GÉO 6-1493, p.263)
Terra rossa (GÉO 1-3823, p.196) - *colmatage karstique, terre de causse* -
Terrasse alluviale (SYS 1-4343, p.139 ; GÉO 6-4313, p.272)
Terrasse de kame (SYS 3-5033, p.167)
Terrasse d'abrasion (GÉO 7-5233, p.299) - *terrasse rocheuse* -
Terrasse d'accumulation (GÉO 7-5212, p.299)
Terrasse d'érosion (GÉO 6-4303, p.271)
Terrasse fluvio-glaciaire (SYS 3-5243, p.168)
Terrasse rocheuse (SYS 1-4333, p.139 ; GÉO 7-5223, p.299) - *terrasse d'abrasion* -
Terrasse polygénique (SYS 1-4373, p.139) - *glacis alluvial* -

Terrasses emboîtées (SYS 1-4363, p.139)
Terrasses étagées (SYS 1-4353, p.139 ; GÉO 7-5243, p.297)
Terrasses fluviales (SYS 1-4300, p.139)
Terrasses marines (GÉO 7-5200, p.298)
Terrassettes (SYS 2-2093, p.149 ; GÉO 4-2433, p.243)
Terre de causse (GÉO 1-3823, p.196) - *colmatage karstique, terra rossa* -
Terre glaise (LIT-5011, p.76) - *argile plastique*-
Texture (granulométrie) (FSU-3000, p.118)
Thaw lake (SYS 2-6121, p.154) - *lac de thermokarst* -
Thermoclastites (FSU-5011, p.120)
Thermokarst (SYS 2-6103, p.154)
Tholéite (LIT-6121, p.78)
Thufur (SYS 2,-1411, p.147)
Tinda (GÉO 3-6063, p.233)
Tjäle (SYS 2-1110, p.145)-- *merzlota, pergélisol, permafrost*-
Tombolo (GÉO 7-4263, p.295)
Tor (GÉO 2-4411, p.214)
Tor débité par le gel (GÉO 2-4421, p.214)
Torrent élémentaire (HYD-1323, p.25 ; SYS 1-4053, p.136)
Touches de piano (TEC-2283, p.44)
Tour (GÉO 4-2011, p.238, GÉO 5, p.254) - *chicot, monument* -
Tourbière (HYD-2333, p.28 ; GÉO 1-3433, p.192)
Tourelle (GÉO 1-3621, p.194 ; GÉO 6-4731, p.276) - *hum à sommet plat, turm* -
Tracé d'ancien rivage (GÉO 7-7652, p.306)
Trachyandésite (LIT-6211, p.79)
Trachyte (LIT-6331, p.80 ; GÉO 2-1421, p.205 ; GÉO 3-1421, p.217)
Traînée morainique (SYS 3-4033, p.166)
Trait de côte (HYD-5032, p.33 ; GÉO 7-1122, p.277) - *niveau des plus hautes mers* -
Transgression (GÉO 7-2711, p.288)
Transit sédimentaire (GÉO 7-7712, p.308)
Trapps (GÉO 3-5053, p.232)
Travertins et tufs calcaires (LIT-3521, p.68 ; GÉO 1-4113, p.197)
Tri éolien (SYS 4-2011, p.174) - *vannage* -
Trottoir (GÉO 7-4303, p.295)
Trou souffleur (GÉO 7-3481, p.292) - *soufflard* -
Tsingy (GÉO 1-3263, p.191)
Tsunami (GÉO 7-2751, p.288)
Tuf volcanique (LIT-6631, p.81, GÉO 3-1713, p.219) - *cinérite* -
Tuffeau (LIT-3961, p.72)
Tufs calcaires (LIT-3521- p.68)
Tumulus (GÉO 3-3301, p.221)
Tunnel (GÉO 3-3353, p.221 ; GÉO 6-4782, p.276 ; GÉO 7-3322, p.291)
Tunnel effondré (GÉO 3-3363, p.222)
Turm (GÉO 1-3621, p.194 ; GÉO 6-4731, p.276) - *hum à sommet plat, tourelle* -
Tuya (GÉO 3-6073, p.232)
Type appalachien (FST-3400, p.103)
Types de côtes (GÉO 7-6000, p.299)
Type haut-alpin (FST-3300, p.101)
Type jurassien (FST-3100, p.99)
Type pré-alpin ou subalpin (FST-3200, p.100)

U

Uprush (GÉO 7-2401, p.2846 - *jet de rive* -
Upwelling (GÉO 7-2533, p.287)

V

Vagues (GÉO 7-2300, p.284)
Vagues au rivage (GÉO 7-2400, p.285)
Vagues déferlantes (GÉO 7-2383, p.285) - *déferlement* -
Vagues de dunes transversales (SYS 4-5043, p.178)
Val (FST-3123, p.99)
Vallée aveugle (GÉO 1-4043.p.1998)

Vallée à fond plat (TOP-4023, p.15 ; SYS 1-4163, p.137 ; GÉO 7-7333, p.306)
Vallée à profil en berceau (TOP-4013, p.15, SYS 1-4153, p.136 ; GÉO 7-7323, p.306)
Vallée à profil en V (TOP-4003, p.15 ; SYS 1-4143, p.136 ; GÉO 7-7313, p.306)
Vallée calibrée (SYS 1-4253, p.138)
Vallée d'angle de faille (FST-5153, p.108)
Vallée de ligne de faille (FST-5153, p.108)
Vallée fluviale ennoyée (GÉO 7-7310, p.306)
Vallée sèche (GÉO 1-4010, p.196)
Vallée sèche à fond plat (GÉO 1-4033, p.196)
Vallée sèche en berceau (GÉO 1-4023, p.196)
Vallée sèche en V(GÉO 1-4013, p.196)
Vallée suspendue (GÉO 4-1543, p.239)
Vallées (TOP-4000, p.15 ; SYS 1-4100, p.136)
Valleuse (GÉO 7-3283, p.290)
Vallon à fond plat (SYS 2-4143, p.151 ; GÉO 2-3033, p.208 ; GÉO 6-4133, p.270)
Vallon d'érosion fluviale (GÉO 3-4532, p.13)
Vallon en berceau (SYS 2-4123, p.151 ; GÉO 2-3022, p.208 ; GÉO 6-4123, p.270)
Vallon en V (SYS 2-4103, p.151 ; GÉO 2-3012, p.208 ; GÉO 6-4113, p.270)
Vallum morainique (SYS 3-4043, p.166 ; GÉO 4-2323, p.242) - *moraine frontale* -
Vannage (SYS 4-2011, p.174) -*tri éolien* -
Variations exceptionnelles du niveau marin (GÉO 7-2700, p.287)
Variations d'origine atmosphérique (GÉO 7-2760, p.288)
Variations d'origine tectonique (GÉO 7-2730, p.288)
Vase (LIT-4341, p.75)
Vasière (GÉO 7-7803, p.309)
Vasques (GÉO 1-2231-, p.188 ; GÉO 2-4303, p.213 ; GÉO 6- 3113, p.268 ; GÉO 7-3453, p.292)
Vêlage (HYD-5261, p.36) - *iceberg* -
Vent (SYS 4-1000, p.173)
Vent à la côte (GÉO 7-2150, p.283)
Vent de sable (SYS 4-2000, p.173)
Ventifacts (SYS 2-5063, p.152, SYS 4-3023, p.175) - *cailloux éolisés* -
Vermiculations (GÉO 1-3151, p.190)
Verrou (SYS 3-3043, p.164 ; GÉO 4-1563, p.239 ; GÉO 7-7513, p.307)
Versants (TOP-2000, p.12 ; SYS 1-4110 ,p.136 ; GÉO 2-4000, p.211 ; GÉO 4- 2400, p.242)
Versant concave (TOP-2123, p.13)
Versant convexe (TOP-2113, p.13 ; GÉO 2-4003, p.211)
Versant convexo-concave (TOP-2133, p.13 ; GÉO 2-4013, p.211)
Versant convexo-concave avec empâtement colluvial (GÉO 2-4023, p.211)
Versant de gélifluxion (GÉO 4-2413, p.243)
Versant de Richter (GÉO 4-2403, p.242)
Versant ensablé (GÉO 5-4333 , p.251)
Versant rectiligne (TOP-2103, p.13 ; GÉO 2-4033, p.211)
Versant réglé (SYS 2-6013, p.153, GÉO 4-2403, p.242) - *versant de Richter* -
Versants couverts (GÉO 2-4200, p.212 ; GÉO 6-3200, p.266)
Versants nus ou dénudés (GÉO 2-4300, p.213 ; GÉO 6-3100, p.266)
Visor (GÉO 7-3463, p.290)
Volcan bouclier (GÉO 3-5001, p.231) - *volcan hawaïen* -
Volcan "de boue" (GÉO 3-7011, p.233)
Volcan "écossais" (GÉO 3-5031, p.5041)
Volcan hawaïen (GÉO 3-5001, p.231) - *volcan bouclier* -
Volcans composites (GÉO 3-5000, p.231) - *constructions polygéniques* -
Voussoir (GÉO2-3223, p.209) - *retombée de voûte* -

W

Wadden (HYD-5183, p.35) - *marais littoral* -

Windgap (GÉO 7-4581, p.297) - *brèche éolienne, passe éolienne, siffle-vent* -
Wind-marks (SYS 4-3133, p.176) - *rides éoliennes* -

Y

Yardangs (SYS 4-3073, p.175)

Z

Zéro géographique (GÉO 7-1152, p.280) - *niveau de la mer, niveau moyen des mers* -
Zéro hydrographique (GÉO 7-1142, p.280) - *laisse de basse mer, niveau des plus basses mers* -
Zone d'absorption diffuse (GÉO1-3303, p.191)
Zone de broyage (TEC-2153, p.42 ; FST- 5033, p.107)

150

Masson & Armand Colin Éditeurs
34, rue de l'Université
75007 Paris
N° 01476
Dépôt légal : janvier 1997

SNEL S.A.
rue Saint-Vincent 12 – B-4020 Liège
tél. 32(0)4 343 76 91 - fax 32(0)4 343 77 50
janvier 1997